高等教育"十三五"规划教材

Strata Control Simulation Technology

岩层控制模拟技术

主 编／赵国贞 弓培林

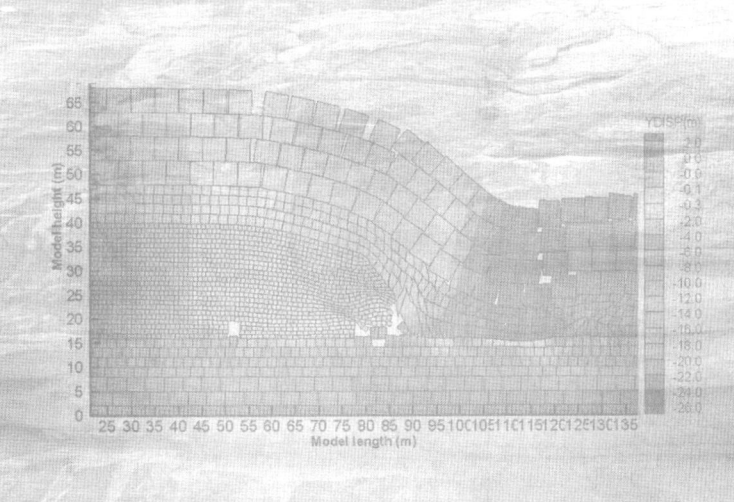

中国矿业大学出版社
·徐州·

内 容 提 要

本书系统阐述了以岩层控制为目标的物理相似模拟技术和数值模拟技术。物理相似模拟技术主要内容包括物理相似模拟技术简介、相似理论基础、相似材料、物理相似模拟试验设计、相似模拟测试技术和物理相似模拟技术实例。数值模拟技术主要内容包括数值模拟方法和软件简介、UDEC 数值模拟计算和数值模拟技术应用实例。

本书可作为普通高等院校采矿工程专业的教材使用,也可供采矿工程及相关专业的设计及生产技术人员参考。

图书在版编目(CIP)数据

岩层控制模拟技术/赵国贞,弓培林主编.—徐州:中国矿业大学出版社,2023.5
ISBN 978-7-5646-5829-8

Ⅰ.①岩… Ⅱ.①赵… ②弓… Ⅲ.①岩层控制-研究 Ⅳ.①TD325

中国国家版本馆 CIP 数据核字(2023)第 087499 号

书　　名	岩层控制模拟技术
	Yanceng Kongzhi Moni Jishu
主　　编	赵国贞　弓培林
责任编辑	满建康
出版发行	中国矿业大学出版社有限责任公司
	(江苏省徐州市解放南路　邮编 221008)
营销热线	(0516)83884103　83885105
出版服务	(0516)83995789　83884920
网　　址	http://www.cumtp.com　E-mail:cumtpvip@cumtp.com
印　　刷	苏州市古得堡数码印刷有限公司
开　　本	787 mm×1092 mm　1/16　印张 11.75　字数 301 千字
版次印次	2023 年 5 月第 1 版　2023 年 5 月第 1 次印刷
定　　价	39.00 元

(图书出现印装质量问题,本社负责调换)

前　言

　　煤矿地下开采会引起岩层变形、移动和破坏，如果控制不当，轻则造成巨大的经济损失和环境破坏，重则引发顶板、瓦斯、透水等重大事故。因此，在采矿工程中，掌握岩层的变形破坏规律具有重要的意义，而岩层控制模拟技术是研究岩层破坏规律及控制的重要手段。因此，我们在参考现有文献资料的基础上，将实验室相似模拟试验与计算机数值模拟计算相结合，编写了本书，以满足采矿工程及相关专业本科生、研究生及工程技术人员学习的需要。

　　《岩层控制模拟技术》以煤矿开采过程中所形成的矿山压力及其显现规律为背景，系统阐述了岩层控制模拟的基本思想和技术，主要介绍了相似模拟试验技术和数值模拟技术，并以典型应用为实例进行了案例分析。全书强调理论学习、物理实验、编程计算交叉融合，内容广泛、综合性和实践性强，叙述深入浅出，重点突出，结合现场工程实际并对试验和数值计算结果进行了必要的讨论。本书配合线上慕课和虚拟仿真试验，展现形式多样，纸质教材与数字资源相结合，可以边学边练，理论与实践相结合。全书共分9章。第1章介绍了物理相似模拟技术和数值模拟技术的现状及应用；第2章介绍了相似理论基本概念、相似定理和相似条件；第3章介绍了相似材料基本性质、相似配比和正交试验；第4章介绍了相似模拟试验架和试验设计；第5章介绍了相似模拟测试技术中的光测法和电测法；第6章介绍了物理相似模拟技术应用实例；第7章介绍了数值模拟技术基础和软件；第8章介绍了UDEC软件的数值模拟计算方法和编程实现；第9章介绍了数值模拟技术应用实例。

　　本书在编写过程中，我们吸取了已出版相关教材的优点，参阅了近年来发表的著作和论文，在此特向文献的作者们表示诚挚的感谢。

　　由于作者水平所限，加上时间仓促，书中难免存在不妥之处，恳请有关专家和广大读者批评指正。

作　者

2023年1月

课程慕课

目 录

第 1 章　绪论 ··· 1
  1.1　物理相似模拟技术 ··· 1
  1.2　数值模拟技术 ·· 3
  1.3　岩层控制模拟技术的重要性 ·· 6
  习题 ·· 7

第 2 章　相似理论基础 ··· 8
  2.1　基本概念 ·· 8
  2.2　相似理论 ·· 11
  2.3　相似条件 ·· 16
  习题 ·· 23

第 3 章　相似材料 ·· 24
  3.1　概述 ·· 24
  3.2　岩层模拟 ·· 25
  3.3　地质构造模拟 ··· 33
  3.4　相似材料正交试验 ·· 34
  习题 ·· 37

第 4 章　物理相似模拟试验设计 ··· 38
  4.1　模型试验架 ·· 38
  4.2　模型设计 ·· 41
  4.3　模型加载 ·· 44
  习题 ·· 46

第 5 章　相似模拟测试技术 ·· 47
  5.1　相似模拟测试概述 ·· 47
  5.2　光测法 ··· 49
  5.3　电测法 ··· 53
  习题 ·· 62

第 6 章　物理相似模拟技术实例 ··· 63
  6.1　地质条件 ·· 63
  6.2　模型设计 ·· 64

· 1 ·

6.3 巷道开挖模拟与监测 ……………………………………………………… 71
6.4 试验数据分析 …………………………………………………………… 73
习题 …………………………………………………………………………… 81

第 7 章 数值模拟技术 ……………………………………………………… 84
7.1 数值模拟技术基础 ……………………………………………………… 84
7.2 数值模拟软件 …………………………………………………………… 93
7.3 离散元法与 UDEC 软件 ……………………………………………… 107
习题 …………………………………………………………………………… 118

第 8 章 UDEC 数值模拟计算 …………………………………………… 119
8.1 软件建模概述 …………………………………………………………… 119
8.2 模型构建 ………………………………………………………………… 120
8.3 本构模型的选择 ………………………………………………………… 127
8.4 材料性质赋值 …………………………………………………………… 130
8.5 边界条件 ………………………………………………………………… 132
8.6 初始条件 ………………………………………………………………… 135
8.7 加载与工程模拟 ………………………………………………………… 139
8.8 模型实例 ………………………………………………………………… 145
习题 …………………………………………………………………………… 155

第 9 章 数值模拟应用实例 ……………………………………………… 157
9.1 覆岩破断机理分析 ……………………………………………………… 157
9.2 巷道围岩变形机理分析 ………………………………………………… 165

参考文献 …………………………………………………………………… 176

第1章 绪　　论

　　煤矿地下开采会引起岩层变形、移动和破坏，如果控制不当，轻则造成巨大的经济损失和环境破坏，重则引发顶板、瓦斯、透水等重大事故。因此，在采矿工程中，掌握岩层变形破坏规律及控制技术至关重要，而岩层控制模拟技术是研究岩层破坏规律及岩层控制的重要手段。

　　岩层控制模拟技术模拟的对象主要是岩体。岩体是由包含软弱结构面的各类岩石组成的具有不连续性、非均质性和各向异性的地质体，因此涉及岩体的工程问题非常复杂。采用数学力学的研究方法仅能为形状简单的圆形或椭圆形的地下通道提供围岩应力场与位移场的理论解，而对于不同材料、形状各异的采矿工程结构的应力、应变等问题，目前是无法求解的。对于采矿工程问题，结果的猜想和推断大多来源于现场实测和模拟研究，同时有限元与边界元等数值分析方法与计算机相结合为岩石力学的分析与计算提供了有力的手段。岩层控制模拟技术随着近代科学技术的进步也有所发展，原有的试验模拟技术逐渐完善，此外，这种方法求解问题较为直观，能够逐点给出模型的求解数据，因此岩层控制模拟技术成为当前研究采矿工程问题必不可少的手段。

　　岩层控制模拟技术分为物理相似模拟和计算机数值模拟。随着采矿工程设计理论和施工技术的发展，在获得采矿工程设计基础数据后进行采矿工程设计方案的试验论证和施工工序的合理安排时，模拟试验是最基本、最重要以及使用最广泛的研究方法。

1.1　物理相似模拟技术

1.1.1　物理相似模拟技术概述

　　物理相似模拟技术是在实验室内根据相似原理制作与原型相似的模型，借助测试仪表获取模型内各观测点力学参数的一种技术。通过对模型上应力、应变的观测来认识与推断原型上可能发生的力学现象和应力、应变的变化规律，为采矿工程设计和施工方案的选择提供依据。

　　这种研究方法具有直观、简便、经济、快速以及试验周期短等优点，而且能够根据需要，通过控制变量法来研究巷（隧）道围岩应力、采矿工作面附近支承压力在空间与时间上的分布规律以及某些参数对岩体内应力分布的影响，这在现场条件下是难以实现的。

　　在岩层控制模拟研究中，物理相似模拟试验可以起到以下作用：

　　（1）辅助现场岩体应力实测的研究。现场实测一般需要较多的人力、物力，工作量大、耗费时间长，同时，不能直观地了解岩体内部状态、应力变化以及破坏过程，观测还常常受到生产工作的制约甚至影响生产。采用模型研究时，可以整体性地了解岩体内受力情况和变形过程，能清楚、方便地研究大范围岩体内的应力分布状态和变形规律。

（2）给工程施工的新技术、新工艺以及施工技术新方案的工业试验提供有价值的参考数据。不论是在矿山生产中，还是在地下工程实践中，每一项重大的、新的技术方案都必须经过工业试验。一般情况下，工业试验需要较多的人力、物力和财力，并涉及与正常生产的关系等问题，因此，工业试验前对新方案必须有一定把握，模型试验可以帮助了解所实施新方案的可靠性，为工业试验做准备。

（3）帮助解决目前用理论分析方法尚不能解决的一些岩体应力问题。近年来，虽然理论分析方法有很大发展，但对某些个别（特殊）断面形状巷道周边的应力分布，特别是矿压活动的规律，尚需通过模型试验和现场的调查观测综合分析获得。

物理相似模拟技术具有以下特点：

（1）直观性强，可以直观地观测到模型所模拟范围内发生的力学现象并可通过测试仪表获取模拟范围内任意点的力学参数，为采掘工程中的矿山压力与岩层控制问题提供解决依据。

（2）可对多因素影响条件下的采矿工程进行单因素的分析研究，即固定某些影响因素，探讨单一因素对采矿过程岩体稳定性的影响及敏感程度。

（3）探讨目前用数学分析方法尚不能解决的采矿工程力学问题，如岩体在应力作用下表现的弹性、塑性、黏性以及破坏的机理、运动与动力学等问题。

（4）试验模拟获得研究结果耗时少，如在岩体中经过几年才能发生的现象，通过模拟试验可在短时间内显现出来，为采矿工程设计与科学决策提供依据。

（5）根据模型试验的结果，可以推断原型可能出现的力学现象与变形状态以及采矿工程的稳定性与安全程度。

物理相似模拟技术是以相似理论为基础的，因此本书在相似模拟研究中主要介绍相似理论，相似模拟法的单值条件和相似判据，相似材料的种类、配制与选择以及相似模型设计与制作等。

1.1.2 物理相似模拟技术的应用与存在的问题

20世纪60年代以来，模拟试验在我国广泛应用于水利、采矿、地质、铁道以及岩土工程等领域，并取得了显著的技术成就和经济效益，已成为一种有力的科学研究手段。物理相似模拟已成为国内外进行重大岩体工程可行性研究不可缺少的方法之一。20世纪80年代初，水利系统就为葛洲坝水库项目进行了相关物理相似模拟研究，建筑系统也采用物理相似模拟研究了上海黄浦江边的高层建筑物受台风的影响。在矿山建设方面，重庆大学矿山工程物理研究所以松藻矿务局打通煤矿南盘区工作面为模拟对象，对上覆岩层冒落带、裂隙带与弯曲下沉带的宽度、岩层移动角、采煤工作面前后方与两侧（上下方）的压力分布规律及影响范围进行了探讨；中国科学院地质研究所采用混凝土块和亚黏土型软弱材料对某露天矿地质结构进行了物理相似模拟试验，研究了边坡破坏的形式与变形破坏的特征；重庆交通科研设计院利用物理相似模拟试验研究了公路隧道施工力学形态，探讨了公路隧道围岩在隧道施工中位移的变化过程以及隧道围岩最终位移及围岩的稳定性；中国科学院力学研究所根据气、液两相流体同心环状流线性稳定性分析的结果，对微重力气、液两相流地面模拟试验所应遵循的相似模拟准则进行了研究，获取了一个新的重力无关性准则。以上所列举物理相似模拟试验只是众多模拟试验的很少一部分，这足以说明物理相似模拟在国内的广泛应用。

物理相似模拟技术目前仍存在以下问题：

（1）由于物理相似模拟试验大多为平面模拟试验，而平面模型无横向尺寸，因此一些与横向尺寸有关的试验无法进行模拟研究。同时，由于对平面模型的边界条件做了很大的简化，模拟结果往往与实际情况存在着较大的差异。

（2）现有的立体试验装置往往只能对单个力学影响因素进行模拟试验，模拟结果对工程的指导意义有限。岩体工程所关注和受扰动的对象是天然的岩体，其包含由多种矿物成分组成的性质不同的岩石块体和具有结构面特征的节理裂隙，是非均质、各向异性、不连续和随机性较强的天然集合体。对于这样一个影响因素多、物理过程复杂、受人为扰动严重的研究对象，必须开展多重影响因素的模拟研究。

（3）试验架模型顶部用千斤顶向刚性板的加载方式，使得千斤顶压头处的受力大，而外缘受力小，加载不均匀。当加载面处的岩层出现弯曲下沉现象时，加载刚性板不能随之移动，导致下沉位置处的力加载不上去，而下沉边缘产生应力集中，这是目前三维及平面相似模型都普遍存在的问题。

（4）对于模型内部应力、应变、位移的测量，尚未有很好的解决方法。传统的压力盒测压方式由于传感器尺寸偏大，对模型内部原始应力场的扰动大，不适用于立体模型的内部参数测量。

物理相似模拟技术具有一定的局限性，对于岩体这个复杂的研究对象，目前无法完整准确地对其进行模拟，只能根据所研究的内容确定相似条件。因此，相似模拟试验成功的关键在于抓住研究问题的本质，以相似理论为依据，采用先进的试验设备，从模型试验的结果来推测原型可能出现的力学现象。

目前物理相似模拟技术还不够完善。一些模型试验是基于一定条件假设的，如果在模拟研究中做了一些不当的修改，或者某些基本因素达不到相似条件，模型就失去了意义，就难以根据模型试验结果去推断原型可能出现的矿山压力现象。模型终究不是原型，试验也很难保证完全符合相似条件，因此模型试验只能作为现场实测和理论分析的辅助方法。

1.2 数值模拟技术

1.2.1 数值模拟技术概述

计算机技术的迅速发展使得数值模拟技术在工程问题分析中得到了广泛的运用，极大地促进了各学科的发展。数值模拟技术常用的计算方法主要有：有限差分法、有限元法、边界元法、加权余量法、半解析元法、刚体元法、非连续变形分析法、离散元法和无界元法等。数值模拟技术不仅能模拟岩体复杂的力学和结构特性，也可以很方便地分析各种边值问题和施工过程对硐室或巷道围岩稳定性的影响，并对工程岩体稳定性进行预测。近年来，数值模拟技术得到了大力发展，已成为解决采矿工程和其他岩土工程问题的重要研究手段之一。

在土木工程、交通运输工程、采矿工程和水利水电工程等领域，涉及的材料具有种类多样性、几何形态不规则性、介质形态多元性和力学环境复杂性等特征，具体表现为：

（1）种类多样性。工程领域涉及的材料种类繁多，包括土、岩石、石灰、水泥、水泥混凝土、沥青混凝土等。

(2) 几何形态不规则性。很多材料为不规则形状,如弯曲的构件等。

(3) 介质形态多元性。工程领域涉及的材料不是单一介质,而是由多种介质组成的复合材料,如沥青混凝土是由沥青、矿料和孔隙所组成的。

(4) 力学环境复杂性。材料在工作期间往往处于拉、压、剪、扭及其复合应力等多种受力环境。例如,在汽车移动荷载作用下,沥青路面中面层的沥青混凝土,一般受到压应力和剪应力共同作用,而表现出复杂的受力状态,且这种受力状态随着沥青混凝土在路面中所处的深度、沥青混凝土的模量、路面结构形式、车辆荷载的大小、荷载移动加速度等因素的变化而变化。

材料的上述特点,使得工程上应用材料力学、弹性力学、土力学、岩石力学和结构力学中的传统方法,很难或者无法在数学上获得解析解。例如,对于图1-1(a)所示的简单桁架,由 $\sum F_x = 0, \sum F_y = 0, \sum M = 0$,分别列出1、2、3杆的力系平衡方程,可以计算各杆件的应力。但是,若杆件组合形式复杂,如图1-1(b)所示,采用结构力学的传统方法计算将极为烦琐,很难求解。

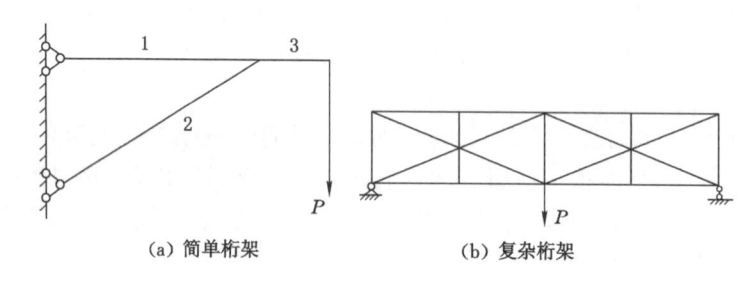

(a) 简单桁架　　(b) 复杂桁架

图 1-1　桁架受力分析

由此可见,仅少数方程形式比较简单、几何结构十分规则的问题,可以采用解析方法求出精确解。对于大多数问题,由于方程的非线性性质,或由于求解区域的几何形状比较复杂,则不能得到解析解。在此背景下,数值模拟方法应运而生,伴随着计算机技术的飞速发展,数值模拟方法已成为求解工程问题的重要方法之一。

数值模拟技术的主要作用体现在以下几个方面:

(1) 研究工程问题内在的力学机理;

(2) 在工程设计阶段尽可能发现潜在的问题,增加工程实施的可靠性;

(3) 尽快确定工程问题的设计方案,加快项目实施进度;

(4) 对可行方案进行数值模拟分析,从中选出最优方案;

(5) 减少物理相似模拟的试验次数,缩短试验周期,减少试验经费。

1.2.2　数值模拟技术在采矿工程中的应用

在采矿工程中,工作面上覆岩层的损伤、断裂和失稳往往是不可避免的。目前,固体力学还只能对较为理想的弹性体、塑性体和损伤体进行变形与受力分析,而在采场覆岩的变形、运动和受力分析中,更多是分析材料或结构破坏后的力学行为,以及结构破坏和失稳的全过程。工作面周围不同区域的采动岩体是一种连续与非连续相耦合的复杂介质,其力学性能的变化有较大的差别。采矿工程人员更加关心的问题基本上可以划分为两大类:

(1) 第一类是采场围岩控制问题,即岩体破坏的发生机理,破断后的岩块是否形成某种结构,以及结构失稳后的形态变化。在煤矿地下开采过程中,采场坚硬的基本顶随着工作面推进不断地由连续体破断成块体,块体重新排列后的自然结构受到覆岩自重的作用,不断运动和失稳。对于煤矿采动覆岩来说,大部分情况下覆岩的及时垮落是必要的,否则会对工作面的安全造成严重威胁,但覆岩的运动与垮落也会导致采场形成来压并引起诸多危害,如岩层内部会形成裂隙和离层,引起气体和水体的运移;覆岩不断运动最终会导致地表沉陷,地面建筑、道路、水体以及环境会因此受到严重破坏。因此,必须研究覆岩的活动规律及岩层控制技术。

(2) 第二类是巷道围岩控制问题,即煤层开采后覆岩移动、变形和破坏导致围岩应力场发生变化的规律,开采对工作面巷道围岩稳定性的影响,以及采动影响下巷道围岩控制机理及控制技术。例如,受相邻工作面开采影响时,考虑支承压力对巷道围岩稳定性的影响,巷道布置时应根据巷道围岩的移动变形特征和围岩状况选择合理的支护方式和支护参数。

现代计算机技术和相应数值计算理论与方法的发展,为研究采动覆岩活动规律及岩层控制技术提供了重要研究手段。

从数值模拟方法的发展历程和采矿工程问题的特点看,采矿工程数值模拟方法必须反映采矿工程问题的特点,因此在数值模拟软件的取向上更偏重能反映采矿工程问题特点的专业化软件。实际上,开采引起的覆岩移动变形有其自身的规律和特殊性,因此要结合采矿工程问题的特点,对采矿工程数值模拟分析方法的各个方面(包括数值计算方法、模型的合理范围和边界条件等)进行专门的研究。目前,研究主要集中在以下 9 个方面:

(1) 新型开采工艺研究。随着环境保护意识和经济可持续发展理念的增强,有学者提出了煤矿绿色开采技术,其内容主要包括:

① 基于水资源保护的保水开采技术;
② 土地与建筑物保护开采技术,如离层注浆、充填与条带开采技术;
③ 煤与瓦斯共采技术;
④ 大断面全煤巷道支护技术;
⑤ 地下气化技术。

上述技术的部分内容属前沿性的研究课题,在缺乏试验设备和现场监测结果的情况下,需要采用数值模拟方法进行理论性和前瞻性的研究。研究煤矿新型开采工艺,除研究开采引起的覆岩移动变形规律及岩层控制技术外,还涉及材料力学特性的研究,如充填材料的特性等。

(2) 各种动力灾害及控制技术研究。各种动力源给采矿工程围岩控制带来极大的困难,煤矿井下经常出现瓦斯突出和冲击地压,通过数值模拟方法可以从机理上分析这些动力现象对工程岩体稳定性的影响,从而制定减轻或消除这些动力危害的技术措施。

(3) 热力学分析。近年来,国家大力发展煤炭的洁净利用——煤炭地下气化技术,要深入研究该问题,首先要研究煤层及围岩在煤炭地下气化过程中的力学特性,需要采用数值力学分析方法对围岩的活动规律及岩层控制问题进行热力学分析。

(4) 固液耦合作用。煤矿地下开采引起的煤矿突水,井巷支护中的注浆加固、堵水等问题都涉及固体和液体的多种耦合作用,研究该问题同样需要采用数值模拟方法进行分析。

(5) 固气耦合作用。瓦斯突出是煤矿常见的一种动力现象,煤层中的瓦斯具有很高的吸附性,研究如何对煤层中的瓦斯进行解吸和抽采,需要采用数值模拟技术结合其他方法对固体与气体的耦合作用进行研究。

（6）深部开采软岩巷道围岩控制及技术研究。随着开采深度的增加,高应力软岩巷道支护问题更加突出,需要进一步研究深部开采条件下巷道围岩变形机理及控制技术。一般受强烈采动影响后,巷道围岩多呈现极不均匀的变形,需要结合数值模拟方法研究受采动影响巷道的围岩变形特征,并模拟不同围岩控制技术的效果。

（7）岩体蠕变特性对工程岩体稳定性的影响。岩体蠕变特性是岩体强度随时间变化的一个固有特性,软岩表现得更加明显。我国软岩矿井分布十分广泛,全国大多数矿区都存在岩体蠕变问题。此外,在地铁隧道、水利等各领域也都存在类似的问题,研究和分析岩体蠕变特性对保证各类矿山工程的长期稳定至关重要。随着矿井开采时间的增加,许多矿井"三下"采煤的问题越来越突出,无论是采用条带式、房柱式还是采用充填式开采,都存在煤柱或充填体长期稳定性的问题,需要采用数值模拟方法对此进行深入研究。

（8）采矿工程问题的三维数值模拟。地下巷道围岩的力学行为是一个涉及时间和空间的复杂问题,用传统的平面模型难以反映问题的实质,有时很难建模,如工作面推进过程中,开采对工作面周围巷道围岩稳定性的影响问题,因此需要建立立体模型来反映采矿过程中的力学问题。由于三维数值模拟比较费时、费力,比较好的处理办法是将三维数值模拟和平面问题结合起来进行研究。

（9）岩体力学参数的合理确定方法。我国《工程岩体分级标准》主要依据两项指标评价岩体的工程质量,即岩石的强度和岩体的完整性。国际著名的岩体工程质量分级标准——Barton 分类标准,给出了定量的评价体系,以此来评价工程岩体的质量。但这些分类标准都没有给出岩体力学参数的合理确定办法,实际上,数值模拟结果的准确性在很大程度上取决于岩体力学参数确定的可靠性。因此,需要研究岩体力学参数的合理确定办法,特别是峰后岩体和采动破碎岩体的力学特性参数。

本书重点研究岩层控制的固体力学问题,未涉及固液气三相耦合问题。

1.3　岩层控制模拟技术的重要性

1.3.1　物理相似模拟技术的重要性

当前,物理相似模拟技术的重要性主要表现在以下几点：

（1）社会的发展使得需要解决的问题越来越复杂,某些问题用理论分析的方法很难解决,这时常使用物理相似模拟技术。

（2）科技的发展为物理相似模拟技术中参数测量、数据采集、试验结果的模化分析等过程提供了更快速、更可靠的手段,进而扩大了该技术的应用范围,提高了研究结果的可靠度。

（3）数值模拟技术的发展,非但没有削弱物理相似模拟的作用,反而凸显了它的重要性,具体表现为：数值模拟中许多参数需要通过物理相似模拟试验获取,数值模拟试验得出的结论需要用物理相似模拟试验来对比和验证。

1.3.2　数值模拟技术的重要性

数值模拟也称为计算机模拟,是依靠电子计算机,结合有限元或有限容积的概念,通过数值计算和图像显示的方法,达到对工程问题和物理问题乃至自然界各类问题研究的目的。它是一项综合应用技术,对教学、科研、设计、生产、管理、决策等部门都有很大的应用价值,为此,世界各国投入了相当多的资金和人力对其进行研究。其重要性具体体现在以下几个方面:

(1) 从广义上讲,数值模拟本身就可以看作一种试验。例如,利用计算机计算弹头侵彻与炸药爆炸过程以及各种非线性波的相互作用等问题,实际上是求解含有很多线性与非线性的偏微分方程、积分方程以及代数方程等的耦合方程组。利用解析方法求解爆炸力学问题是非常困难的,一般只能考虑一些简单的问题。利用试验方法费用昂贵,且只能表征初始状态和最终状态,无法得知中间过程,因而也无法帮助研究人员了解问题的实质。而利用计算机进行数值模拟在某种意义上使得比通过理论与试验方法对问题的认识更为深刻、更为细致,不仅可以了解问题的结果,而且可随时连续动态地、重复地显示事物的发展,了解其整体与局部的细致过程。

(2) 数值模拟可以直观地显示目前还不易观测到的、说不清楚的一些现象,容易使人理解和便于分析;还可以显示任何试验都无法看到的发生在结构内部的一些物理现象。例如,弹体对不均匀介质侵彻过程中的受力和偏转、爆炸波在介质中的传播过程和地下结构的破坏过程等。

(3) 数值模拟促进了试验的发展,对试验方案的科学制定,试验过程中测点的最佳位置、仪表量程等的确定提供更可靠的理论指导。同时,数值模拟可以替代一些危险的、费用昂贵甚至难于实施的试验,如反应堆的爆炸、核爆炸的过程与效应等。因此,数值模拟不但可以加快理论、试验研究的进程,而且具有一定的经济意义。

(4) 一次投资,长期受益。虽然数值模拟大型软件系统的研制需要花费相当多的费用和人力资源,但与试验相比,数值模拟软件可以进行拷贝移植、重复利用,并可进行适当修改从而满足不同情况的需求。

总之,数值模拟已经与理论分析、试验研究一起成为科学技术探索研究的三个相互依存、不可缺少的方法。正如美国著名数学家拉克斯所说,科学计算是关系国家安全、经济发展和科技进步的关键性环节,是事关国家命脉的大事。

习题

(1) 物理相似模拟技术有哪些优点和缺点?
(2) 数值模拟技术有哪些优点和缺点?
(3) 物理相似模拟和数值模拟在解决采矿工程问题中发挥的作用有哪些?
(4) 物理相似模拟技术和数值模拟技术有什么区别与联系?

第 2 章　相似理论基础

2.1　基本概念

2.1.1　相似现象及分类

在几何学中,若两个物体的任何对应尺寸互成比例,则称这两个物体是几何相似的。例如,以三角形相似为例的平面相似(三点构成一个面),以长方体相似为例的空间相似,均属于几何相似。由此可以推广:考察两个系统所发生的现象,若各种物理现象在其所对应的点上均满足各对应物理量之比为常数,则可称之为相似现象。

根据相似现象的特征,可将相似分为物理相似和数学相似。

物理相似是指具有相同性质的现象间的相似。例如,运动学相似和动力学相似等均为物理相似。

数学相似是指能被相同的数学表达式所描述的,具有不同性质的物理现象间的相似,即某些现象虽然具有不同的性质,但它们却能被完全相同的数学方程式所表达。

例如,$y=ax+b$ 就是具有上述数学相似特征的一个数学表达式,把它应用在不同的物理现象中,就具有不同的意义。从数学上讲,它是一个线性关系的数学模型;在运动学中,y 可以表示距离,a 表示平均速度,b 表示初始距离,x 表示时间。在矿山监测中,电测法测量应力、应变等试验都是以数学相似原理为基础的。

物理模拟和数学模拟各有其特点。物理模拟可以把具体的现象重现出来,较数学模拟能更全面地表现被模拟的现象。而对于复杂现象,物理模拟又可不从根本上依赖或根本不依赖于所说的物理方程(尽管客观上可能存在一个或多个未被发现的、用于说明同类现象的方程式)。反之,数学模拟由于以同构方程为基础,并且在模拟过程中易于控制,所以能避免对于原型的较为繁难的数学运算和物理模拟中对于原型的较为复杂的模型试验,做到验证快捷,结果准确,还易于建立模型和取得试验结果。

2.1.2　原型与模型

原型是指由多种要素构成的实际研究对象;模型一般是指几何尺寸小于或等于原型、满足相似性条件、由相似性材料塑造的试验研究对象。对于土木、水利、采矿工程等领域,原型是人们从事工程活动一定范围内客观存在的实体;模型是为研究原型的力学特性而在实验室人为塑造的实体,是原型的近似。

相似材料模型法的实质是用与原型(岩层、大坝或其他人工结构等)力学性质相似的材料按几何相似常数缩制成模型,在模型上开挖各类工程,如巷道或采场,以观察、研究工程围岩内的变形与破坏等地压现象;或对模拟的支架进行测量,得到围岩作用在支架上的压力,为设计各种类型的新支架提供依据;或在模型中采用各种不同方法开采煤层,对比、了解各种开采方法对围岩破坏过程的影响,为改进生产工艺提供资料;或在模型的岩基上构筑大坝,人为地不断增加模型上的各个作用力,直到模型破坏,以求得坝基的抗滑安全系数等。

2.1.3 量纲及量纲分析

在物理学中,为了方便辨识某类物理量和区分不同类物理量,人们采用"量纲"来表示物理量的基本属性。物理量可以按照其属性分为两类。一类物理量的大小与度量时所选用的单位有关,称之为有量纲量,如长度、时间、质量、速度、加速度、力、动能、功等就是常见的有量纲量;另一类物理量的大小与度量时所选用的单位无关,则称之为无量纲量,如角度、两个长度之比、两个时间之比、两个力之比、两个能量之比等。对于任何一个物理问题来说,出现在其中的各个物理量的量纲或者由定义给出,或者由定律给出。

物理学的研究可定量地描述各种物理现象,为了准确地描述各类物理量之间的关系,物理量可分为基本量和导出量。基本量是具有独立量纲的物理量,导出量是指其量纲可以表示为基本量量纲组合的物理量;一切导出量均可从基本量中导出,由此建立整个物理量之间的函数关系。例如,可以用 L、T、M 这几个基本单位的组合来表示其他物理量的单位,如速度单位 m/s 是从公式 $v=s/t$(s 为运行的距离,t 为运行的时间)中导出来的,说明这个物理量是长度和时间单位的组合,其导出单位的量纲可以写成 LT^{-1}。加速度的单位 m/s^2 是从加速度公式 $a=s/t^2$ 中导出来的,说明它是长度和时间单位的又一种组合,其量纲表达式为 LT^{-2}。

在建立模型和导出结论的过程中可以体现出量纲分析的精神实质,主要有两点内容:

(1) 只有同类量才能比较大小。这一原则在建立理想化模型的重要假设中得以体现。例如,在建立单摆运动的理想化模型中,假设细绳的质量和摆锤的质量相比可以忽略,假设细绳的变形和绳长相比可以忽略,假设摆锤在运动过程中所受到的空气阻力和所受的重力相比可以忽略等。

(2) 物理现象和物理规律与所选用的度量单位无关。最简单的例子是几何图形,如对于一个三角形,它总有三条边:l_1、l_2 和 l_3。无论观察者距离该三角形多远,每次观察到的形状总是相似的,或者说,在不同的距离上看到的形状属于同一个类别。为了判别这个三角形和其他三角形在形状上是否属于同一个类别,可以以这个三角形的某一条边作为参考对象,例如 l_1,去度量 l_2 和 l_3,就可以得到另外两条边的相对尺寸,即 l_2/l_1 和 l_3/l_1。由此得到两个能够刻画这个三角形类别的无量纲量,它们不随观察者距离的远近而改变。至于三角形的面积 A,则可用 l_1^2 作为单位来度量,于是面积的大小是 A/l_1^2,这一数值也不随观察者距离的远近而改变。

上述辨识几何图形类别的方法,也可以推广用来辨识物理现象的类别和认识物理问题的规律。当然,与几何图形不同的是,描述物理现象或问题的物理量,除了长度以外,还有时间、质量等其他属性的物理量。我们总可以在控制这类物理现象或问题的物理量中,选定一组物理量作为基本量,并取作单位系统,用以度量这类现象中的任意物理量,这样得到该物理量的大小数值不仅是无量纲的,而且的确能够反映这类现象的本质。进一步说,如果在反映问题的物理规律或因果关系中,所有自变量和因变量都采用上述度量方法得到无量纲的数值,那么这样得到的反映无量纲的因变量与自变量之间的因果关系,也必然客观地反映了这类现象的本质。

为了便于进行量纲分析,表 2-1 列出了以 L、T、M 为基本单位的质量系统量纲表达式和以 L、T、F 为基本单位的力系统量纲表达式。

表 2-1　质量系统和力系统的量纲表达式

物理量	符号	质量系统	力系统	物理量	符号	质量系统	力系统
质量	m	M	$FL^{-1}T^2$	剪切弹模	G	$ML^{-1}T^{-2}$	FL^{-2}
长度	l	L	L	泊松比	μ	1	1
时间	t	T	T	正应力	σ	$ML^{-1}T^{-2}$	FL^{-2}
角度	Φ	1	1	剪切力	τ	$ML^{-1}T^{-2}$	FL^{-2}
速度	v	LT^{-1}	LT^{-1}	正应变	ε	1	1
线加速度	a	LT^{-2}	LT^{-2}	剪应变	ψ	1	1
角加速度	ω	T^{-2}	T^{-2}	容重	γ	$ML^{-2}T^{-2}$	FL^{-3}
密度	ρ	ML^{-3}	$FL^{-4}T^2$	重力加速度	g	LT^{-2}	LT^{-2}
力	F	MLT^{-2}	F	位移	u,v,w	L	L
力矩	M	ML^2T^{-2}	FL	内摩擦角	φ	1	1
弹性模量	E	$ML^{-1}T^{-2}$	FL^{-2}	黏聚力	C	$ML^{-1}T^{-2}$	FL^{-2}

在对同一个物理问题的诸多物理量所作的运算中,有两点是必须注意的:

(1) 要选用统一的单位制。如果使用了多种单位制,必须正确地进行换算,保证在统一的单位制下进行运算和分析。

(2) 要注意物理量的量纲,以及它与基本量的量纲之间的关系。如果讨论对象是一个力学问题,常取问题中的长度、质量和时间作为基本量,而速度、密度、力等则是导出量。

下面介绍不同系统间量纲的相互转化,即当选定的基本单位不同时,导出的单位也可有相应的变化,如果选定力[F]、速度[v]与时间[t]为基本单位,求加速度[a]的导出单位时,可以写出一个普遍式:

$$[a] = [F]^b [v]^c [t]^d \tag{2-1}$$

根据长度 L、时间 T、质量 M 的量纲表达式,上式各项可分别写为:

$$[a] = LT^{-2}$$
$$[F] = MLT^{-2}$$
$$[v] = LT^{-1}$$

于是式(2-1)可写成:

$$LT^{-2} = [MLT]^{-2b} [LT^{-1}]^c [T]^d$$

由上式可列出以下方程:

$$L^1 = L^{b+c}$$
$$T^{-2} = T^{-2b-c+d}$$
$$M^0 = M^b$$

因而:

$$1 = b + c$$
$$-2 = -2b - c + d$$

$$0 = b$$

解之得，$b=0, c=1, d=-1$，所以：

$$[a] = [v][t]^{-1} \tag{2-2}$$

式(2-2)就是采用$[F]$、$[v]$、$[t]$基本单位导出的加速度单位。

应当指出，一般情况下，在一个力学现象中，最多能选取三个彼此独立的基本单位，如果是静力学问题，由于过程与时间无关，仅能选取两个独立的基本单位。

量纲分析作为自然科学中一种重要的数学分析方法，它根据一切量所必须具有的形式来分析判断事物间数量关系所遵循的一般规律。通过量纲分析可以检查反映物理现象规律的方程在计量方面是否正确，甚至可提供寻找物理现象某些规律的线索，正确分析各变量之间的关系，简化试验和成果总结，这种方法是我们分析物体运动的有力工具。

2.2 相似理论

在进行相似模型试验时，通常采用缩小的比例（在某些特殊情况下用放大的比例）来制作模型。同时为了便于测量应力与应变值，往往采用一些与原型不同的材料，如某些模型中弹性模量较小的相似材料由光学透明材料来制作。于是出现了一些问题，怎样使模型与原型相似？怎样使模型中所发生的情况能如实地反映原型中所发生的现象，也就是说怎样才能把模型试验中所得的结果推算到实物上去？在模型与原型之间存在何种关系时，才能认为模型与原型存在着相似性？而研究这些相似性质与规律的理论就是相似理论。

相似理论的基础是三个相似定理。根据相似第一定理，可在模型试验中将模型系统中得到的相似判据推广到所模拟的原型系统中；根据相似第二定理，可将模型中所得到的试验结果用于与之相似的实物上；根据相似第三定理，可以指出做模型试验必须遵守的法则。三个相似定理，是进行相似模拟试验的理论依据。

简而言之，相似定理的实际意义在于指导模型的设计及有关试验数据的处理和推广，并在特定的条件下，根据经过处理的数据，提供建立相应微分方程的指示。对于一些复杂的物理现象，相似理论还能进一步帮助人们科学而简捷地去建立一些经验性的指导方程。工程上的许多经验公式，就是由此而得的。

2.2.1 相似第一定理

考察两个系统所发生的现象，凡属于可用同一个基本方程式描述的相似现象均应满足两个条件，分述如下：

（1）相似现象的各对应物理量之比应当是常数，这种常数称为相似常数（也称作相似比）。

相似常数是模型物理量同原型对应物理量之比，主要有几何相似比以及应力、应变、位移、弹性模量、泊松比、边界应力、体积力、材料密度、容重等相似比。在这些相似常数中，长度、时间、力所对应的相似常数称为基本相似常数。

例如，对任何力学过程，长度、时间及质量属于基本的物理量。因此，两个相似力学系统之间，各对应的基本物理量必须满足以下的比例关系：

① 几何相似

几何相似指模型与原型形状相同，但尺寸不同，一切对应的线性尺寸成比例，这里的线性尺寸可以是直径、长度、粗糙度等。设以 L_H 和 L_M 代表原型和模型的"长度"。这里,L 表示一个广义的长度,角标 H 表示原型,角标 M 表示模型。将 L_H 和 L_M 的比值称为长度比尺 α_L,那么,几何相似要求 α_L 为常数,据此类推可得:

长度比尺为:

$$\alpha_L = \frac{L_H}{L_M} = 常数 \tag{2-3}$$

面积比尺为:

$$\alpha_A = \frac{A_H}{A_M} = \frac{L_H \cdot L_H}{L_M \cdot L_M} = \alpha_L^2 \tag{2-4}$$

体积比尺为:

$$\alpha_V = \frac{V_H}{V_M} = \frac{A_H \cdot L_H}{A_M \cdot L_M} = \alpha_L^3 \tag{2-5}$$

② 运动相似

运动相似要求模型与原型中所有各对应点的运动情况相似,即要求各对应点的运动时间 t、速度 v、加速度 a 等都成一定比例,并且要求速度、加速度等都有相对应的方向。设 t_H 和 t_M 分别表示原型和模型中对应点完成沿几何相似的轨迹运动所需的时间,将 t_H 和 t_M 的比值 α_t 称为时间比尺,那么,运动相似要求 α_t 为常数,据此类推可得:

时间比尺为:

$$\alpha_t = \frac{t_H}{t_M} = 常数 \tag{2-6}$$

速度比尺为:

$$\alpha_v = \frac{v_H}{v_M} = \frac{L_H}{t_H} / \frac{L_M}{t_M} = \frac{L_H}{L_M} \cdot \frac{t_M}{t_H} = \frac{\alpha_L}{\alpha_t} \tag{2-7}$$

加速度比尺为:

$$\alpha_a = \frac{a_H}{a_M} = \frac{L_H}{t_H^2} / \frac{L_M}{t_M^2} = \frac{L_H}{L_M} \cdot \frac{t_M^2}{t_H^2} = \frac{\alpha_L}{\alpha_t^2} \tag{2-8}$$

③ 动力相似

动力相似要求模型与原型的有关作用力相似。对于岩体压力问题,主要考虑重力作用,即要求重力相似。设 P_H、γ_H、V_H 和 P_M、γ_M、V_M 分别表示原型和模型对应部分的重力、容重和体积,因为:

$$P_H = \gamma_H \cdot V_H$$
$$P_M = \gamma_M \cdot V_M$$

所以在几何相似的前提下,对重力相似而言,还要求 γ_H 和 γ_M 的比值为常数,即

容重比尺为:

$$\alpha_\gamma = \frac{\gamma_H}{\gamma_M} = 常数 \tag{2-9}$$

重力比尺为:

$$\alpha_P = \frac{P_H}{P_M} = \frac{\gamma_H}{\gamma_M} \cdot \frac{V_H}{V_M} = \alpha_\gamma \alpha_L^3 \tag{2-10}$$

以上分析说明,要使模型与原型相似,必须满足模型与原型中各对应的物理量成一定的比例关系。

(2) 凡属相似现象均可用同一个基本方程式描述，因此，各相似常数不能任意选取，它将受到某个公共数学方程的制约。

例如：两个运动力学的相似系统，均应服从牛顿第二定律，即惯性力 F 是质量 m 和加速度 a 的乘积，即 $F=ma$。

对于原型：
$$F_H = m_H \cdot a_H \tag{2-11}$$

对于模型：
$$F_M = m_M \cdot a_M \tag{2-12}$$

质量比尺 $\alpha_m = m_H/m_M$，则惯性力比尺为：
$$\alpha_F = \frac{F_H}{F_M} = \frac{m_H \cdot a_H}{m_M \cdot a_M} = \alpha_m \cdot \alpha_a$$

上述分析说明在 α_F、α_m、α_a 这三个相似常数中，任意选定两个以后，另外一个常数就能够确定，而不允许再任意选取了，在相似理论中，通常称约束各相似常数的指标 $K = (\alpha_m \cdot \alpha_a)/\alpha_F = 1$ 为相似指标。

另外，根据相似指标有：
$$\frac{F_M \cdot m_H \cdot a_H}{F_H \cdot m_M \cdot a_M} = 1$$

于是：
$$\frac{F_H}{m_H \cdot a_H} = \frac{F_M}{m_M \cdot a_M} = \mathbb{I} \tag{2-13}$$

式(2-13)说明原型与模型中各对应物理量之间保持的比例关系是相同的，都等于一个常数 $\mathbb{I}$，在相似理论中称这个常数为相似判据。

于是，相似第一定理又可表述为：相似现象是指具有相同的方程式和相同判据的现象群，也可简述为相似的现象，其相似指标等于1，相似判据的数值相同。

当用相似第一定理指导模型研究时，首先是导出相似判据，然后在模型试验中测量所有与相似判据有关的物理量，得出相似判据数值，借此推断原型的性能。综上所述，相似第一定理说明了相似现象具有的性质，也是现象相似的必然结果。

对于相似判据和相似指标这两个不同而又容易混淆的名词，必须加以区别。

相似判据：表示原型或模型内各基本物理量之间应满足的比例关系。对于相似现象，原型与模型的相似判据是相等的，都等于同样大小的一个定数 $\mathbb{I}$（$\mathbb{I}$ 是无量纲值）。

相似指标：表示原型与模型间各相似常数之间应满足的比例关系。由于原型与模型的相似判据相等，即 $\mathbb{I}/\mathbb{I}=1$，所以相似指标通常等于1。

下面通过分析一个质点在不同时刻的运动状态的表达形式，来进一步理解它们之间的区别。

对于一个质点的运动，其运动方程为：
$$v = \frac{dl}{dt} \tag{2-14}$$

为此将有关的相似常数项改写为：
$$\left.\begin{array}{l} v'' = \alpha_v v' \\ l'' = \alpha_l l' \\ t'' = \alpha_t t' \end{array}\right\} \tag{2-15}$$

式中，上标"'"和"""表示两个现象发生在同一对应点和对应时刻的同类量。

式(2-15)实际上可用于描述彼此相似的两个现象,这时第一现象的质点运动方程为：

$$v' = \frac{\mathrm{d}l'}{\mathrm{d}t'} \tag{2-16}$$

第二现象相对应的质点运动方程为：

$$v'' = \frac{\mathrm{d}l''}{\mathrm{d}t''} \tag{2-17}$$

将式(2-15)代入式(2-17)可得：

$$\alpha_v \cdot v' = \frac{\alpha_l \cdot \mathrm{d}l'}{\alpha_t \cdot \mathrm{d}t'} \tag{2-18}$$

为使基本微分方程式(2-16)与式(2-18)保持一致,需使：

$$\alpha_v = \frac{\alpha_l}{\alpha_t} \tag{2-19}$$

故得：

$$\frac{\alpha_v \alpha_t}{\alpha_l} = K = 1$$

式中,K 称为相似指标,其意义在于说明,对于相似现象,相似指标的数值为 1,同时也说明,各相似常数不是任意选择的,它的相互关系要受 $K=1$ 这一条件的约束。

这种约束关系还可以采取另外的形式,即

$$\alpha_v = \frac{v''}{v'}, \alpha_t = \frac{t''}{t'}, \alpha_l = \frac{l''}{l'}$$

将其代入式(2-19)可得

$$\frac{v't'}{l'} = \frac{v''t''}{l''}$$

或

$$\frac{vt}{l} = 不变量 \tag{2-20}$$

式(2-20)所示的综合数群 vt/l 都是不变量,它反映物理相似的数量特征,称为相似判据。要注意,这里给予相似判据的概念是"不变量"而非"常量",这是因为相似判据这一综合数群只有在相似现象的对应点和对应时刻上数值才相等,即

$$\left. \begin{array}{l} \dfrac{v'_1 t'_1}{l'_1} = \dfrac{v''_1 t''_1}{l''_1} \\[2mm] \dfrac{v'_2 t'_2}{l'_2} = \dfrac{v''_2 t''_2}{l''_2} \end{array} \right\}$$

例如由微分方程说明的现象,取同一现象上的不同点,则因其变化过程的不稳定性,显然：

$$\left. \begin{array}{l} \dfrac{v'_1 t'_1}{l'_1} \neq \dfrac{v'_2 t'_2}{l'_2} \\[2mm] \dfrac{v''_1 t''_1}{l''_1} \neq \dfrac{v''_2 t''_2}{l''_2} \end{array} \right\}$$

这正是相似判据在不变量意义上数值相等的实际内涵。

所以,相似准则只能说成是不变量,不能说成常量。毫无疑问,它具有无限推广的功

能。此外,还要注意,必须指出相似判据从概念上讲是与相似常数不同的,二者都是无量纲量,但存在意义上的区别。

相似常数是指在一对相似现象的所有对应点和对应时刻上,有关参数均保持其比值不变,而若此对相似现象被另一对相似现象所代替,虽参量相同,比值却是不同的。

相似判据是指一个现象中的某一量,它在该现象的不同点上具有不同的数值,但当这一现象转变为与它相似的另一现象时,则在对应点和对应时刻上保持相同的数值。

2.2.2 相似第二定理

相似第二定理或 π 定理可表述为:约束两相似现象的基本物理方程可以用量纲分析的方法转换成相似判据 π 方程来表达的新方程,即转换成 π 方程,且两个相似系统的 π 方程必须相同。

π 定理由白金汉提出:

设某个物理问题涉及 n 个物理量(包括物理常量)$P_1, P_2, \cdots, P_n$,而我们选取的单位制中有 m 个基本量($n > m$),则由此可组成 $n-m$ 个无量纲的量 $\pi_1, \pi_2, \cdots, \pi_{n-m}$。在物理量 $P_1, P_2, \cdots, P_n$ 之间存在下列函数关系式:

$$f(P_1, P_2, \cdots, P_n) = 0 \tag{2-21}$$

可相应表达为无量纲形式:

$$F(\pi_1, \pi_2, \cdots, \pi_{n-m}) = 0 \tag{2-22}$$

上式称为判据关系式或称 π 关系式。

对彼此相似的现象,在对应点和对应时刻上相似判据都保持同值,所以它们的 π 关系式也应当是相同的,那么原型和模型的 π 关系式分别为:

$$\left.\begin{array}{l} F(\pi_1, \pi_2, \cdots, \pi_{n-m})_H = 0 \\ F(\pi_1, \pi_2, \cdots, \pi_{n-m})_M = 0 \end{array}\right\} \tag{2-23}$$

其中:

$$\left.\begin{array}{c} \pi_{1M} = \pi_{1H} \\ \pi_{2M} = \pi_{2H} \\ \vdots \\ \pi_{(n-m)M} = \pi_{(n-m)H} \end{array}\right\} \tag{2-24}$$

式(2-24)的意义在于,如果把某现象的结果整理成相应的无量纲的 π 关系式,那么该关系式便可推广到与它相似的所有其他现象。

若在所研究的现象中,没有找到描述它的方程,但对该现象有决定意义的物理量是清楚的,则可通过量纲分析运用 π 定理来确定相似判据,从而为建立模型与原型之间的相似关系提供依据,所以相似第二定理更广泛地概括了两个系统的相似条件。

2.2.3 相似第三定理

相似第三定理可表述为:对于同一类物理现象,即由文字结构相同的方程(组)所描述的物理现象,只有单值条件相似,而且由单值条件的物理量所组成的相似判据在数值上相等,现象才互相相似。

相似第三定理是现象相似的充分必要条件。

所谓单值量是指单值条件下的物理量,而单值条件是将一个个别现象从同类现象中区分开来,即将现象的通解变成特解的具体条件。单值条件包括几何条件、介质条件、边界条件和初始条件。

（1）几何条件：许多具体现象都发生在一定的几何空间内，所以参与过程的物体几何形状和大小就应作为一个单值条件。例如，岩体的结构尺寸、地下空间的几何尺寸以及地下工程的埋深、岩土结构等。

（2）介质条件：许多具体现象都在具有一定物理性质的介质参与下进行，而参与过程的介质的物理性质也属单值条件，如岩体的力学参数（包括压强度、抗拉强度、抗剪强度、弹性模量、泊松比、黏聚力、内摩擦角、容重、弹性模量、体积力、剪胀角等）。

不同的力学参数将会产生不同的计算结果，若岩体力学参数选取不当，可能会产生错误的结果，会对工程实践起误导作用。因此，如何选取岩体的力学参数，是一个值得研究的问题。由于岩体材料的复杂性，目前在力学参数选取方面还没有一套成熟的方法。通过现场原位试验得到的参数固然准确可靠，但试验费用却很昂贵，只能在一些重要的大型工程中进行。因此，对一般岩体工程来说，往往在室内岩块试验基础上，通过折减的办法来估计岩体的力学参数，但这种方式主观性比较强，选择的随意性大。由于岩体的力学参数表现出明显的随机性，且获得这些参数十分困难，通常采用数理统计方法来研究岩体的力学特性。

（3）边界条件：许多现象必然受到其周围情况的影响，因此发生在边界的情况也是一种单值条件，如是平面应变状态还是平面应力状态，是先加载后开孔还是先开孔后加载等实际问题。力学边界条件主要有应力边界条件、位移边界条件以及边界元边界条件。

在采矿工程和岩土工程的模拟中，模型的下部边界条件通常简化为固定边界条件，即下部边界的位移为0；上部边界条件通常采用岩层重量作为应力边界条件；模型两侧边界置于用岩层移动角圈定的范围以外，即两侧边界上水平方向位移为零，垂直方向可以运动。边界元边界则用来模拟各向同性、线弹性介质无限（或半无限）区域的效应，直接以边界单元求解。

（4）初始条件：许多物理现象，其发展过程直接受到初始状态的影响，如岩体的结构特征，片理、节理、层理、断层、洞穴的分布情况，水文地质情况等。

每一种现象不一定都会用到这四种单值条件，还要由现象的具体情况来确定。

相似第一定理和相似第二定理是在假定现象相似的前提下得出的相似后的性质，是现象相似的必要条件。相似第三定理由于直接与代表具体现象的单值条件相联系，并强调单值量相似，显示了它在科学上的严密性，是模型试验必须遵循的理论原则。

值得注意的是，对于一些复杂的工程问题，很难确定现象的单值条件，只能凭经验判断什么是最主要的参数；或虽然知道某些单值量，但很难甚至不能满足其相似要求，这就使得相似第三定理难以真正实现，并使模型试验的结果带有近似的性质。由此可以看出，模型试验是否反映客观规律，关键在于能否正确地选择控制现象的物理参数，而这又取决于对问题的深入分析及经验总结。

2.3　相似条件

相似模拟试验成功与否常取决于模型与原型相似条件满足的程度。在进行相似模拟试验的设计时，首先应根据所研究对象的特殊性确定其相似条件。所谓相似条件，是指为达到模型和原型相似的目的,模型和原型的有关参数应满足的条件。相似条件包括几何相似、所研究现象的发展变化过程的相似、单值条件的相似以及模型与原型的同名无量纲参数相似。

在研究实际问题时,现象自身的特殊性决定了它的相似条件,但在推导不同现象的相似条件时,其原则方法和步骤类似。本节将举例说明相似条件选取时应考虑的因素以及推导相似条件的方法。

2.3.1 几何相似条件

利用模型研究某原型有关问题时,必须使模型与原型各部分的尺寸满足几何相似,然后方可研究诸如巷道开挖引起的围岩应力变化、围岩变形与破坏、支护结构受力问题。几何相似条件要求满足以下关系式:

$$\begin{cases} \dfrac{L_H}{L_M} = C_L \\ \dfrac{L_H^2}{L_M^2} = C_L^2 = C_A \\ \dfrac{L_H^3}{L_M^3} = C_L^3 = C_V \end{cases} \quad (2-25)$$

式中 C_L——长度相似常数;
　　C_A——面积相似常数;
　　C_V——体积相似常数。

一般说来,模型越大,越能反映原型的实际情况(当 $C_L=1$ 时,说明模型与原型大小一样),但由于各方面的条件限制,模型往往不能做得太大。通常,模拟采场、露天边坡时一般取 $C_L=50\sim100$,即将原型缩小到 $1/100\sim1/50$,模拟地下硐室、巷(隧)道时取 $C_L=20\sim50$,即将原型缩小到 $1/50\sim1/20$。

2.3.2 应力相似条件

地下隧道开挖属于三维问题,假设围岩破坏前为线弹性体,则原型和模型均应满足静力平衡方程,即对原型有:

$$\left. \begin{array}{l} \left(\dfrac{\partial \sigma_x}{\partial x}\right)_H + \left(\dfrac{\partial \tau_{xy}}{\partial y}\right)_H + \left(\dfrac{\partial \tau_{xz}}{\partial z}\right)_H + X_H = 0 \\ \left(\dfrac{\partial \tau_{yz}}{\partial x}\right)_H + \left(\dfrac{\partial \sigma_y}{\partial y}\right)_H + \left(\dfrac{\partial \tau_{xy}}{\partial z}\right)_H + Y_H = 0 \\ \left(\dfrac{\partial \sigma_{zx}}{\partial x}\right)_H + \left(\dfrac{\partial \tau_{xy}}{\partial y}\right)_H + \left(\dfrac{\partial \sigma_z}{\partial z}\right)_H + Z_H = 0 \end{array} \right\} \quad (2-26)$$

对模型同样有:

$$\left. \begin{array}{l} \left(\dfrac{\partial \sigma_x}{\partial x}\right)_M + \left(\dfrac{\partial \tau_{xy}}{\partial y}\right)_M + \left(\dfrac{\partial \tau_{xz}}{\partial z}\right)_M + X_M = 0 \\ \left(\dfrac{\partial \tau_{yz}}{\partial x}\right)_M + \left(\dfrac{\partial \sigma_y}{\partial y}\right)_M + \left(\dfrac{\partial \tau_{xy}}{\partial z}\right)_M + Y_M = 0 \\ \left(\dfrac{\partial \sigma_{zx}}{\partial x}\right)_M + \left(\dfrac{\partial \tau_{xy}}{\partial y}\right)_M + \left(\dfrac{\partial \sigma_z}{\partial z}\right)_M + Z_M = 0 \end{array} \right\} \quad (2-27)$$

式中 X,Y,Z——研究对象的体积力沿 x、y、z 轴方向的分量。

设

$$C_\sigma = \frac{(\sigma_x)_H}{(\sigma_x)_M} = \frac{(\sigma_y)_H}{(\sigma_y)_M} = \frac{(\sigma_z)_H}{(\sigma_z)_M} = \frac{(\tau_{xy})_H}{(\tau_{xy})_M} = \frac{(\tau_{yz})_H}{(\tau_{yz})_M} = \frac{(\tau_{zx})_H}{(\tau_{zx})_M} \tag{2-28}$$

$$C_L = \frac{x_H}{x_M} = \frac{y_H}{y_M} = \frac{z_H}{z_M} \tag{2-29}$$

$$C_P = \frac{X_H}{X_M} = \frac{Y_H}{Y_M} = \frac{Z_H}{Z_M} \tag{2-30}$$

式中　$(\sigma_x)_H, (\sigma_y)_H, \cdots, (\tau_{xy})_H$——原型的应力分量；
　　　$(\sigma_x)_M, (\sigma_y)_M, \cdots, (\tau_{xy})_M$——模型的应力分量；
　　　x_H, y_H, z_H——原型的位置坐标；
　　　x_M, y_M, z_M——模型的位置坐标；
　　　C_σ——应力相似常数；
　　　C_L——几何相似常数；
　　　C_P——体积力相似常数。

将式(2-28)～式(2-30)代入式(2-26)可得：

$$\left.\begin{array}{l} \left(\dfrac{\partial \sigma_x}{\partial x}\right)_M + \left(\dfrac{\partial \tau_{xy}}{\partial y}\right)_M + \left(\dfrac{\partial \tau_{zx}}{\partial z}\right)_M + \dfrac{C_P C_L}{C_\sigma} X_M = 0 \\[6pt] \left(\dfrac{\partial \tau_{yz}}{\partial x}\right)_M + \left(\dfrac{\partial \sigma_y}{\partial y}\right)_M + \left(\dfrac{\partial \tau_{xy}}{\partial z}\right)_M + \dfrac{C_P C_L}{C_\sigma} Y_M = 0 \\[6pt] \left(\dfrac{\partial \sigma_{zx}}{\partial x}\right)_M + \left(\dfrac{\partial \tau_{xy}}{\partial y}\right)_M + \left(\dfrac{\partial \sigma_z}{\partial z}\right)_M + \dfrac{C_P C_L}{C_\sigma} Z_M = 0 \end{array}\right\} \tag{2-31}$$

比较式(2-27)和式(2-31)得：

$$\frac{C_P C_L}{C_\sigma} = 1 \tag{2-32}$$

对于地下工程问题，体积力就是地应力，在不考虑构造应力时就是重力应力。由于原型和模型都在地球引力场中，原型与模型的重力加速度相等，此时体积力常数就可以用原型材料密度与模型材料密度比来代替，记为 C_ρ，则式(2-32)变为：

$$\frac{C_\rho C_L}{C_\sigma} = 1$$

2.3.3　应变相似条件

应变 ε 是一个无量纲量，根据相似理论，原型与模型的应变值应相等，即

$$C_\varepsilon = 1$$

这里 C_ε 为应变相似常数。

假设所研究的原型和模型是均质和各向同性的，根据弹性理论，可导出其应力、应变、弹性模量及泊松比之间的关系：

$$\left.\begin{array}{l} \varepsilon_x = \dfrac{1}{E}[\sigma_x - \mu(\sigma_y + \sigma_z)] \\[4pt] \varepsilon_y = \dfrac{1}{E}[\sigma_y - \mu(\sigma_x + \sigma_z)] \\[4pt] \varepsilon_z = \dfrac{1}{E}[\sigma_z - \mu(\sigma_x + \sigma_y)] \end{array}\right\} \tag{2-33}$$

式中　$\varepsilon_x, \varepsilon_y, \varepsilon_z$——应变分量；

E——弹性模量；

μ——泊松比。

使用类似于推导 C_σ 和 C_L 关系的方法,可得:

$$C_\mu = 1$$
$$C_\varepsilon C_E = C_\sigma$$

式中　C_μ,C_E——泊松比相似常数和弹性模量相似常数。

因此,由变形相似条件可得:

$$C_\varepsilon = 1, C_\mu = 1, C_E = C_\sigma$$

2.3.4　应力-应变关系相似条件

力学相似条件主要是为了保证模型材料和原型材料应力、应变关系的相似,即保证图 2-1 中模型材料的应力-应变曲线Ⅰ和原型材料的应力-应变曲线Ⅱ相似。在任意应变下(在 $\sigma\varepsilon$ 曲线的范围内),对应的原型应力与模型应力的比值相等,即模型材料的应力-应变曲线应由岩石的应力-应变曲线上各对应点的横坐标、纵坐标缩小 C_σ 倍绘成,C_σ 为应力相似常数。

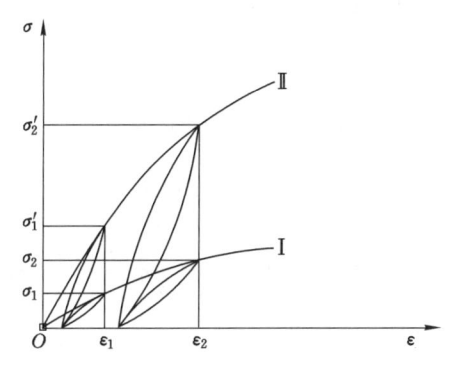

图 2-1　模型与原型应力-应变曲线

严格来讲,图 2-1 中的曲线Ⅰ和Ⅱ不仅在加载时应满足应力相似常数一致,卸载时也应满足,但要完全满足这一要求往往很难,这时可作一些简化,通常只保证其加载时的相似。对于不同种类的岩石,其应力-应变曲线的形式是不一样的,但就地下工程中常见的脆性岩石(花岗岩、砂岩、石灰岩等)而言,在破坏前其应力-应变关系可近似看作符合线弹性规律。故在进行模型设计时,可选用线弹性相似材料模型。对于其他类型的岩石或是有裂隙、节理的岩体,必须采用相应的相似材料模型,使模型和原型具有相似的力学性能。

2.3.5　破坏相似条件

主要的相似常数除了满足上述的应力和应变相似条件下,还应满足强度相似的要求。于是,应使模型材料与原型材料的强度曲线(以莫尔包络线作为强度曲线,如图 2-2 所示)相似,如当应力相似常数 $C_\sigma=2$ 时,那么需要将原型材料强度曲线上相应点的纵坐标、横坐标分别缩小 2 倍得到模型材料的强度曲线,但这一要求往往难以完全满足,通常采用简化的方法,即将莫尔包络线简化为直线,如图 2-2 所示。

在图 2-3 中,四边形 O_1FED 为平行四边形。

$$O_1F = DE$$

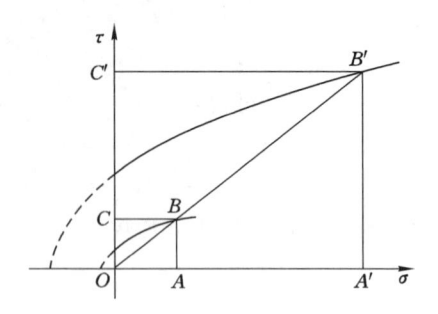

图 2-2 强度曲线相似

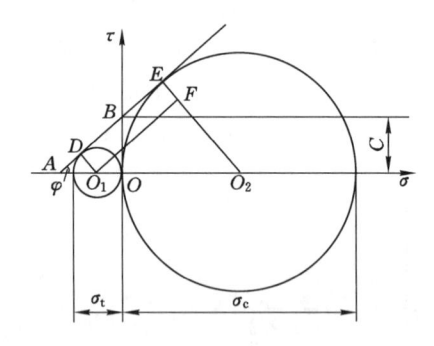

图 2-3 材料强度曲线

$$\overline{DE}^2 = \overline{O_1F}^2 = \overline{O_1O_2}^2 - \overline{O_2F}^2 = \left(\frac{1}{2}\sigma_c + \frac{1}{2}\sigma_t\right)^2 - \left(\frac{1}{2}\sigma_c - \frac{1}{2}\sigma_t\right)^2 = \sigma_c \cdot \sigma_t$$

得:

$$\frac{\sigma_c}{DE} = \frac{DE}{\sigma_t} \tag{2-34}$$

又因圆外点至圆的切线相等,则有:

$$OB = BD = BE = C, DE = 2C \tag{2-35}$$

由式(2-34)与式(2-35)得:

$$C = \frac{\sqrt{\sigma_c \cdot \sigma_t}}{2}$$

$$\tan \varphi = \frac{O_2E - O_1D}{DE} = \frac{\frac{1}{2}\sigma_c - \frac{1}{2}\sigma_t}{\sqrt{\sigma_c \cdot \sigma_t}} = \frac{\sigma_c - \sigma_t}{2\sqrt{\sigma_c \cdot \sigma_t}}$$

因此,为保证两直线型强度曲线相似,需满足:

$$C_{\sigma_c} = \frac{(\sigma_c)_H}{(\sigma_c)_M} \text{ 与 } C_{\sigma_t} = \frac{(\sigma_t)_H}{(\sigma_t)_M}$$

或者满足:

$$C_c = \frac{C_H}{C_M} \text{ 与 } C_\varphi = \frac{\varphi_H}{\varphi_M}$$

式中 C_{σ_c}——抗压强度相似常数;

C_{σ_t}——抗拉强度相似常数;

C_C —— 黏聚力相似常数；

C_φ —— 内摩擦角相似常数。

层状岩体的破坏有时主要受弯曲变形的影响，于是弯曲强度是主要物理量，此时可根据弯曲强度相似的要求来选择相似材料。

岩体破坏的问题还涉及运动相似的问题，应当满足牛顿第二定律，即 $F=ma$，其相应的相似指标为：

$$\frac{C_m \cdot C_a}{C_F} = 1$$

相似判据为：

$$\frac{F_H}{m_H a_H} = \frac{F_M}{m_M a_M} = \pi$$

将 $m = \rho L^3$ 代入有：

$$\frac{F_H}{\rho_H L_H^3 a_H} = \frac{F_M}{\rho_M L_M^3 a_M} \tag{2-36}$$

在岩层移动与破坏问题的研究中，加速度 a 可用重力加速度 g 代替，因而

$$\frac{F_H}{\rho_H L_H^3 g} = \frac{F_M}{\rho_M L_M^3 g}$$

由于 $\rho_H g = \gamma_H$、$\rho_M g = \gamma_M$，上式可写成：

$$\frac{F_H}{\gamma_H L_H^3} = \frac{F_M}{\gamma_M L_M^3} \tag{2-37}$$

式中 γ_H, γ_M —— 原型与模型材料的容重。

将应力比 $\sigma_H = \frac{F_H}{L_H^2}, \sigma_M = \frac{F_M}{L_M^2}$ 代入式 (2-37)，可得与弹性力学平衡微分方程中推出的完全一致的相似判据，即

$$\frac{\sigma_F}{\gamma_H L_H} = \frac{\sigma_M}{\gamma_M L_M} = \pi$$

由此可见，研究围岩破坏过程时，必须考虑的制约关系与弹性变形阶段是相同的。

强度极限 σ_c、σ_t 的量纲与应力 σ 一致，因而选择模型材料的强度指标时，可根据以下公式换算：

$$[\sigma_c]_M = \frac{L_M}{L_H} \cdot \frac{\gamma_M}{\gamma_H} [\sigma_c]_H$$

$$[\sigma_t]_M = \frac{L_M}{L_H} \cdot \frac{\gamma_M}{\gamma_H} [\sigma_t]_H$$

同样，黏聚力 C 与 σ 的量纲相同，因此，也可按类似的公式换算，即

$$[C]_M = \frac{L_M}{L_H} \cdot \frac{\gamma_M}{\gamma_H} [C]_H$$

内摩擦角是无量纲的，所以在模型与原型中 $C_\varphi = 1$，即

$$\varphi_M = \varphi_H$$

2.3.6 边界相似条件

模型的边界条件应与原型尽量一致。

(1) 由于岩体处于三向应力状态，近年来，不少学者致力于立体模型的研究，但是这种

模拟手段要求较高,实施起来比较困难。为了便于观测,对大多数研究的问题来讲,仍应尽量将其简化为平面模型,尤其是对于沿长度方向尺寸远大于其他两个方向尺寸的原型。

使用平面模型时,应满足平面应变的要求,采用各种措施保证模型前后表面不产生变形,这一要求对松软岩层与膨胀性岩层尤为重要,一般采用在模型架两侧用夹板控制防止模型鼓出。

采用平面应力模型代替平面应变模型时,由于在模型两侧前后表面上没有满足原边界条件,模型中岩石具有的刚度将低于原型的刚度,为了弥补刚度不足的缺陷,通常在设计中用 $\left(\dfrac{E}{1-\mu^2}\right)_M$ 值来代替原来的 E_M 值。

(2)当模拟深部岩层时,除了采用模型本身的自重外,对于高于模型本身高度的深度往往采用外部加载来实现。对于均质岩体,由于地下工程施工的影响,在地下空间引起的应力重新分布的范围一般为开挖空间的 3～5 倍,因此用外加荷载的办法研究有关问题时,其模拟范围至少应大于开挖空间范围的 3 倍。如果存在构造应力场,可用双向加载或三向加载的方法来模拟。

对于地下工程问题,通常有三类边界条件:已知力(面力或集中力)边界、已知位移边界、混合边界。对于应力边界条件,原型和模型应力分量与已知面力分量之间应满足以下关系:

对原型

$$\left. \begin{array}{l} l\,(\sigma_x)_H + m\,(\tau_{xy})_H + n\,(\tau_{xz})_H = \overline{X}_H \\ l\,(\tau_{yx})_H + m\,(\sigma_y)_H + n\,(\tau_{yz})_H = \overline{Y}_H \\ l\,(\tau_{zx})_H + m\,(\tau_{yz})_H + n\,(\sigma_z)_H = \overline{Z}_H \end{array} \right\} \quad (2\text{-}38)$$

对模型

$$\left. \begin{array}{l} l'\,(\sigma_x)_M + m'\,(\tau_{xy})_M + n'\,(\tau_{xz})_M = \overline{X}_M \\ l'\,(\tau_{yx})_M + m'\,(\sigma_y)_M + n'\,(\tau_{yz})_M = \overline{Y}_M \\ l'\,(\tau_{zx})_M + m'\,(\tau_{yz})_M + n'\,(\sigma_z)_M = \overline{Z}_M \end{array} \right\} \quad (2\text{-}39)$$

式中　l,m,n——边界面外法线沿原型 x、y、z 轴的方向余弦;
　　　l',m',n'——边界面外法线沿模型 x'、y'、z' 轴的方向余弦;
　　　$\overline{X},\overline{Y},\overline{Z}$——作用在边界面上的面力分量。

令

$$C'_l = \dfrac{l}{l'},\ C'_m = \dfrac{m}{m'},\ C'_n = \dfrac{n}{n'} \quad (2\text{-}40)$$

$$C_X = \dfrac{\overline{X}_H}{\overline{X}_M},\ C_Y = \dfrac{\overline{Y}_H}{\overline{Y}_M},\ C_Z = \dfrac{\overline{Z}_H}{\overline{Z}_M} \quad (2\text{-}41)$$

由于方向余弦无量纲,式(2-40)方向余弦相似常数都等于 1,将式(2-28)、式(2-40)、式(2-41)代入式(2-38),与式(2-39)比较得原型和模型面力相似常数与应力相似常数相等,即

$$C_\sigma = C_X = C_Y = C_Z$$

式中　C_X,C_Y,C_Z——作用在边界面上的面力分量的相似常数。

对于已知位移边界,原型已知位移和模型已知位移应满足几何相似常数一致,不再赘述。

2.3.7 时间相似条件

在模型设计中如何选择适当的时间常数,是模拟成败的关键,这往往比较困难,也是尚待深入研究的问题。而时间相似常数 C_t 与几何相似常数 C_L 之间的关系可以从牛顿第二定律 $F=ma$ 这个普遍的方程中求得。

首先用量纲 T 和 L 来表示加速度 a,即

$$a_H = \frac{l_H}{t_H^2}, a_M = \frac{l_M}{t_M^2} \Rightarrow \frac{a_H}{a_M} = \frac{l_H t_M^2}{l_M t_H^2}$$

当研究重力和惯性力作用下岩块的破坏与冒落时,有:

$$a_H = a_M = g$$

所以

$$\frac{l_H t_M^2}{l_M t_H^2} = 1$$

$$\frac{t_H}{t_M} = \sqrt{\frac{l_H}{l_M}}$$

故

$$C_t = \sqrt{C_L}$$

综上所述,相似模拟试验的原型和模型相似,应满足以下条件:

(1) 应力相似常数 C_σ、密度相似常数 C_ρ 和几何相似常数 C_L:

$$C_\sigma = C_\rho C_L$$

(2) 应力相似常数 C_σ、应变相似常数 C_ε 和弹性模量相似常数 C_E:

$$C_\sigma = C_\varepsilon C_E$$

(3) 运动学问题中时间相似常数 C_t、几何相似常数 C_L:

$$C_t = \sqrt{C_L}$$

(4) 流变问题中时间相似常数 C_t、应力相似常数 C_σ 和黏性系数相似常数 C_η:

$$C_t = \frac{C_\eta}{C_\sigma}$$

(5) 无量纲的应变相似常数 C_ε、泊松比相似常数 C_μ、内摩擦角相似常数 C_φ:

$$C_\varepsilon = 1, C_\mu = 1, C_\varphi = 1$$

习题

(1) 不同系统间量纲能相互转化吗?请举例说明。

(2) 简要描述相似第一定理、相似第二定理、相似第三定理的内涵及意义。

(3) 如要相似模拟试验原型和模型相似,应满足哪些相似条件?

第3章 相似材料

3.1 概述

3.1.1 相似材料的基本要求

第2章论述了相似模型试验必须遵循的相似条件,即模型不仅要几何形状相似,而且在试验过程中各物理量或主要物理量应与原型相似。由于不同种类的材料各有其特殊性质,同一种材料,在应力-应变关系曲线演变全过程的不同阶段,所表现出的力学性质也不尽相同,包括受力条件在内的各种外界条件,都可以导致材料性质的多变性。因此,在模型试验前,必须对所模拟对象的有关问题进行具体分析,以便找出合适的相似材料,制作与原型相似的模型。

在实验室内利用相似材料按相似原理制作与原型相似的模型,借助测试仪表观测模型的力学参数、变形状态以及应力分布规律,根据模型的研究成果,推断原型中可能发生的力学现象,从而利用相似模型的研究来解决生产中的实际问题。为此相似材料必须满足以下要求:

(1) 相似材料的主要力学性质应与所模拟岩层的力学性质相似。如模拟岩石破坏过程时,应使相似材料的单轴抗压强度与单轴抗拉强度与岩石材料相似。

(2) 材料的力学性能稳定,不易受外界条件(湿度、温度等)的影响。

(3) 可通过改变材料配比使相似材料的力学性能发生改变,以适应相似条件的需要。

(4) 容易成型,制作方便,凝固时间短。

(5) 易于实施测量(包括粘贴应变片)等。

(6) 材料来源广,成本低廉,最好能重复使用。

3.1.2 相似材料的分类

模拟岩层所用的相似材料,通常由几种材料配制而成,有时还需要添加剂和水。组成相似材料的原材料主要可分为以下两类:

(1) 骨料

骨料主要有砂、尾砂、黏土、铁粉、磁铁矿粉(Fe_3O_4)、铅丹(Pb_3O_4)、重晶石粉、铝粉、云母粉、软木屑、聚苯乙烯、硅藻土等。

(2) 胶结材料

胶结材料主要可分为两大类:无机胶结材料和有机胶结材料。无机胶结材料按照其硬化条件又可分为气硬性胶结材料和水硬性胶结材料。气硬性胶结材料有石膏、石灰、水玻璃、黏土等;水硬性胶结材料主要是水泥。有机胶结材料有石蜡、树脂、沥青、油类、塑料等。

其他胶结材料包括碳酸钙、高岭土等。

一般常用的模拟岩石的相似材料以河砂或尾砂为骨料，以石膏为主要胶结材料，以水泥、石灰、水玻璃、高岭土等为辅助胶结材料。

3.2 岩层模拟

3.2.1 骨料

（1）砂子宜采用直径为 0.12~0.21 mm 的纯净砂。随着用砂量的增加，材料的密度增加、强度降低、弹性模量增加、变形能力降低，而且砂的粒径越大，材料的强度和弹性模量也越大。

（2）黏土宜采用密度大于 2.6 g/cm³ 的纯黏土。用前应先将黏土干燥磨碎，并用筛孔直径为 0.35 mm 的筛子筛分，以增加材料的塑性。

（3）选矿的尾砂来源丰富，是一种良好的骨料。由于尾砂与模拟的矿石具有大致相同的成分，故有助于模拟原型材料的力学特性。

（4）铁粉、重晶石粉、铅丹、磁铁矿粉等属于重骨料，用来增大材料的容重。

（5）软木屑、炉渣子、浮石等属于轻骨料，用来降低材料的容重。

（6）软木屑、砂子与聚苯乙烯等用来降低材料的泊松比。

（7）硅藻土是一种以硅藻化石为骨架的软弱多孔性的沉积物，用作骨料时，可吸收混合物中多余的水分并且降低材料的弹性模量，使其软硬适中，便于进行制作和测试。

（8）铝粉可增加材料的热传导性，利于应变计的测量，使应变计产生的热量扩散，改善测量工作条件。

（9）云母粉的密度约为 2.7 g/cm³。云母粉作为模拟材料有两种用途，作为分层隔离时应采用直径为 0.3~0.5 mm 的细云母；作为层间裂隙、节理等弱面模拟时应采用直径为 1.4~5.0 mm 的粗云母。

3.2.2 胶结材料

（1）石灰

石灰石的主要成分是碳酸钙，石灰石煅烧时碳酸钙将分解成生石灰，其主要成分为氯化钙。石灰的另一来源是化工副产品。

宜采用新鲜烧透的呈白色或灰黄色的块灰，其断面组织一致，这种胶结材料脆性明显，拉压比为 1/40，可用来增加相似材料的脆性。石灰硬化缓慢，硬化后强度较低，其抗压强度开始较低，仅 1 MPa 左右，在干燥过程中，强度会持续增加。但有研究资料表明，石灰的稳定性较差，不宜多加。

（2）熟石膏（建筑石膏或模型石膏）

将天然生石膏（$CaSO_4 \cdot 2H_2O$）加热到 150~170 ℃ 进行煅烧细磨时，会失去大部分结晶水，便可成为熟石膏（$CaSO_4 \cdot \frac{1}{2}H_2O$），其密度为 2.55~2.67 g/cm³，容重为 0.025 0~0.026 2 N/cm³。

石膏凝结硬化较快，初凝仅需几分钟，终凝需十几分钟。但石膏作为主要胶结材料，由于凝结较快，为了延缓凝结时间，需掺加一定量的缓凝剂，如硼砂和动物胶。

石膏的稳定强度为 5 MPa 左右，抗拉强度与抗压强度之比为 1∶4。

石膏具有取材容易、价格低、成型及加工容易、性能稳定的特点,适宜制作线弹性应力模型。其缺点是:① 在天然环境中易吸湿,而一旦吸湿受损,材料强度会降低;② 相似材料强度对石膏用量敏感,在小比例模型中模拟低强度材料时,石膏用量不易控制。

一般情况下应采用细度为 64～900 孔/cm² 的模型石膏作为相似材料。

(3) 碳酸钙

碳酸钙强度低,4 天后抗压强度仅为 7×10^4 Pa,抗拉强度为 5×10^3 Pa,呈脆性,这种材料可用来降低相似材料的强度和密度。

(4) 水泥

水泥属于水硬性胶结材料,相似模拟试验中通常采用硅酸盐水泥。水泥可配成强度大、变化范围广的相似材料,且制作工艺简单,但硬化时间长,力学性质持续变化,且力学性能受温度的影响。水泥的抗压强度大大超过其抗拉强度,拉压比为 1/20～1/8。水泥有明显的脆性特征,水泥标号越高,其拉压比越小,脆性越明显,见表 3-1。因此,可通过更换水泥标号来调节相似材料的拉压比,使之与所模拟的原型材料的岩性相似。

表 3-1 常用水泥强度等级及抗压强度

品种	强度等级	抗压强度/MPa 3 d	抗压强度/MPa 28 d	抗折强度/MPa 3 d	抗折强度/MPa 28 d
硅酸盐水泥	42.5	≥17.0	≥42.5	≥3.5	≥6.5
	42.5R	≥22.0		≥4.0	
	52.5	≥23.0	≥52.5	≥4.0	≥7.0
	52.5R	≥27.0		≥5.0	
	62.5	≥28.0	≥62.5	≥5.0	≥8.0
	62.5R	≥32.0		≥5.5	
普通硅酸盐水泥	42.5	≥17.0	≥42.5	≥3.5	≥6.5
	42.5R	≥22.0		≥4.0	
	52.5	≥23.0	≥52.5	≥4.0	≥7.0
	52.5R	≥27.0		≥5.0	
矿渣硅酸盐水泥 火山灰硅酸盐水泥 粉煤灰硅酸盐水泥	32.5	≥10.0	≥32.5	≥2.5	≥5.5
	32.5R	≥15.0		≥3.5	
	42.5	≥15.0	≥42.5	≥3.5	≥6.5
	42.5R	≥19.0		≥4.0	
	52.5	≥21.0	≥52.5	≥4.0	≥7.0
	52.5R	≥23.0		≥4.5	
复合硅酸盐水泥	42.5	≥15.0	≥42.5	≥3.5	≥6.5
	42.5R	≥19.0		≥4.0	
	52.5	≥21.0	≥52.5	≥4.0	≥7.0
	52.5R	≥23.0		≥4.5	

注:引自 GB 175—2007/XG3—2018《通用硅酸盐水泥》国家标准第 3 号修改单。

(5) 高岭土

高岭土强度极低,10 天后的抗压强度只有 7.3×10^4 Pa,抗拉强度仅有 1.1×10^4 Pa,压拉比为 5.5~6.5,呈脆性,吸水性大,可塑性强,主要用于模拟易发生塑性变形的岩层、作为脆性材料的弱黏结剂或降低其弹性模量。

(6) 黏土

黏土主要由碎屑颗粒(主要成分是石英)和黏土矿物细分散颗粒组成。黏土也可在相似材料中作为胶结材料,其遇水膨胀,干燥时收缩,强度较低,但具有明显的塑性,可用来降低材料的强度、弹性模量和增加材料的极限变形量。

(7) 水玻璃

水玻璃是水溶性黏结剂,用它来胶结石英砂可得到结实的脆性相似材料,通常将水玻璃与砂子、水配合,水玻璃的含量一般为 2%~3%。由于其含量少,使用时必须先按比例称好,再倒入量好的水中,然后在此溶液中倒入称好的石英砂,并立即搅拌和浇注模型。

(8) 石蜡

宜采用低熔点(42~54 ℃)的优质石蜡,这种材料只适用于小比例模型。由于用这种材料制模时需施加一定温度,操作不方便,因此不常采用。

(9) 沥青

沥青是一种有机胶结材料,常温下呈黑色或黑褐色的固体、半固体或黏性液体,具有良好的黏结性和塑性。沥青可用来模拟软岩等材料的塑性大变形或塑性变形。

(10) 树脂

树脂可单独浇注成模型,也可作为一种良好的胶结剂来使用,常用的树脂性能见表 3-2。

表 3-2 树脂性能表

名称	热学特性	弹性模量 /×10^2 MPa	泊松比	抗拉强度 /MPa	密度/(g/cm³)	软化温度 /℉
聚酯	热固	20~30	0.33~0.35	35~40	1.2~1.3	180
环氧树脂	热固	30~35	0.35	50~70	1.2	0

3.2.3 添加剂

添加剂是相似材料的另一个重要原料成分。根据使用目的的不同,添加剂可分成不同的种类。

(1) 缓凝剂

在配制以石膏为胶结材料或以石膏为主要胶结材料的相似材料时,因石膏的凝固时间较短,一般只有几分钟到十几分钟,在如此短的时间内,很难完成相似材料试件和相似材料模型的制作过程,这时就必须加入缓凝剂以延长相似材料的凝结时间。有多种物料可起到延长石膏凝固时间的作用,常用的缓凝剂有硼砂、动物胶、磷酸氢二钠等,最常用的是硼砂。

在使用硼砂作为缓凝剂时,由于所用石膏种类的不同以及硼砂纯度等的差异,使用前应求出所用石膏对硼砂的缓凝规律。具体来说,应求得相似材料中石膏用量(占相似材料混合料的重量比)、硼砂浓度(占相似材料用水量的重量比)及石膏凝结时间的关系曲线,然后根据此关系确定所需的硼砂用量。

在配制和制作体积较大的相似材料模型时,用水量较大,加入的硼砂也较多,这时一定要采用搅拌等方式使硼砂完全溶于水,当水温较低时,硼砂溶解较慢,为加快硼砂的溶解,可采用温水溶解。

(2) 速凝剂

在配制以水泥为胶结材料或为主要胶结材料的相似材料时,为了使相似材料提前达到所期望的强度,需使用速凝剂。国内应用最广的是红星Ⅰ型速凝剂等。

与缓凝剂的情况类似,在使用速凝剂前也应求得相似材料中水泥用量、速凝剂用量、速凝效果及速凝时间的关系,这样才能在实际使用中达到预期的效果。

(3) 其他添加剂

除了上述添加剂外,在配制相似材料时,还需用到其他添加剂,例如用碳酸钙、滑石粉、可赛银等来降低相似材料的强度;用黏土或其他有机材料增加相似材料的塑性等。此外,在模拟岩体材料的结构面等特征时,也常用到许多其他的添加剂,以满足改善和调控结构面物理力学性质的要求。

3.2.4 水

配制相似材料过程中所用的水均为淡水,一般取自地下水和河水。

地下水的化学成分复杂、矿化度高。这是因为地下水不仅与成分复杂的土壤、岩石接触,而且接触时间一般较长,因此土壤、岩石中的各种元素及化合物都可能出现在地下水中,从而导致地下水的化学成分复杂,矿化度也比其他水体的高。地下水的化学成分一般可分为5大类:主要离子、溶解气体、生物生成物、微量元素和放射性元素。对于工程用水,主要考虑的是其主要离子的含量,这些离子包括氯离子、钠离子、钾离子、镁离子和钙离子。

河水和地下水相比,其矿化度较低,但化学成分的变化很大,一年中随着汛期和枯水期的更替,河水的矿化度和化学成分也随着发生变化。此外,河水的化学成分在地域分布上也有很大差异。

在配制相似材料时,对水质的要求主要是考虑主要离子的浓度不能太高,应符合相似材料(特别是胶结材料)对水质的要求,例如,要求水的酸碱度呈中性等。在某些特殊情况下(如使用特殊水源的水,或采用特殊的相似材料原料时),应对所用水的质量进行化验,以保证水的质量,配制出符合要求的相似材料。

3.2.5 相似材料的选择

在模拟地层岩石时,岩石的性态,有疏有密,力学性能有强有弱,变形特性有大有小,表3-3列出了地层几种主要岩石的变形和强度特性。

表3-3 岩石力学性能

岩石种类	抗压强度 /$\times 10^5$ Pa	抗拉强度 /$\times 10^5$ Pa	弹性模量 /$\times 10^5$ Pa	泊松比	黏聚力 /$\times 10^5$ Pa	内摩擦角 /(°)	密度 /(g/cm³)
砂岩	200~1 800	30~200	0.4~6.8	0.150~0.300	40~400	25~60	2.4~2.6
粉砂岩	150~1 100	10~150	0.4~5.0	0.160~0.264	35~260	20~41	2.6~2.8
泥岩	80~800	10~180	0.4~4.5	0.150~0.450	15~180	20~40	2.6~2.8

从表 3-3 中可以看出,岩石的力学性能变化范围较大,如弹性模量相差 10～15 倍甚至更多,内摩擦角相差 2～3 倍,在选择相似材料时,要考虑相似材料物理力学性质变化的情况。

相似材料除了应符合定量方面的相似外,还要求其瞬时变形特性相似。岩石类型通常分为脆性、弹性和塑性,因此每个具体的模拟模型应在定性的类型上与被模拟的岩石一致。这一要求需要通过相似材料的选择来满足,使其应力-应变曲线无论在弹性区还是在弹性区以外都与被模拟的岩石相似。

另外,相似材料还应满足以下要求:
(1) 模型的每一岩层在全部体积内保持结构、强度和变形的均匀性。
(2) 材料性质在时间上保持稳定性。
(3) 制作工艺过程简单,操作方便。
(4) 在材料的制作和使用期间严格控制含水率。
(5) 原材料来源丰富,价格低廉,且对人体健康无害。
(6) 改变材料配比,可以调节材料的某些性质以适应相似条件的需要。

在实验室内模拟的地层岩石主要是沉积岩,如砂岩、页岩、泥岩、石灰岩等,这些岩石基本上由骨料及胶结物组成,或者骨料本身就是具有胶结性质的颗粒。因此,用骨料和胶结物组成的相似材料,最适于模拟沉积岩。

3.2.6 配比表

在相似材料配比方面,国内外学者进行了大量的试验研究,得到了诸多配比表供参考借鉴,见表 3-4～表 3-8。表中,σ_c 为抗压强度,σ_t 为抗拉强度,σ_b 为抗弯强度,ρ 为密度,E 为弹性模量,μ 为泊松比。

表 3-4 砂子、石灰、石膏相似材料配比

配比号	σ_c/MPa	σ_t/MPa	σ_t/σ_c	ρ/(g/cm³)	备注
337	0.368	0.044	1/8.4	1.5	试件干燥 3 d 进行强度试验;缓凝剂采用 2% 动物胶的水溶液;水量为材料质量的 10%;石膏为乙级建筑石膏;砂子为河砂,级配粒径:>1.2 mm 为 2%、0.6～1.2 mm 为 27.2%、0.3～0.6 mm 为 36.8%、0.15～0.3 mm 为 21.9%、<0.15 mm 为 12.1%
355	0.251	0.023	1/10.9	1.5	
373	0.140	0.019	1/7.4	1.5	
437	0.298	0.027	1/11.0	1.5	
455	0.208	0.025	1/8.3	1.5	
473	0.134	0.018	1/13.3	1.5	
537	0.144	0.024	1/7.4	1.5	
535	0.107	0.014	1/7.6	1.5	
573	0.094	0.012	1/7.8	1.5	
637	0.124	0.015	1/8.2	1.5	
655	0.104	0.013	1/8.0	1.5	
673	0.066	0.009	1/7.3	1.5	

注:配比号的意义,第一位数字代表砂胶比;第二、三位数字代表胶结物中两种胶结物的比例关系;第二位数为石灰,第三位数为石膏。如 337 表示砂胶比为 3∶1,一份胶结物中石灰∶石膏为 3∶7。

表 3-5 砂子、水泥、石膏相似材料配比

配比号	σ_c/MPa	σ_t/MPa	σ_t/σ_c	E/GPa	μ	备注
537	3.720	0.297	1/12.5	93	0.16	
555	3.600	0.237	1/15.2	53	0.23	
573	2.034	0.118	1/17.2	40	0.25	
637	2.798	0.234	1/12.0	33	0.21	试件密度为 1.7 g/cm³;
655	2.325	0.224	1/10.4	55	0.19	试件干燥 7~11 d 进行强度及变形试验;
673	1.944	0.109	1/17.8	65	0.15	水量为试件质量的 1/10;
737	2.118	0.178	1/11.8	51	0.19	水中硼砂的浓度为 1%;
755	1.890	0.157	1/12.0	35	0.15	500 号硅酸盐水泥,水泥标号为 236;
773	1.550	0.098	1/15.8	37	0.18	骨料为石英细砂,级配粒径:0.5~
837	2.060	0.183	1/11.3	50	0.18	1.0 mm 为 1.5%,0.25~0.5 mm 为
855	1.760	0.143	1/12.3	23	0.22	29.7%,0.1~0.25 mm 为 67.8%,
873	1.453	0.085	1/17.1	33	0.19	<0.01 mm 为 2.0%;
937	1.230	0.130	1/9.5			石膏为乙级建筑石膏
955	0.610	0.117	1/5.2			
975	0.388	0.062	1/6.3			

表 3-6 砂子、碳酸钙、石膏相似材料配比

配比号	水砂比	ρ/(g/cm³)	σ_c/MPa	σ_t/MPa	σ_b/MPa	σ_t/σ_c	σ_b/σ_c	备注
337	1/7	1.5	0.283	0.056	0.124	1/5.1	1/2.3	
355	1/7	1.5	0.202	0.036	0.081	1/5.6	1/2.5	
373	1/7	1.5	0.119	0.017	0.043	1/7.0	1/2.8	
437	1/9	1.5	0.222	0.040	0.097	1/5.6	1/2.3	
455	1/9	1.5	0.158	0.027	0.067	1/5.9	1/2.4	
473	1/9	1.5	0.090	0.014	0.037	1/6.4	1/2.4	试件干燥 3 d 进行强度试验;
537	1/9	1.5	0.197	0.030	0.075	1/6.6	1/2.6	砂子为河砂;
555	1/9	1.5	0.141	0.022	0.054	1/6.4	1/2.6	石膏为乙级建筑石膏;
573	1/9	1.5	0.086	0.012	0.031	1/7.2	1/2.8	缓凝剂为动物胶,水溶液浓度为 2%
637	1/9	1.5	0.164	0.022	0.055	1/7.5	1/3.0	
655	1/9	1.5	0.121	0.016	0.042	1/7.6	1/2.9	
673	1/9	1.5	0.078	0.011	0.032	1/7.1	1/2.4	
737	1/9	1.5	0.135	0.018	0.040	1/7.5	1/3.4	
755	1/9	1.5	0.103	0.014	0.035	1/7.4	1/2.9	
773	1/9	1.5	0.070	0.009	0.027	1/7.8	1/2.6	

表 3-7　砂子、高岭土、石膏相似材料配比

配比号	水砂比	ρ /(g/cm³)	σ_c /MPa	σ_t /MPa	σ_b /MPa	σ_t/σ_c	σ_b/σ_c	备注
337	1/7	1.5	0.153	0.025	0.065	1/6.1	1/2.4	
355	1/7	1.5	0.091	0.020	0.040	1/4.6	1/2.3	
373	1/7	1.5	0.077	0.026	0.032	1/3.0	1/2.4	
437	1/9	1.5	0.134	0.022	0.059	1/6.1	1/2.3	
455	1/9	1.5	0.084	0.016	0.037	1/5.3	1/2.3	
473	1/9	1.5	0.072	0.014	0.029	1/5.2	1/2.5	试件干燥3 d进行强度试验;
537	1/9	1.5	0.118	0.019	0.052	1/6.2	1/2.3	砂子为河砂;
555	1/9	1.5	0.077	0.014	0.033	1/5.5	1/2.3	石膏为乙级建筑石膏;
573	1/9	1.5	0.066	0.011	0.037	1/6.0	1/1.8	缓凝剂为动物胶,水溶液浓度为2%
637	1/9	1.5	0.105	0.015	0.046	1/7.0	1/2.3	
655	1/9	1.5	0.070	0.011	0.030	1/6.4	1/2.3	
673	1/9	1.5	0.056	0.009	0.025	1/6.2	1/2.2	
737	1/9	1.5	0.086	0.011	0.034	1/7.8	1/2.5	
755	1/9	1.5	0.061	0.009	0.024	1/6.8	1/2.5	
773	1/9	1.5	0.045	0.008	0.020	1/5.6	1/2.2	

表 3-8　砂子、高岭土、石灰、石膏相似材料配比

砂胶比	胶结物比 高岭土	胶结物比 石灰	胶结物比 石膏	水砂比	σ_c /MPa	σ_t /MPa	σ_t/σ_c	ρ /MPa	备注
3:1	0.15	0.15	0.7	1/9	0.300	0.051	1/5.9	1.5	
3:1	0.25	0.25	0.5	1/9	0.250	0.038	1/6.6	1.5	
3:1	0.35	0.35	0.3	1/9	0.198	0.024	1/8.3	1.5	
4:1	0.15	0.15	0.7	1/9	0.261	0.043	1/6.1	1.5	
4:1	0.25	0.25	0.5	1/9	0.218	0.028	1/7.8	1.5	
4:1	0.35	0.35	0.3	1/9	0.177	0.013	1/13.6	1.5	试件干燥3 d后进行强度试验;
5:1	0.15	0.15	0.7	1/9	0.236	0.031	1/7.6	1.5	石膏为乙级建筑石膏;
5:1	0.25	0.25	0.5	1/9	0.194	0.020	1/9.7	1.5	砂子为河砂;
5:1	0.35	0.35	0.3	1/9	0.152	0.010	1/15.2	1.5	缓凝剂为动物胶,水溶液浓度为2%
6:1	0.15	0.15	0.7	1/9	0.195	0.015	1/13.0	1.5	
6:1	0.25	0.25	0.5	1/9	0.162	0.011	1/14.7	1.5	
6:1	0.35	0.35	0.3	1/9	0.130	0.007	1/18.6	1.5	
7:1	0.15	0.15	0.7	1/9	0.116	0.008	1/14.5	1.5	
7:1	0.25	0.25	0.5	1/9	0.080	0.006	1/13.3	1.5	
7:1	0.35	0.35	0.3	1/9	0.017	0.004	1/4.3	1.5	

3.2.7 影响材料性质的主要因素

通过研究发现,影响材料性质的主要包括水灰比、辅助胶结物、湿度、掺加剂、砂胶比、含水率、容重等因素,下面以石膏为例进行说明。

(1) 水灰比

相似材料水灰比不同,会导致材料混合后可能出现稀的、正常的和干散的三种状态,稀的混合材料造型浇铸时可自然流动成层;正常的混合材料易均匀摊平与压实;干散的混合料造型时易于搅拌和摊平,但由于水量不足,不易胶结成型。

(2) 辅助胶结物

在石膏胶结材料中加入各种适量辅助胶结物,可以改变相似材料的某些性质。

① 以水泥为辅助胶结物时,相似材料的强度可提高到 4 MPa,拉压比降低到 1/8。

② 以石灰为辅助胶结物时,相似材料的强度可降低到 0.06 MPa,拉压比降低到 1/12。

③ 以碳酸钙为辅助胶结物时,相似材料的抗压强度可降低到 0.1 MPa,拉压比降低到 1/7。

④ 以铁砂等材料作为辅助胶结物时,如果不捣固成型,容重可提高到 $0.020\sim0.022$ N/cm^3;如果捣固成型,容重可提高到 0.024 0 N/cm^3。

⑤ 以炉渣粉等轻质材料为辅助胶结物时,胶结材料的容重可降低到 0.012 N/cm^3。

(3) 湿度

材料的强度随湿度的增加而减小,但当湿度大于某一值时,强度趋于稳定。湿度的大小对石膏胶结材料的影响较为显著,如在水膏比为 1 不变的条件下,当石膏湿度由 80% 降低到 2% 时,试件强度可以从 50% 提高到 95%(假设石膏为干料时的强度为 100%)。为此,为保证试验时模型内维持均匀的湿度,可在拆模后将模型用乙烯基树脂与环氧树脂等不渗透涂料保护起来,防止水分的蒸发和强度的变化。

(4) 掺加剂

在浇铸相似模型时,必须在胶结材料初凝以前成型。成型后,应迅速脱模,终凝时间不能太长。一般情况下,根据成型要求,较佳的初凝时间为 $15\sim20$ min,终凝时间为 $20\sim30$ min。为达到这一目的,需要在胶结材料中加入适量的其他掺加剂,使材料加速或延缓凝固,即加入速凝剂或缓凝剂。

当石膏与水泥混合使用时,如石膏含量超过 11% 时,凝固时间完全取决于石膏,初凝较快,为此,必须加缓凝剂使初凝时间控制在 20 min 左右,经过试验认为使用硼砂作缓凝剂时,浓度应控制在 $0.8\%\sim1.0\%$(硼砂用量占用水量的质量分数)之间;使用动物胶时,最佳的质量分数为 2%。

使用水泥作为主要胶结材料时,为了使相似模型尽快凝固成型,应加入适量的速凝剂,其用量以水泥量的 $2.5\%\sim3.0\%$ 为宜。当使用碳酸钠为速凝剂时,水中的碳酸钠浓度以 $12\%\sim20\%$ 为宜。

(5) 砂胶比

在胶结物相同的条件下,材料的抗压强度、抗拉强度及弹性模量随砂胶比的增加而降低,因此,在进行模拟试验时,可用调节砂胶比的办法来调整相似材料的强度,以便达到与原型相似的目的。

(6) 含水率

在温度和湿度不变时,相似材料性质的稳定性取决于配料中黏结材料的种类。如果黏结材料的硬化是化学反应的结果,那么,经过一定时间后,材料的性质就趋于稳定,而材料性质达到稳定的时间取决于掺入的挥发物质(如水、有机溶剂)。随着干燥时间增加,材料含水率降低,强度增大,当含水率降低到一定程度时,强度值将变化平缓,最后趋于稳定。因此,在制作模型时,控制材料含水率,可使模型力学性质稳定,以提高试验结果的可靠性。

(7) 容重

相似材料的密实程度对其强度影响较大。对于某一种既定材料,增大容重需要较大的成型压力,这有时很难做到。容重太小,则易造成材料不均,性能不稳定。

3.3 地质构造模拟

地质构造如断层、破碎带、节理、裂隙、层面等的模拟是个较为复杂的问题。在考虑断层、破碎带、节理、裂隙等不连续面的强度特征时,除了满足摩擦系数相等以外,还必须满足材料的内摩擦角相等以及材料的抗剪强度相似的条件。现就有关配方介绍如下:

(1) 涂料

油脂类涂料可以模拟黏土夹层的黏滞滑动,而滑石涂料可模拟塑性滑移。表 3-9 和表 3-10 分别列出国内部分单位和国外推荐配方。表中,E 为弹性模量,μ 为泊松比,C 为黏聚力,f 为摩擦系数,φ 为内摩擦角。

表 3-9　国内部分单位的涂料配方

种类	配比	$C/\times 10^5 Pa$	f	备注
石膏滑石粉涂料, 滑石粉:石膏粉:水 (质量比)	100:2:71	0.062	0.73	
	100:1:69	0.076	0.53	
	100:15:16.5	0.330~1.700	0.56	
长石、石膏粉涂料, 长石粉:石膏粉:水 (质量比)	100:50:150	1.000	0.61	$E=1\ 290$ MPa $\mu=0.103$
	100:50:110	1.700	0.56	$E=2\ 600$ MPa $\mu=0.157$

表 3-10　国外推荐的涂料配方

充填材料名称	φ
涂以二硫化钼的锡箔片	5°~6°
酒精基清漆与润滑脂衬层	7°~9°
酒精基清漆加入不同配比的润滑脂和滑石的衬层	9°~23°
酒精基清漆加入滑石的衬层	24°~26°

(2) 干粉料

用石灰粉、云母粉、滑石粉等模拟岩石的分层面,分散撒在可模拟岩石中不夹泥的分层面($\varphi=30°~37°$)。

(3) 砂子

用各种不同粒径的砂子来模拟内摩擦角在40°以下的结构面或模拟内摩擦角为40°~60°的粗糙断裂面。

此外,也有人用锯缝来模拟岩石的裸露接触面或明显的断层。

3.4 相似材料正交试验

如前所述,相似材料一般由多种原料配制而成。要得到一种较好满足相似条件的材料,通常要进行大量的配比试验。假设某种材料由3种原料组成,每种原料需考察2种不同用量(这是最简单的一种情况),那么按它们的不同用量进行的搭配方案共有$8(2^3)$种;而如果有5种原料,每种原料取4种不同用量进行比较,则共有$1\,024(4^5)$种搭配,试验工作量极大。如能使试验次数较少但又能代表所有搭配的试验结果,自然是每一个试验工作者的期待,而通过正交试验则可以实现这个目标。

(1) 正交表

正交表是已制作好的规格化的表,是正交试验的基本工具。以下举例介绍正交表。表3-11就是一个最简单的正交表。

首先,对$L_4(2^3)$进行解释。L是正交表代号;下标4表示试验次数,即正交表的横行数;括号中的2是数码数(位级数),上标3是试验参数(因素)的个数,即正交表的纵列数。

表 3-11 $L_4(2^3)$

试验号	列号		
	1(A因素)	2(B因素)	3(C因素)
1	1	1	1
2	2	1	2
3	1	2	2
4	2	2	1

对表3-11进行分析:

① 每个因素的不同位级在4次试验中都出现了相同的次数(2次)。例如:因素A的1位级出现在1、3号试验中,2位级出现在2、4号试验中;因素B的1位级出现在1、2号试验中,2位级出现在3、4号试验中;因素C的1位级出现在1、4号试验中,2位级出现在2、3号试验中。

② 每2个因素的各种不同的搭配在4次试验中都出现了相同的次数(1次)。例如:A和B两个因素的4种搭配A_1B_1、A_2B_1、A_1B_2、A_2B_2分别出现在1、2、3、4号试验中,而A_1C_1、A_2C_1、A_1C_2、A_2C_2则分别出现在1、4、3、2号试验中,各出现了1次。

具有这2个特点的试验方案称为是均匀搭配的,或者说,在这样的方案中,各因素之间具有正交性。均匀搭配,使我们只做了全部试验数量的1/2,即4次试验,就能够了解全面的情况,或者说,这4次试验就代表了全部8次试验。

(2) 因素和位级

在正交试验中,对试验结果有影响的原料及工艺称为因素;每种因素在试验中要考查或比较的不同用量或状态称为位级,在有的文献中,位级又称为水平。

表 3-11 的 $L_4(2^3)$ 表示有 3 个因素参与试验,每个因素考查 2 个位级,所以 $L_4(2^3)$ 又称为二位级正交表。二位级正交表的试验方案中,由于每个因素只取 2 个位级,所以试验次数较少。

每个因素取 2 个位级只能比较哪个位级好,但看不出用量的变化趋势。为了了解变化趋势,常取 3 个位级,表 3-12 的 $L_9(3^4)$ 即是一个三位级正交表。

表 3-12　$L_9(3^4)$

试验号	列号			
	1	2	3	4
1	1	1	1	1
2	1	2	2	2
3	1	3	3	3
4	2	1	2	3
5	2	2	3	1
6	2	3	1	2
7	3	1	3	2
8	3	2	1	3
9	3	3	2	1

有的试验周期长,我们希望通过一批试验或仅补充少量试验就能基本解决问题,那么,还可分为 4 个位级、5 个位级或更多的位级。通常,称四位级以上的试验为多位级试验。由于位级多,试验次数也多,通常能使试验结果达到较高水平。但是位级多意味着效果差的位级也多,试验造成的浪费也较大。由于多位级试验耗费的人力、物力代价较大,一般不轻易安排四位级以上的试验。表 3-13 的 $L_{16}(4^5)$ 是一个四位级正交表。

表 3-13　$L_{16}(4^5)$

试验号	列号				
	1	2	3	4	5
1	1	1	1	1	1
2	1	2	2	2	2
3	1	3	3	3	3
4	1	4	4	4	4
5	2	1	2	3	4
6	2	2	1	4	3
7	2	3	4	1	2
8	2	4	3	2	1

表 3-13（续）

试验号	列号				
	1	2	3	4	5
9	3	1	3	4	2
10	3	2	4	3	1
11	3	3	1	2	4
12	3	4	2	1	3
13	4	1	4	2	3
14	4	2	3	1	4
15	4	3	2	4	1
16	4	4	1	3	2

安排试验方案时，如需详细了解某些重点因素，可对这些因素比其他因素多安排几个位级，即采用混合两位级。如 $L_{16}(4^3 \times 2^6)$ 表示最多能安排 2 个六位级的因素和 3 个四位级的因素，如表 3-14 所列。

表 3-14　$L_{16}(4^3 \times 2^6)$

试验号	列号														
	1	2	3	4	5	6	7	8	9	10	11	12	13	14	15
1	1	1	1	1	1	1	1	1	1	1	1	1	1	1	1
2	1	2	2	1	1	2	2	2	2	2	2	2	2	2	2
3	1	3	3	2	2	1	1	2	3	1	3	2	2	3	3
4	1	4	4	2	2	2	1	1	4	2	4	1	1	1	4
5	2	1	2	2	2	1	2	2	2	2	1	1	1	2	2
6	2	2	1	2	2	2	1	2	1	1	2	2	2	1	1
7	2	3	4	1	1	1	2	1	4	2	3	2	1	4
8	2	4	3	1	1	2	2	2	3	1	4	1	2	3
9	3	1	3	1	2	2	1	2	1	3	2	1	2	1	3
10	3	2	4	1	2	1	1	1	2	4	1	2	1	2	4
11	3	3	1	2	1	2	1	1	2	1	2	3	2	2	1
12	3	4	2	2	1	1	2	2	1	2	1	4	1	1	2
13	4	1	4	2	1	2	2	2	4	1	1	2	2	4
14	4	2	3	2	1	1	1	1	3	2	2	1	2	3
15	4	3	2	1	2	2	2	1	2	1	3	1	1	2
16	4	4	1	1	2	1	2	1	2	4	2	2	2	1

有些试验根据过去的经验与认识，安排方案时已经知道某些因素之间有一定程度的依赖关系，一种因素用量的选取，需随其他因素的用量而定。这时，可采用活动位级的方法。

（3）配方试验和配比试验

对试验总量不加限制的试验,称为配方试验。试验时,把各种成分套在正交表的列上,用量对号入座。

如果限定总量,这时的配方试验就等价于配比试验,相似材料的配制一般是配比试验。在安排配比试验时,每种成分各占一列,选用的比值对号入座。这时,各横行中全体比值的总和可能超过1,也可能不到1,为保证采用正交搭配后总量不变,可用总和把各列的比值通除一遍,人为地求出新的比值,使其总和调整到1。

（4）正交表的选择

选择正交表主要考虑以下3个方面：① 所考查因素及各因素位级的个数；② 每批试验能够进行的次数,这主要根据试验条件而言；③ 有无重点因素,如有,则重点因素可多安排几个位级,考虑用混合位级正交表进行试验。

习题

（1）相似材料的基本要求有哪些？
（2）相似材料的分类有哪些？
（3）模拟岩层的注意事项有哪些？
（4）影响材料性质的主要因素有哪些？
（5）相似材料正交试验的目的及意义是什么？

第4章 物理相似模拟试验设计

4.1 模型试验架

物理相似模拟试验是在模型试验架(台)上进行的,模型试验架一般由槽钢、角钢、钢板和木板等组成,其结构设计应满足强度和刚度的要求,根据研究的内容和目的所决定的线性比确定模型尺寸。目前,国内采用的模型试验架主要有平面模型架、转体模型架和立体模型架等。

4.1.1 平面模型架

由于研究的目的不同,相似模型模拟的范围也各异,因此,平面模型架的规格也有所不同,平面模型用于大范围的模拟研究,主要是研究地下采动岩体力学的问题,如图4-1所示。在煤矿地下开采过程中,随着工作面的不断向前推进,其所涉及的范围也在不断变化,从深度上看,可以达到从地表直到采场所在的深度,在平面上相当于一个采区的开采范围。受岩体采动影响,模拟的范围至少应大于开采空间的3~5倍,因此,模型的尺寸往往有4~5 m长。模型是在模型架上建造,于是模型架的尺寸必须满足模拟试验的要求,同时也应符合平面模型的特点。

(a) 正面　　　　　　　　　　(b) 背面

图4-1 平面模型架

(1)随着工作面的推进,其波及的范围与边界条件不断变化,模型属于"动态"模型,即除了满足第2章所述的相似条件外,还必须遵循时间相似的要求。

(2)涉及的岩体规模较大,受影响的岩层较多。

(3)在同一模型上往往要模拟具有不同力学性质的多层岩石,同时随着开采范围的扩大,既有处于弹性状态的岩体,又有处于黏、塑性破坏状态的岩体,因此相似材料的选择、相似常数的确定以及模型上的测量工作都比较复杂。

平面模型结构简单,测试方便,但不易满足边界条件相似。平面模型以一个剖面为基础,可前后两面进行观测,按其两面的约束情况不同又可分为平面应力模型和平面应变模型。

(1) 平面应力模型

① 平面应力模型前后无约束,允许侧向变形。

② 平面应力模型的边界条件与实际的边界条件差别较大,不过如果模拟的岩层比较坚硬,在垂直暴露面上能保持稳定,那么这种边界条件的差异,对模拟影响不大。

(2) 平面应变模型

① 平面应变模型需在模型架前后加装玻璃钢板以限制模型的侧向变形。

② 当模拟深度超过 400~500 m 的岩层,垂直应力达到岩石的破坏极限时,模型处于自由状态的前后表面就会产生破坏,此时应用平面应变模型。

③ 平面应变模型还适用于模拟松散或弹塑性岩层,这种模型前后表面不能暴露,否则模型在此方向上将发生移动和破坏,故需加挡板形成平面应变模型。对挡板的要求如下:能限制模型材料的侧向变形;不影响模拟岩层下沉垮落的特点,因此通常在模型材料与挡板之间添加透明的润滑剂以减少摩擦力;便于对模型进行观测。

平面模型可用于研究以下问题:

① 研究围岩在不同外载作用下的应力场与位移场;

② 研究上覆岩层的运移规律;

③ 研究围岩与支架的相互作用以及巷(隧)道的破坏与变形特性;

④ 帮助选择最佳的支护方案、施工方法或设计方案。

平面模型架规格一般为 1.5~5.0 m 长,0.2~0.5 m 宽,1.0~2.0 m 高,结构如图 4-2 所示。模型架的主体一般由 24# 槽钢和角钢组成,模型架两边上有模孔,以便加固模板,模板用厚 3 cm 的钢板制成,为防止装填材料时模板向外凸起,模型架中部可用竖向小槽钢加固。

图 4-2 平面模型架

4.1.2 转体模型架

为了适应倾斜岩层模拟试验的需要,应使用平面转体模型架,其特点是模型架的一端装有转轴,可根据需要转动模型架形成一定的倾角,模拟倾斜岩层,其结构如图 4-3 所示。转体模型架的规格为 1.0~3.0 m 长,0.2~0.5 m 宽,1.0~2.0 m 高。

转体模型可以用于研究以下问题：
(1) 倾斜方向剖面、工作面两侧的压力分布；
(2) 上覆岩层沿倾斜方向的移动规律；
(3) 倾斜巷道围岩变形与破坏的特性；
(4) 倾斜巷道围岩与支架的相互作用。

图 4-3　转体模型架

4.1.3　立体模型架

研究地下空间三维问题时，需要用到立体模型。一般来说，立体模型易于满足边界条件，却难以在模型中进行采掘工作以及对模型深部的移动、变形和破坏进行观测与记录。

图 4-4 所示为一种相似材料模型立体模型试验架，该立体模型架主要由刚性底板、侧向反力框、轴向反力框、模型加载时的轴向约束板、轴向千斤顶、侧向约束板和侧向千斤顶等构成。模型架加载约束系统对模型边界实施 5 个方向主动加载，侧向每个方向 4 个千斤顶，轴向仅在上方设 4 个千斤顶，下方通过反力框施加被动力。千斤顶座为球铰式，即使反力框有变形也能保证所加荷载垂直于模型表面，整个反力框架由槽钢和钢板组焊而成。水平(侧向)反力框按弹性设计可使每个千斤顶输出 200 kN 压力，垂直(轴向)反力框可使每个千斤顶输出 400 kN 压力，侧向反力框水平挠曲在 4 mm 内。试验过程中利用框架上的调节螺杆可非常方便地使反力框架升高、调平或水平移动。

图 4-4　立体模型架

4.2 模型设计

4.2.1 计算模拟岩石的强度指标

根据第 2 章相似理论,逐层计算相似模拟所需要的各岩层的强度指标。

例如,某待模拟的砂页岩物理力学参数为:$\sigma_c = 110$ MPa,$\sigma_t = 12.5$ MPa,几何相似常数 $C_L = 100$,密度相似常数 $C_\rho = 1.5$,计算模型所需的抗压强度$(\sigma_c)_M$ 和抗拉强度$(\sigma_t)_M$。

$$C_L = 100, C_\rho = 1.5$$

$$C_\sigma = C_\rho \cdot C_L = 100 \times 1.5 = 150$$

$$\begin{cases} (\sigma_c)_M = \dfrac{1}{150}\sigma_c = \dfrac{110}{150} = 0.733 \text{ (MPa)} \\ (\sigma_t)_M = \dfrac{1}{150}\sigma_t = \dfrac{12.5}{150} = 0.083 \text{ (MPa)} \end{cases}$$

通过原型岩石力学性质计算得出各层模型岩石的力学性质,列入表 4-1。

表 4-1　各层模型岩石力学性质表

岩层名称	模型容重 $\gamma_M/(kN/m^3)$	模型抗压强度$(\sigma_c)_M$/MPa	模型抗拉强度$(\sigma_t)_M$/MPa
××岩(第 1 层)			
××岩(第 2 层)			
...			
××岩(第 n 层)			

4.2.2 选择相似材料配方与配比

为了便于选择模型所需的材料配比,在试验数据充分的情况下,可将测得的数据用三角形坐标来表示。现以石膏、砂子和水泥为例来说明三角形坐标的使用方法。

三角形坐标是利用等边三角形中任一点到各边垂线长度之和等于三角形高度这一几何关系制作的。如图 4-5 所示,作等边三角形 ABC,将其高度计为 100%,由三角形任一点 P 向各边作垂线,以三个垂线长度 PD、PE 和 PF 作为 3 种配料的百分数,则不同质量或体积配料在三角坐标中就表示为不同位置的点。以三角形顶点表示该成分在混合物中占 100% 的含量,与边平行的直线 MN 表示对应顶点 A 的材料即砂子的百分比含量不变,始终是 30%,图中 P 点表示试验的材料配比为砂子 50%、石膏 35%、水泥 15%。

东北大学岩石力学实验室利用三角形坐标法对由石膏、石灰和砂子组成的石膏胶结材料,采用各种不同体积配比进行了材料的抗压、抗拉和抗剪强度试验,根据强度试验结果绘制了各种不同体积比条件下的等强度线。因此,利用这一图表可方便地选出所需的配比范围,如图 4-6 所示。

例:设模拟某种岩石所需石膏胶结材料的抗压强度 $\sigma_c = (50 \sim 60) \times 10^5$ Pa,抗拉强度 $\sigma_t = 3 \times 10^5$ Pa,$\sigma_s = (20 \sim 30) \times 10^5$ Pa,试利用图 4-6 选出适当的配比。

根据图 4-6(b)与图 4-6(c)可知 A 点满足上述要求,从 A 点可知其力学参数为:$\sigma_c = 53 \times 10^5$ Pa,$\sigma_t = 3.1 \times 10^5$ Pa,$\sigma_s = 29 \times 10^5$ Pa。

A 点代表的体积配比为:砂子 $X_1 = 60\%$,石膏 $X_2 = 20\%$,石灰 $X_3 = 20\%$。砂子的容重

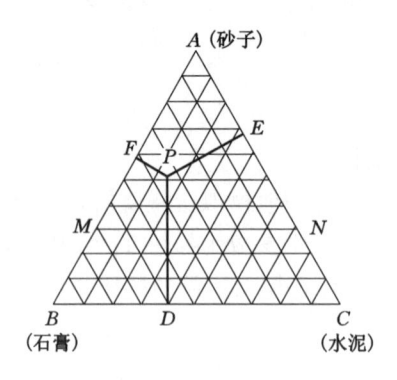

图 4-5 三角形坐标法

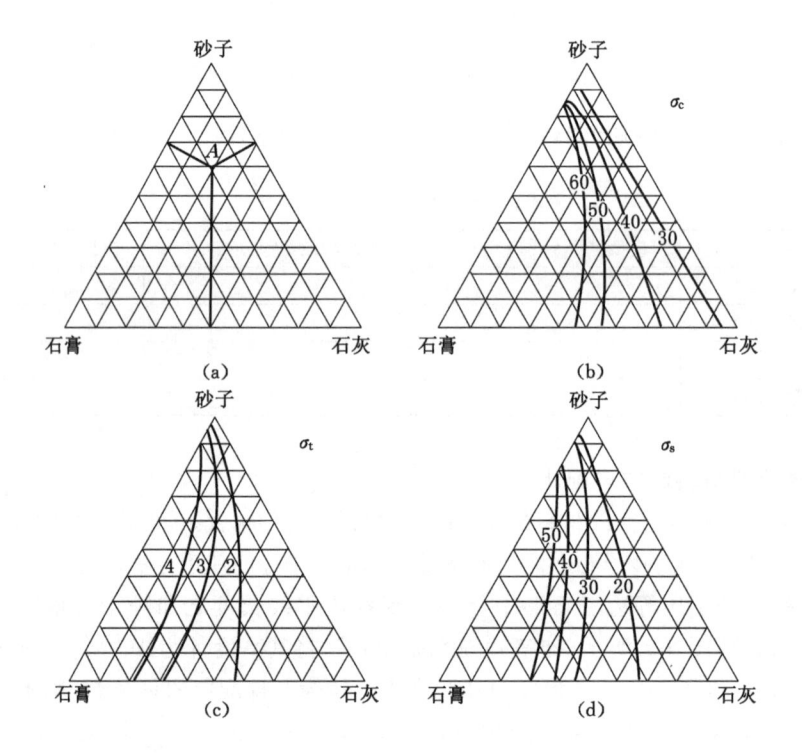

图 4-6 石膏胶结材料的等强度线图

$\gamma_1=25\ \text{N/cm}^3$，石膏的容重 $\gamma_2=25\ \text{N/cm}^3$，石灰的容重 $\gamma_3=23\ \text{N/cm}^3$，那么质量配比可按下式进行计算：

$$Y_i = \frac{X_i \gamma_i}{\sum_{i=1}^{n} X_i \gamma_i} \tag{4-1}$$

式中　Y_i——各种材料按质量计算所占的百分比。

砂子的质量百分比为：

$$Y_1 = \frac{0.6 \times 25}{0.6 \times 25 + 0.2 \times 25 + 0.2 \times 23} = \frac{15}{24.6} = 61\%$$

同理，计算得出石膏的质量百分比 $Y_2 = 20.3\%$，石灰的质量百分比 $Y_3 = 18.7\%$。

4.2.3 计算各分层的材料用量

模型各分层的材料用量,可按下式进行计算:

$$G_i = l \cdot b \cdot h_i \cdot \gamma_i \tag{4-2}$$

式中 G_i——模型 i 分层材料总量(包括用水量);
l——模型长度;
b——模型宽度;
h_i——模型 i 分层厚度;
γ_i——模型 i 分层材料容重。

若相似材料的质量配比为砂子:石灰:石膏=$A:B:(1-B)$,砂子含水率为 $q_1\%$,缓凝剂动物胶含量为 $q_2\%$(占石膏质量),各分层用水量占该层石膏质量的 $q_3\%$,用 i 分层材料总质量的 $q\%$ 计算,于是模型 i 分层的材料质量(不含用水量)为:

$$G = G_i(1 - q\%) \tag{4-3}$$

各分层不同材料用量及用水量可按以下公式计算:

$$\left. \begin{aligned} g_1 &= \left(\frac{A}{A+1} + \frac{A}{A+1} \times q_1\%\right)G \\ g_2 &= \left(\frac{B}{A+1}\right)G \\ g_3 &= \left(\frac{1-B}{A+1}\right)G \\ g_4 &= [(g_2 + g_3) \times q_3\%](1 - q_1\%) \\ g_5 &= g_3 \times q_2\% \end{aligned} \right\} \tag{4-4}$$

式中 g_1——砂子用量;
g_2——石灰用量;
g_3——石膏用量;
g_4——水用量;
g_5——缓凝剂用量。

4.2.4 模型制作步骤

根据所模拟原型的力学性质以及相似材料的配比、长度比例等参数计算出模型各分层的材料用量后,准备好各种施工器具和有关的测量装置后即可制作模型,步骤如下:

(1)安装模板。为了造型方便,将模型架后面的模板全部安装好,对于模型架前面的模板,需边砌模型边安装模板。

(2)配料。首先,准备缓凝剂,将一次试验所需缓凝剂的用量,按缓凝剂:水=1:5 的质量比配好,倒入容器内用电炉加热,直至缓凝剂全部溶解为止,加热时应敞开容器盖,以免缓凝剂喷出。其次,按已计算好的各分层所需材料用量,把石灰、石膏、砂子、缓凝剂及水分别用磅秤、天平、量杯称好,其中砂子、石灰、石膏可装在一个搅拌器内,注意需要将石膏倒在石灰上面,以防石膏与砂子中所含的水分化合而凝固,缓凝剂溶解后可放入已称好的水中,并搅拌均匀,防止沉淀。

(3)搅拌。先将干料拌匀,再加入含缓凝剂的水,并迅速搅拌均匀,防止凝块。

(4)装模。将搅拌均匀的混合料倒入安装有模板的模型架内,然后捣实以保持试验要求的容重,压紧后的高度应基本上符合计算时分层的高度,且要求层面平整。分层间撒一层云母粉以模拟层面。每一分层的制作应尽早完成,一般要求不超过 20 min。

(5) 拆模。通常在模型制作好后 1~2 d 即可拆模,如果遇阴雨潮湿天气,可适当延长拆模时间,拆模板时需注意不要损坏模型。

(6) 加载。如果模拟位于深部的地下空间(采场、隧道、井巷),模型高度不足以模拟全部埋深范围,需在模型顶部加载,模拟模型上部压力,这一工作应在试验前 2~3 d 完成。

(7) 开挖前监测。模型装好后,为了控制模型材料力学性能的稳定,每天挖下 50 g 材料放在恒温箱中进行湿度测定,当含水率降低到使材料的力学性能稳定时(一般要求湿度小于 20% 后),方可进行模型的采掘或切割。

(8) 模型测点标记。为了便于观测,需在模型表面上绘制或粘贴测标,模型中不同的岩层可涂以不同的颜色,以示区别。

4.3 模型加载

对于矿山岩体压力的研究,主要荷载为自重应力,其次是构造应力。

4.3.1 自重应力模拟

(1) 利用相似材料本身的重量模拟自重应力

为了达到用相似材料的自重模拟模型所需的重力,应使材料容重的相似常数 α_γ 等于应力相似常数 α_σ 除以几何相似常数 α_L,即

$$\alpha_\gamma = \frac{\alpha_\sigma}{\alpha_L}$$

或写成

$$\frac{\gamma_H}{\gamma_M} = \frac{\sigma_H}{\sigma_M} \cdot \frac{L_M}{L_H}$$

因而相似材料的容重可按下式求得:

$$\gamma_M = \frac{\sigma_M}{\sigma_H} \cdot \frac{L_H}{L_M} \gamma_H \tag{4-5}$$

为了使模型材料的容重能在一定范围内变动以适应各种岩石的要求,常掺加各种重骨料或轻骨料。

(2) 施加面力模拟自重应力

如果模拟的模型地层深度超过模型架的高度时,常常通过施加面力来代替模型高度以外的自重。在平面模型中,当面力施加的范围不大时,最简单的办法是用一台液压千斤顶,通过几级分配块来直接施加面力[见图 4-7(a)],也可用杠杆重锤法来施加面力[见图 4-7(b)]。

当施加的荷载范围很大时,可用千斤顶或液压囊来扩大加压范围,即将平面模型划分为若干个区域,每个区域用一台千斤顶加压或用液压囊并排地施加荷载。

油压千斤顶加载装置由高压油泵、稳压器、分油器、油压千斤顶、测量仪表和传压垫块组成,高压油泵可根据需要采用手动或电动,油泵最大油压可根据试验需要的最大压力再加上一定的安全系数确定。

稳压器实际上就是一个有足够容量的高压容器,其作用是使油压压强相对稳定,分油

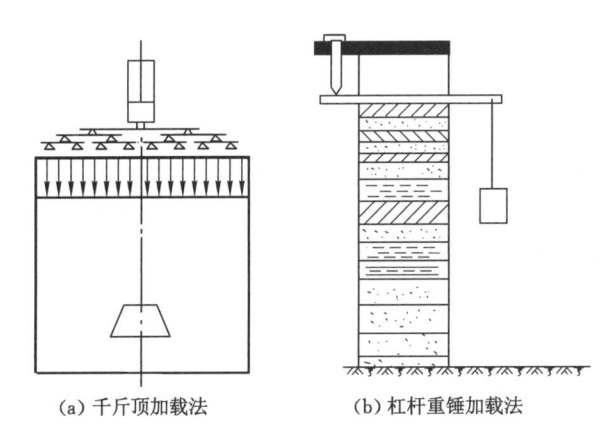

(a) 千斤顶加载法　　(b) 杠杆重锤加载法

图 4-7　两种简易的加载方法

器上设置有与油泵、稳压器以及油压千斤顶连接的接头,可把油泵或稳压器供给的高压油分配给各个千斤顶。

对于每一个千斤顶,在试验前都必须进行标定。测量压力通常用油压表,它装在分油器上。为了提高加载的精度,可在千斤顶活塞顶头前装置压力传感器,用静态应变仪测读千斤顶的实际压力,传压垫块可用钢板、木块并加上一薄层橡皮或毛毯制作,使荷载均匀地施加在模型上。

在选用千斤顶规格和型号以前,应根据相似原理,计算出模型上需施加的单位面力,再进行面力的分块计算和千斤顶位置的选择和布置。千斤顶的数量不能过少,以免经过传压垫作用于模型上的面力不均匀,但也不能过多,以免过于拥挤而使千斤顶无法安装与调整。

(3) 施加体力模拟自重应力

这种方法常用在立体模型和大的平面模型中,它是把模型划分成很多部分,找出每一部分的重心,然后在重心或其延伸线的适当位置,施加等于该部分模型自重的集中荷载,通过传力元件传递到模型上去。

4.3.2　构造应力模拟

岩体中除存在着自重应力外,还存在着构造应力。对于构造应力明显的地区,在设计模型时,应采用双向或三向加载系统来模拟,加载系统如图 4-8 所示。

图 4-8　加载系统图

习题

(1) 简要描述试验架的分类及其适用范围。
(2) 简要描述平面应力模型和平面应变模型的区别及适用条件。
(3) 简要描述模型制作的步骤及注意事项。
(4) 简要描述模型加载的方法。

第 5 章　相似模拟测试技术

5.1　相似模拟测试概述

5.1.1　相似模拟测试任务

相似模拟测试的任务是通过相似模拟试验获得所需的参数,使之成为分析问题所依据的数据、曲线或图表等,而测试技术就是为了实现这一目的而制定的合理方案和具体手段。随着结构模型试验研究的不断发展,通过模拟试验研究来解决的问题日趋综合化和复杂化。由于研究的目的和内容的不同,试验方案和测试手段也各不相同。一些研究和试验如水工建筑物整体脆性结构模型的线弹性应力试验和破坏试验,坝的抗滑稳定性及地质力学模型试验,公路建设边坡稳定性模拟研究,地下空间围岩的变形以及应力分布的模拟研究,采矿场顶板变形特征与变形破坏的模拟研究等。尽管试验类型较多,在测试方法上有其不同的规律,但测量的基本原理大多是相同的。随着测量技术和仪器设备的日益完善,测试技术水平得到了不断改进和提高。使用快速多点自动巡回监测方法为大型整体结构模型试验尤其是破坏试验提供了十分有利的条件。同样,使用极小尺寸的电阻应变片,就能够精确地测出结构局部的应力分布甚至应力集中情况。数字信息处理、微处理设备的应用使测量系统更加完善,为一些难度较大的模型试验提供了有效的测试手段。

5.1.2　模型监测的基本方法

研究相似模型时,必须综合考虑分析岩体与相关结构各部分的应力、应变与破坏的状况,才能全面地认识有关规律。因此,模型监测内容有以下几方面:

(1) 模型变形(相对位移)的测量;

(2) 模型绝对位移的测量;

(3) 模型内应力的测量;

(4) 模型破坏现象的观测与描述;

(5) 支架上荷载值与压缩值的测量。

结构模型试验中应力是主要测量参数之一。多数的应力测量方法,实质上都是测量应变值,即在一定荷载作用下测量被测点的应变大小,或是测量与这一应变相联系的物理现象,然后应用应力-应变关系将应变值换算为应力值。应力-应变关系可以是纯弹性的,也可以扩展到非线性的弹塑性范围。对于位移与荷载的测量,除直接测量外,也可通过测量应变,然后进行转换,求得所需的数值。

目前测量方法大体可分为三类,即机械法、光测法、电测法。

(1) 机械法

机械法是曾被广泛使用的一种较为直观的测量方法,从简单的千分表到精密的杠杆引伸仪测量等都属于这一类。机械法具有设备结构简单,不需电源,抗外界干扰能力强和稳定可靠等优点,但由于其测量精度差,灵敏度低,不能远距离观测和自动记录等缺点,所以除少数试验场合外,基本已被电测法所取代。另外,用来在模型中测定压力的测压仪,虽有机械外壳,但仍需电阻应变片来测定应变再求应力,因此目前较少采用纯机械式的测量仪表。

(2) 光测法

光测法是应用力学和光学原理相结合的测量方法,主要有水准仪测量法、激光测量法、光测弹性法、激光全息干涉法、散斑干涉法以及云纹法等。由于脆性材料试验中的模型材料具有不透光性,因此,光测法仅在某些采用表面涂层法或光弹贴片法的应力测量中应用。激光全息干涉法是一种先进的测试技术,具有高精度、稳定可靠的特点,但由于设备系统复杂,使用时对环境条件要求较高等原因,目前除用作仪器的标定、试件或简单构件的高精度位移测量外,在一般试验条件下的整体复杂结构模型试验中很少直接应用。

(3) 电测法

电测法具有灵敏度高,变换部件尺寸小,容易多点自动测量和记录,易于与通用仪表及信号处理设备接口连接等优点。目前,它是测量应变和位移以及其他一些参数的主要方法,应用较为广泛。电测法主要不足之处是对模型内部应力的测量较为困难,实施程序要求比较严格烦琐,在应力集中的地方测量精度较差。另外,电测法在测量中的积累误差如处理不当会较大,故要求有较高和较为严格的操作方法。

模型的测量属于非电量测试,电测法的实质是将测得的非电量(变形、位移、荷载)通过传感器转换成电信号,然后利用电学仪器进行测量,最后再用事先标定的有关曲线(如应力-应变曲线)求所需要的参数,以便进行分析研究。电测法测量框图如图5-1所示。

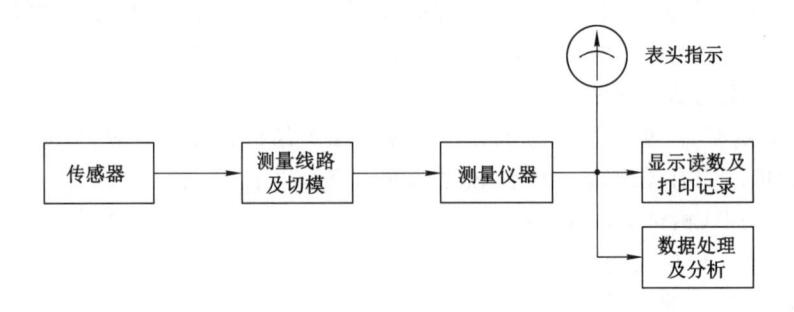

图 5-1 电测法测量框图

图 5-1 中的传感器是将非电量转换为电量的主要设备,其直接与被测量对象发生关系。测量线路给出合适的电参数与后续电学测量仪适配,其输出的电信号可直接由电表指示或者供给具有 A/D 转换功能的数字仪器显示读数及打印记录等。数字显示信号亦可经适当接口续接信息处理仪器或计算机对试验资料进行分析处理、打印、制表、绘制曲线、绘出完整的试验成果。可以说在目前试验测量中,电测法是较为完善的测量系统。当传感器搭配不同设备时,能使该系统具有反馈控制、综合处理试验数据的功能,能够发挥系统通用性、灵活自动等特点,进一步提高了电测法的技术水平。

5.2 光测法

结合相似模型的特点,本节主要介绍水准仪测量法、激光测量法、数字照相测量法以及云纹法等,至于光测弹性法、激光全息干涉法等由于模型材料、设备条件、使用环境等的特殊要求,不常使用,不再介绍。

5.2.1 水准仪测量法

利用水准仪测量时,根据研究的目的与要求,先在模型上布置测点,每一测点用 10~15 cm 长铁针插入模型内,作为模型观测点。在模型外一侧安放固定基点,随着试验的进行,用水准仪按时从固定基点观测各测点的变化情况,同一测点前后两次测量值之差为该点的位移,即

$$\Delta u = u_{i-1} - u_i \tag{5-1}$$

式中 Δu——第 $i-1$ 次与第 i 次测量变形量;
u_{i-1}——第 $i-1$ 次测量的数值;
u_i——第 i 次测量的数值。

5.2.2 激光测量法

利用激光高亮度和高方位的特点,可在相似模型上测量位移。

(1) 基本原理

利用激光的"聚光—变束—反射—放大"等过程来测量模型上的位移。虽然激光的光束很集中,但用以测量模型的微量变形(下沉)还需在光路中安放两个凸透镜,使光束更为集中,如图 5-2 中的凸透镜 2 和 3,在凸透镜之后要放一个柱透镜 4,使线形光在水平方向变成扇形光,扇形光作用到模型上是一条很细的线光,在此线上所有的测点安设光杠杆 7,于是便能同时测出多个测点的位移。在光杠杆的前支点处安设反射镜,使激光反射到显示屏 9 上,各被测点的位移(下沉)量可用三角形相似原理求得。

(2) 位移(下沉)量的计算

设某点下沉值为 h_i,那么光杠杆的后支点也随之下沉 h_i,光杠杆的其他构件围绕前支点转动 α 角,在反光镜上入射光与反射光的夹角为 2α,此 2α 角的对边即为下沉量的放大值,此值反射到显示屏上,放大倍数可通过调节杠杆距(光杠杆前后支点的距离)任意选择,如图 5-2、图 5-3 所示。

根据光的入射与反射的性质,光的入射角等于反射角,即 $\alpha=\beta$。

$$H = L \cdot \tan 2\alpha = \frac{2L \tan \alpha}{1 - \tan^2 \alpha} \tag{5-2}$$

由于 $\tan \alpha = \dfrac{h}{l}$,于是

$$\frac{H}{h_i} = 2 \frac{L}{l\left(1 - \dfrac{h_i^2}{l^2}\right)} \tag{5-3}$$

当 $\dfrac{h_i^2}{l^2} = 0$ 时,$\dfrac{h_i^2}{l^2}$ 可忽略不计,则得:

$$\frac{H}{h_i} = 2 \frac{L}{l} \tag{5-4}$$

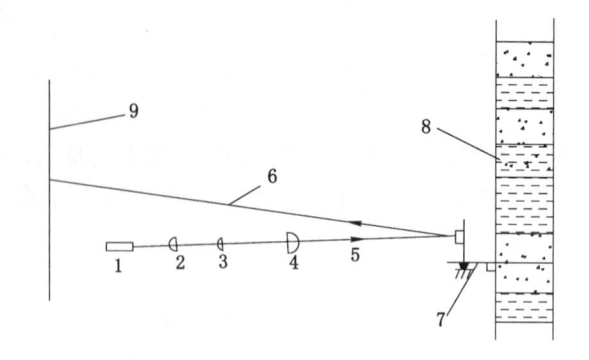

1—激光源；2,3—凸透镜；4—柱透镜；5—入射光；6—反射光；7—光杠杆；8—测量模型；9—显示屏。

图 5-2 激光位移计光路示意图

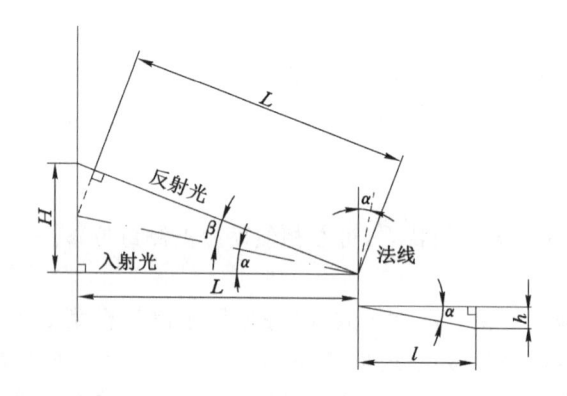

图 5-3 激光位移计放大原理图

式中　H——下沉量放大值；

　　　L——光杠杆与显示屏的距离；

　　　l——光杠杆前后支点的距离。

由上式可知，增大 L 值或缩小 l 值，均可提高放大倍数，如果要求放大 100 倍，即 $\frac{H}{h_i}=100$，那么应使 $\frac{L}{l}=50$。

5.2.3　数字照相测量法

(1) 数字照相测量的特点

数字照相测量的概念可以理解为利用数码相机、CCD 摄像机、CT 扫描、激光照相等图像采集手段，获得观测目标的数字图像后，再利用计算机数字图像处理与分析技术，对观测目标进行变形或特征识别分析的一种通用性很强的现代测量新技术。由于数字照相测量在对包括岩土在内的材料进行变形演变过程的全程观测与细观力学特性等研究上具有突出的优势，近年来，在岩土工程、结构工程、建筑工程、林业工程、医学工程、机械工程等多学科的实验力学研究领域中，发展十分迅速且应用十分广泛。

根据观测目标上是否布置人工物理测量标志点，数字照相测量法可简单划分为标点法和无标点法两大类。数字照相测量与数字散斑相关方法(DSCM)、数字图像相关(DIC)方法和测量流速场的粒子图像测速技术(PIV)等既有联系又有区别，主要区别有两个方面：一是 DSCM 等方法主要以图像相关分析为核心算法,而数字照相测量除了图像相关分析外(无标点法用),还包括图像质心计算分析(标点法用);二是 DSCM 等方法主要用于变形测量分析,而数字照相测量不仅能进行变形测量,还能对观测目标进行特征分析,如利用针孔摄像对围岩裂隙进行观测等。

(2) 数字照相测量法分类

在数字照相测量法中,最早出现的是标点法,然后是 20 世纪 80 年代初出现的数字散斑相关法或无标点法。

标点法是指在观测目标上设置人工标志点或描画网格,位移测量计算既可采用质心法也可采用图像相关法。其中,质心法对于图像之间的相关性、光照的变化和相机的位置没有太严格的要求,当然,如果光照稳定、相机固定不动、图像相关性较好,有利于自动连续的图像分析和标志点的位移计算,标点法更适合大变形测量。

无标点法即在观测目标上不使用任何人工标志点,而利用目标的自然或人工纹理在图像上形成的数字散斑来进行相关分析。可以看出,这种方法操作比较简单,利用图像上的像素点作为测点,数量没有限制,可以进行精细变形分析,但是对图像的采集环境和相关性要求比较高。

(3) 数字照相测量法关键技术

衡量数字照相测量法应用效果的两个最重要的指标是测量精度和分析速度。其中,测量精度主要与图像采集质量、图像畸变校正、图像校准、相关搜索方法、变形解释算法有关。对于分析速度,抛开计算机的硬件性能,则主要与图像分析方法有关,其中相关搜索算法是影响分析速度的重要因素之一。

① 高质量图像采集技术

高清晰和满足分析要求的数字图像是决定图像分析速度与精度高低的重要因素。如果图像的采集质量不能够得到保证的话,测量精度将无从谈起,在应用中必须注意相机位置、光照的变化、控制基准点的位置及其对图像采集与图像分析的影响。

② 图像相关搜索算法

图像相关搜索算法与相关计算公式有关,不同的计算公式在计算精度和分析速度上有一定的差别,但是一般差别不大,否则不能作为相关公式使用。

③ 图像校准或坐标变换

图像校准可以理解为图像空间坐标向观测目标所在空间坐标的转换过程,它包含了对因相机光学镜头成像固有机理引起的图像畸变,以及相机镜头与观测目标表面的相对位置变化引起的平移与旋转或偏斜变形的校准。

图像校准一般利用控制基准点来实现。一般来说,对于小范围观测的图像校准,尽量布置较少的控制点,而大范围的观测应当考虑在观测目标区域适当布置多个控制点。虽然控制点多在理论上使得校准的效果比较好,但是必须保证控制点真实坐标的准确测量,否则过多过密的控制点本身的不准确定位反而会影响图像分析精度。

④ 亚像元插值计算法

像素是图像的最小组成单位,要想将其细分为一个像素以下,即亚像元,必须采用插值方法。在实际计算中,插值点越多,精度可能会越高,但计算量也会随之增大。在多数情况下,双线性插值是一种简单快速的有效方法。

⑤ 材料局部化变形识别

局部化变形是岩土材料或者其他类似材料的一个基本特征,尽管岩土材料局部化变形模式多种多样且十分复杂,但从图像角度分析,可以简化为平移和转动两种形式的组合。因此,在进行图形相关分析时,在一般进行"平移相关搜索"的基础上,增加"转动相关搜索",称之为"旋转搜索法"。这种方法由于个人计算机的速度原因,并不适用于全部测点的分析,但是对局部化变形点的分析可以选择使用。

⑥ 应变场解释方法

在岩土工程试验中,对于岩土材料的变形与破坏分析,除了位移外,更多的是关注应变及应变场的变化规律,而数字照相测量的直接分析对象是位移,因此需要进行应变场计算。其中的一个计算方法是采用有限元中常用的四边形等参单元变换方法,即已知四边形四个顶点的位移,利用基于位移模式的应变计算公式来计算四边形中心点的应变。

(4) 数字照相测量法应用现状

① 室内试验应用研究

数字照相测量法在实验力学领域应用日益广泛,可以用所使用的岩土材料来分类介绍数字照相测量在实验室中的应用情况。

以砂土和黏土为例来说明,它们的变形具有明显的连续性和渐进性,比较适合采用DSCM进行研究。在岩土材料的试验研究中,关于土体基本力学试验的研究较多,包括三轴压缩试验、平面应变压缩试验、平面剪切试验、砂土受布荷载下的位移场分布、利用常规土工三轴实验仪和CCD摄像头加长距离显微镜对土的微细颗粒的位移进行测量研究等。

② 工程现场应用研究

在工程现场数字照相测量中,投影经纬仪、专用测量摄影机等传统近景测量系统虽然精度高,但价格贵,专业性强,操作复杂。由于数码相机经济、操作简单,基于数码相机和计算机图像处理技术的工程建(构)筑物变形安全监测技术的研究与开发日渐受到关注,并且得到了迅速的发展。

目前,工程现场数字照相测量应用研究主要包括土坝变形,沉井施工过程监测,矿山地表沉陷测量,隧道塌方监测,隧道围岩收敛、桥梁裂缝及桥梁结构位移、钢结构变形测量,水电工程坝基、水电站边坡断层与弱面以及建筑物变形监测的一些试验研究等。

以桥梁工程为例说明:在桥梁工程中,裂缝是最常见的安全隐患之一。当前裂缝监测通常采用电测法,即在桥梁可能开裂的区段上连续布置相当数量的应变计,在测试过程中,某处应变计的示值呈跳跃式增长,则表示梁体混凝土在该处发生开裂,与此同时,相邻应变计示值往往会下降。测量全裂缝的长度采用普通米尺,测量裂缝的宽度则用刻度放大镜。由于电测法是点测量,在观测裂缝及附近区域的变形时会遇到困难,而刻度放大镜在变形极其微小时也难以满足精度的要求。数字照相测量法提供了一种新的测量途径。例如,王静等于2003年利用DSCM在桥梁裂缝变形监测中进行了一些应用研究,试验地点取自位于天津塘沽的某桥靠近桥台的连续梁底部,数码相机的视场范围为102 mm×82 mm,图像比例的标定结果为0.08 mm/px。

(5) 数字照相测量法展望

数字照相测量作为现代实验力学与工程应用中变形测量与特征识别的先进技术,由于在材料和结构变形演变过程的全程观测与微观、细观力学特性等研究上具有突出的优点,在岩土工程及其试验研究领域发展非常迅速。它将随着图像采集设备和计算机性能的提高,具有持久发展和广泛应用的巨大潜力。

当然,随着应用与研究的深入,数字照相测量在测量精度与分析速度提高、突发性大变形分析技术、大范围数字照相测量技术、模型内部变形测量技术、面向工程的现场应用技术等方面还有待于进一步的研究与开发。

5.2.4 云纹法

云纹法是一种新的实验应力分析方法,它是利用两组光栅干涉产生位移图,进而来测定位移场和应变场的光学方法,可进行拉压应变测量、剪切应变测量、平面应变测量等多方面测量。

云纹法所用的基本测量元件是光栅。所谓光栅就是划有平行等距离黑线的光学膜片,通常云纹法所用的光栅由透光和不透光的等距平行直线构成,明暗相间,暗线称为栅线,相邻栅线之间的间隔称为节距。节距的倒数称为栅线密度。当光线透过重叠在一起的两块透光栅板时,只要在两块栅块上能看到干涉条纹,这种条纹就称为云纹,因而设法在模型上用粘贴、照相刻划、腐蚀印刷等方法造就一块光栅。当模型产生位移时,所刻栅线产生栅距或方向变动时,此时将另一块固定不变的标准栅与试件重叠,就会得到因模型位移而引起的干涉云纹。干涉云纹的分布和模型的变形或位移有定量的几何关系,从而可推断出模型各处的位移与应变量。一般称随模型变形的栅为"试件栅",将不随试件变形的标准栅称为"分析栅"或"参考栅"。

5.3 电测法

前已述及,由于电测法具有测量精度高、变换部件尺寸小、可多次连续测量和记录并易于连接通用仪表和信号处理设备接口等优点,它是测量应变和位移的主要方法,应用较为广泛。

电阻应变测量的基本原理是用电阻应变片作为传感元件,将应变片粘贴或安置在构件表面上,随着构件的变形,应变片敏感栅也相应变形,从而将被测对象表面指定点的应变转换成电阻变化。电阻应变仪将电阻变化转换成电压(或电流)信号,经放大器放大后由指示仪表显示或记录仪记录,也可以输出到计算机等设备进行数据处理,将最终结果打印或显示出来。

5.3.1 电阻应变片

电阻应变片实际上是电测法的一个传感器,其直接与被测对象发生关系,因此,电阻应变片性能的好坏,将直接影响测量效果的优劣和测量数值的精度和可靠程度。为了叙述方便,根据传感器各部分的功能不同分为两个环节介绍,以便弄清各部分对测量过程的作用和影响。通常一个传感器可分为非电量接收部分和机电变换部分,如图 5-4 所示。

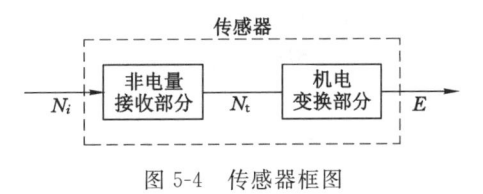

图 5-4 传感器框图

从图5-4中可以看出，传感器并不是将原始被测的非电量直接变为电量E，而是将最初要测的非电量作为传感器的输入量N_i，先由非电量接收部分加以接收，形成一个适合于变换的机械量N_i'，再由机电变换部分将N_i'变换为电量E。因此，传感器的性能是综合了接收部分和变换部分性能之后，最终表现为整个传感器输出电量E的性能。

电阻应变片由敏感元件、基底、引出线组成，如图5-5所示，图中l为标距，b为宽度，r为圆弧半径，这是一种早期应变片结构。电阻应变片实物如图5-6所示。从电阻应变片工作特性上看，它实际上是一种最简单的测量应变的传感器，不同材料的基底和黏合剂均属非电量接收部分，常称为敏感元件的电阻金属丝或合金箔以及半导体等属于应变片的机电变换部分。材料和尺寸的不同形成了各种不同类型的应变片，在某些场合其接收和变换部分可改为组合的形式，如应变花、双层应变片以及应力应变片等。图5-7为模型试验时常用的电阻片。

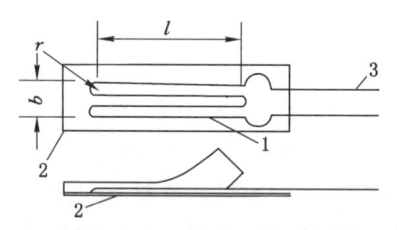

1—敏感元件；2—基底；3—引出线。
图5-5 电阻应变片结构示意图

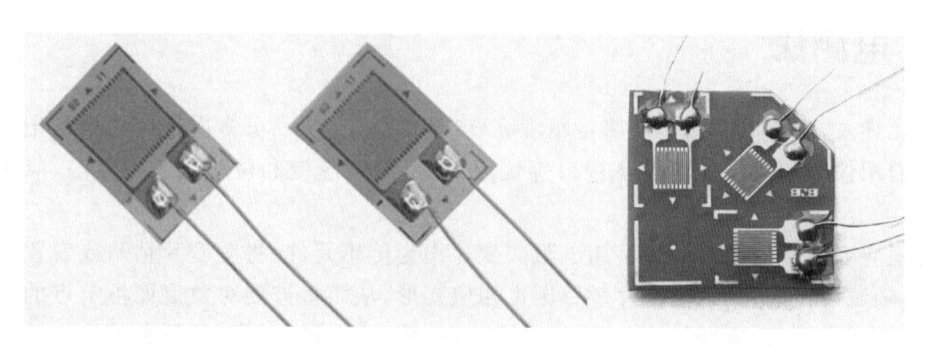

图5-6 电阻应变片实物图

(a) 半圆头平绕式应变片
(b) 短接式应变片
(c) 箔式应变片
(d) 半导体应变片
(e) 应变花
(f) 应力应变花

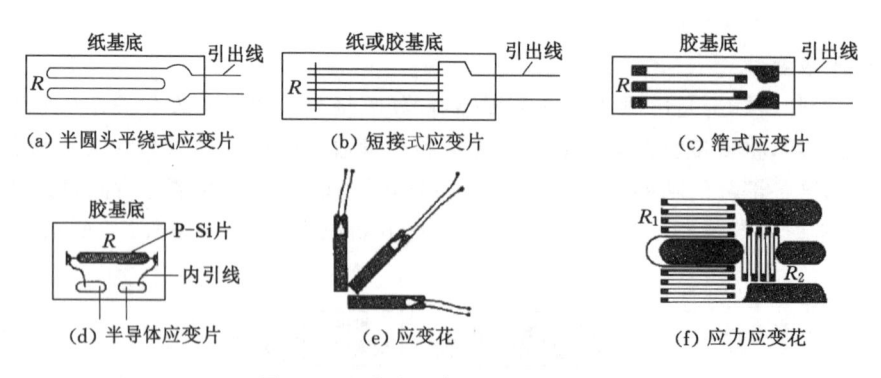

图5-7 几种主要类型的电阻应变片

图 5-7(a)是纸基电阻合金丝半圆头平绕式应变片,当模型材料为低弹性模量材料(如石膏、水泥等)时多采用这种应变片。这种应变片具有价格低廉,易于粘贴,适于实验室条件下使用的优点,不足之处是横向效应系数较大,标距尺寸不能太小。

图 5-7(b)为短接式应变片,它克服了半圆头平绕式横向效应较大的缺点,且制作工艺简单,几何形状规则。这种电阻应变片有纸基与胶基两种类型。这种应变片的缺点是几何尺寸不可能做得太小,在实验室中使用较为广泛。

图 5-7(c)为箔式应变片,它是在合金箔(康铜箔或镍铬箔)的一面涂上一层胶形成胶底,然后在箔面一侧用照相或光腐蚀成形法制成预先设计的各种形式的应变片。它的几何尺寸可以做得极小,有的仅有 0.5 mm 标距。因此,这种形式的应变片几何尺寸非常精密,而且由于电阻丝部分为平而薄的截面,所以这种应变片粘贴牢固、散热面大、允许有较大的工作电流、横向效应小,它是一种性能较好的电阻应变片,但价格稍贵,粘贴技术及引线焊接技术要求较高。

图 5-7(d)为半导体应变片,使用最多的是单晶硅半导体。它与金属丝电阻应变片的区别在于:普通应变片利用敏感元件几何尺寸的变化来改变电阻;半导体应变片是利用在某一轴向受力变形产生应力时,半导体材料的电阻率会发生一定的变化,从而引起电阻值的变化。半导体的这种现象称为压阻效应。半导体应变片的特点是灵敏度高,灵敏度系数一般约为金属丝应变片的五十多倍,并有机械滞后小、横向灵敏度几乎为零等优点。因此,可以说半导体应变片为电测技术的发展开创了新的途径。由于半导体应变片电阻温度系数较大,阻值离散性大,在大应变测量时非线性较为严重,致使半导体应变片的使用普及推广受限,这些问题尚待研究改进。

图 5-7(e)、图 5-7(f)都是同样用光刻腐蚀的方法制成的应变片。图 5-7(e)是当主应力方向未知时用来在模型上测量应变的应变片,称为应变花。图 5-7(f)是一种能测量应力或应变的两用应变片,称为应力应变花。它是利用应变片在使用时受到横向应变影响的原理来制作的,这种影响的数值为试件材料的 μ 倍。如其纵向电阻丝的电阻为 R_1,横向电阻丝的电阻为 R_2,若使两者的比例 $R_2/R_1 = \mu$,将它们串联起来就可以直接测量应力,称为应力片,若分别单独使用则又是应变片。

应变片的类型较多,表 5-1 给出了常用的国产电阻应变片的技术数据。

表 5-1 常用的国产电阻应变片技术数据

型号	形式	阻值/Ω	灵敏度系数	标距尺寸/mm	备注
PZ-14	线绕纸基	120±0.2	1.95~2.10	2.8×17 或 3×15	
8120	半圆平绕线栅胶基	118	2.0(1±1%)	2.8×18	
PJ-120	半圆平绕线栅胶基	120	1.9~2.1	5×13	
PJ-320	半圆平绕线栅胶基	320	2.0~2.1	11×11	
PB-5	箔式	120±0.5	2.0~2.2	3×5	
PB-2×3	箔式	87(1±0.4%)	2.05	2×3	
PB-2×1.5	箔式	35(1±0.4%)	2.05	2×1.5	
PB-1	箔式	120	1.9~2.1	1×1	

表 5-1(续)

型号	形式	阻值/Ω	灵敏度系数	标距尺寸/mm	备注
PZ-3×120	纸基应变花	3×120	1.95~2.10	2×10(单片)	
PB-3×120	箔式应变花	3×120	1.95~2.10	2×10(单片)	90°为两轴
PBDT-120	P 型半导体硅	120(1±5%)	120(1±5%)	7×0.5×0.08	45°为三轴
KSN-6-350	N 型单晶硅	350	−110	6×2.5	极限工作温度为 100 ℃

5.3.2 电阻应变片的选择

使用电阻应变片时,应根据其工作的需要合理地进行选择。

(1) 应变片类型的选用

选用什么样的应变片,是测试前必须加以认真考虑的问题。首先,要根据测量对象的工作条件(是静载还是动载,是长期观测还是短期测量,环境温度是否稳定,温差变化大不大等)来选择合适的应变片。例如,康铜丝应变片温度系数较小,比较稳定,适用于静载下长期观测,而镍铬合金应变片灵敏系数大,适用于动载下短期观测;需要防潮时,选用胶基应变片,并应采取如涂敷防潮剂等适当的防潮措施;在弹性模量较高的均匀介质上测量时,可选用基长较小的应变片,以提高测量精度,在粗晶粒的岩石、混凝土等不均匀介质上测量时,则应选用基长较长的应变片;在高温测量时必须选用自补偿应变片。总之,要根据使用条件选择应变片。

其次,要考虑测量对象的受力状态,若能明确断定测点是单向应力状态,那么只需沿应力方向设置一片应变片即可。若测点处于双向应力状态,当主应力方向已知时,沿两个主应力布置应变片即可。若主应力方向未知,则必须采用三片式或四片式的应变花进行测定。如果应变量较大,应该选用应变极限较大的应变片。

(2) 几何尺寸的选择

应变片的基本参数之一就是栅长(或叫标距),是指顺着应变片轴向敏感栅两端转弯处内侧之间的距离。应变片所测得的应变值,实际上是以其栅长范围内的平均应变来代替这一长度内某点的应变。因此,一般主要依据模型的比例尺大小及应变的变化率来选用合适的标距,以便真实地反映测点的实际应变。当模型尺寸小或对于应力集中的部位的测点,应选用小标距的应变片,这时可用小至 0.5 mm 标距的应变片。对于均匀的或变化不太剧烈的应变场,如纯弯曲、简单拉压等构件的测点,或者当模型尺寸较大时,则可选用标距大的应变片,它粘贴时易于定位定向,且横向效应小。

对于非均质材料的构件,则需根据材料的不均匀程度来选用。如混凝土试件应变片的标距至少要比其骨料最大直径大 3~4 倍,所以,通常选用标距为 50~200 mm 的长标距应变片。

(3) 电阻值的选择及阻值修正系数

目前,所有应变仪的设计及仪器标定均以 120 Ω 电阻值为标准。一般选用应变片时最好采用(120±0.5) Ω 的标准阻值,但在长标距及超小标距中,由于制造上的困难,阻值很难统一。目前国产应变片阻值有 60 Ω、120 Ω、200 Ω、350 Ω、500 Ω、1 000 Ω 等。当选用阻值不是 120 Ω 时,应对测量结果的数值进行修正。图 5-8 为 YJ-5 静态应变仪应变片阻值的修正系数曲线。

(a) 半桥接法

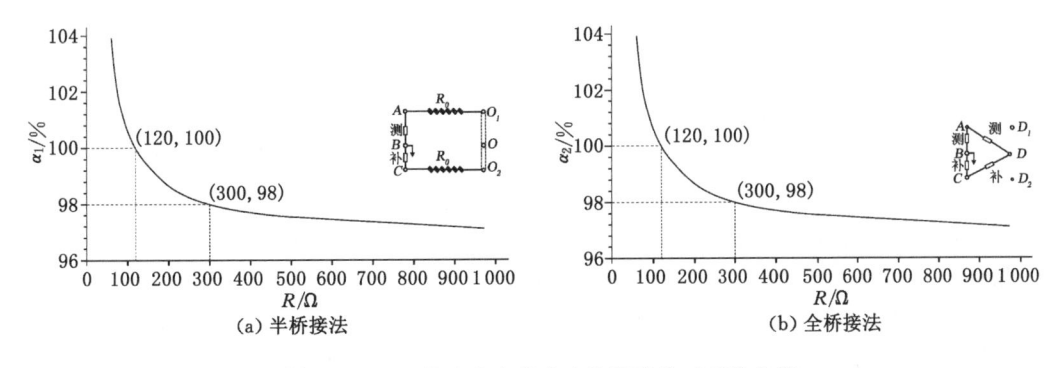

(b) 全桥接法

图 5-8　YJ-5 静态应变仪应变片阻值修正系数曲线

对于半桥接法，根据所用应变片的阻值按图 5-8(a) 的曲线查出对应的比例系数 α_1，并代入式 $\varepsilon = \alpha_1 \varepsilon'$ [式中，ε 为实际应变值（灵敏度系数 $K=2$），ε' 为仪器上读出的应变值]。测量时仪器上的灵敏度系数应调整至 2。对于全桥接法，根据所用应变片的阻值按图 5-8(b) 的曲线查出对应的比例系数 α_2，并代入式 $\varepsilon = \alpha_2 \varepsilon'$ [式中，ε 为实际应变值（灵敏度系数 $K=2$），ε' 为仪器上读出的应变值]。测量时仪器上的灵敏度系数应调整至 2。

图 5-8(a) 为半桥接法时的修正系数曲线，图 5-8(b) 为全桥接法时的修正系数曲线。比如选用阻值为 300 Ω 应变片，应变仪系半桥连接测量时，根据图 5-8(a) 曲线可知，其修正系数为 0.982；如用全桥连接测量时，根据图 5-8(b) 曲线可知，其修正系数为 0.98。

(4) 应变片的一些其他参数的选用

上述几点为应变片的一些常用的选择项目，按有关技术标准，将应变片参数分为 9 个等级，可根据要求精度与经济的原则选用。表 5-2 给出应变片参数的等级及允许偏差值，包括机械滞后量、疲劳寿命、绝缘电阻、应变极限、零点漂移、蠕变等参数。

表 5-2　应变片参数等级及允许偏差值

特性参数	解释	等级 A	等级 B	等级 C	等级 D
电阻值 R	对标称值的偏差/%	0.5	2.0	5.0	10.0
	对平均名义值的偏差/%	0.1	0.2	0.5	1.0
灵敏度系数 K	对平均名义值的偏差/%	1	2	3	5
机械滞后量	指示应变/$\mu\varepsilon$	25	50	100	200
疲劳寿命	要求循环指数（室温）	10^7	10^6	10^5	10^4
横向灵敏度	指示应变/%（当横向应变为 1 000 $\mu\varepsilon$ 时）	0.3	0.5	2.0	5.0
应变极限	应变/%（室温）	2.00	1.00	0.50	0.25
零点漂移	/($\mu\varepsilon$/h)（最大工作温度下）	5	25	250	2 000
蠕变	指示应变温度（室温）	0	5	10	25
绝缘电阻	千兆欧姆（室温）	50.0	10.0	2.0	0.5

注：表中电阻的标准值即 120 Ω、350 Ω、600 Ω 等。平均名义值是指某一批应变片的电阻平均值。

5.3.3　黏结剂及其主要特征

应变片粘贴的好坏，将直接影响测量的精度，甚至导致测量的失败，因此对于黏结剂的选用,必须给予足够的重视。

(1) 黏结剂应满足的要求

理想的黏结剂应能达到下列要求:黏结剂黏片固化后有较强的黏结能力和较高的抗剪强度,以便可靠地传递变形、蠕变;防湿性能好,遇水受潮不影响黏结效果,不受湿度变化的影响;胶层的热膨胀系数和模型材料相近,对金属丝和材料无腐蚀性;使用时工艺简单等。

(2) 黏结剂的主要性能

黏结剂有天然的和人工合成的两类,虫胶为天然黏结剂,人工合成的黏结剂按固化方式不同可分为溶剂型和化学反应型两类。溶剂型合成剂是靠溶剂的挥发,余下胶结剂固化;化学反应型合成剂是靠单体在一定条件下产生聚合反应由液体变为固体。在常温条件下,在模型试验中常用的黏结剂见表5-3。选用黏结剂时还应根据模型材料、应变片基底材料、工作环境以及使用时间的长短等综合考虑。

表 5-3 应变片常用黏结剂的性能

类型	型号	主要成分	使用范围	固化条件 (温度,固化压力)	工作温度	备注
硝化纤维素黏结剂	一般为自制	硝化纤维素(或乙基纤维素)溶剂	纸基应变片	室温 10 h 或 63 ℃ 3 h,加压 0.05～0.1 MPa	−50～+80 ℃	
α-氰基丙烯酸酯黏结剂	KH501,KH502	α-氰基丙烯酸酯黏结剂	纸基、胶基及玻璃纤维布	室温 1 h,用手指压 0.05～0.1 MPa	−50～+60 ℃	用手指压需隔一层聚四氯乙烯薄膜
氯仿黏结剂		氯仿,有机纤维粉末	对有机玻璃试件使用极方便	室温 3 h,加压 0.05～0.1 MPa	−50～+60 ℃	
酚醛树脂类黏结剂	JSF-2,JSF-4 (原名 φ-2,φ-4)	酚醛树脂,聚乙烯醇缩丁醛	酚醛胶膜玻璃纤维布	高温固化(140～150 ℃,保温 1～2 h),加压 0.1～0.2 MPa	−50～+150 ℃	
环氧树脂类黏结剂	914 509	环氧树脂、固化剂等	胶基、玻璃纤维布	室温 3 h,粘贴时用指压,200 ℃固化 2 h	−60～+80 ℃ −100～+250 ℃	可用于高温

5.3.4 应变片的粘贴

应变片的粘贴是测量工作的重要环节,应变片的粘贴不仅要求粘贴牢固,而且要求粘贴部位和方向要准确,应变片平整,更重要的是要求整个模型的贴片工艺要一致,涂胶要均匀,胶层厚度要一致,以便减少测量时的系统误差。

(1) 贴片前的准备工作

① 电阻应变片的检查、挑选与分组

在粘贴应变片之前首先对所用的应变片用3～4倍放大镜目测检查是否有脱胶、生锈、乱丝等现象,然后逐个测量其电阻值,并按其大小分组,同组电阻值相差应小于±0.5%,并在每组抽出一定数量应变片作为温度补偿时使用。

② 模型测点部位的表面处理

为了使应变片粘贴牢靠,要对贴片部位清理平整,并进行表面处理,对于石膏等脆性材料,用特细号砂纸轻轻磨平,除去粉尘后,一般可用稀释过的胶水涂一薄层,即打上底胶,待干燥后准备画线定位。一般金属试件可用细砂纸打成交叉细纹,光洁度约为▽5,表面再用酒精或丙酮清洗干净,有石蜡的地方可用甲苯清洗再用丙酮处理干净。

对测点定位画线时,注意不要画在要贴应变片的范围内,只要在测量部位的轴向和横向中心外侧用铅笔或其他标记准确标出即可。

(2) 贴片操作步骤

贴片准备就绪后,根据所用黏结剂的工艺要求或有关产品说明书进行操作,此外应注意以下几点:

① 选择好应变片引出线的方向

在模型上画线定位后,贴片时还应注意选择应变片引出线的方向,使之便于布置导线和与公共地线的连接,尤其多点测量时更应统筹合理布置。

② 胶水涂刷均匀

胶水涂刷不宜过厚,要求均匀,贴片时可在片上垫一层塑料薄膜,以聚四氟乙烯薄膜最佳。将应变片非引出端先接触模型,顺势用大拇指轻轻挤压,挤出多余的胶水和气泡,然后检查应变片方位是否正确,若有偏斜应及时纠正。在胶水未干之前,将引出线用镊子夹起,防止黏结在模型表面,以备焊接引线。

③ 自然干燥与烘干的确定

选择自然干燥还是烘干,应根据所使用的胶水而定,自然干燥时一般需要适当用红外线烘烤,以提高绝缘电阻。对于一般的测量,绝缘电阻应大于 $50\sim200\ \Omega$,而对于环境差并要求测量时间较长者,绝缘电阻则要求更高。

(3) 引线焊接及表面防护

① 应变片的外引线焊接

一般在多股细导线、多点测量时,可在模型上先用 $\phi 0.08\sim 0.10\ \mathrm{mm}$ 高强度漆包线引出模型外,焊接到接线端子,再用多股铜导线引到接点箱或自动切换装置上。引线要与温度补偿片走线的方位及长度尽量一致,以提高应变片的抗干扰能力及良好的温度补偿性能。应变片引出线的下部需垫一层绝缘胶布以免碰线短路,焊接操作要熟练并避免虚焊,引出线要固定牢靠,如图 5-9 所示。

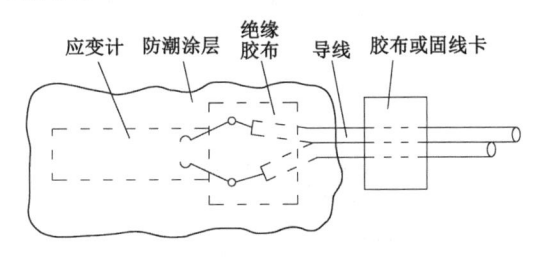

图 5-9 应变片测线布置示意图

② 电阻应变片的表面防护

电阻应变片的表面防护措施视工作条件而定,当在实验室内进行短期测量时,可用纯净石蜡或凡士林涂封即可,但在潮湿的环境或在水下工作时,表面防护就十分重要,现介绍几种行之有效的方法。

a. 石蜡 70%,松香 30%,加热溶化后使用。

b. 石蜡 40%,凡士林 15%,松香 35%,机械油 10%,配好后加热至 150 ℃保持恒温 20 min,然后温度降至 45 ℃左右即可使用,采用这种措施可长期防潮。

c. 国产氯丁橡胶、硅橡胶等能在水中浸泡的情况下对应变片表面进行有效的防护。

(4) 质量检查

在贴片过程中要注意质量检查以免后期发现问题而重新返工并影响工作进度。除检查刚贴好的应变片方位是否准确外,还应用放大镜观察贴片胶层有无气泡,粘贴是否平整均匀。之后用万用表检查应变片有无损伤及试件是否绝缘。经检查无误后再进行引出线的布置与焊接工作。焊好引出线后,先用放大镜检查焊点有无虚焊,再用惠斯通电桥测量应变片的阻值(比选片时略有增大即为正常),最后用低压(<100 V)高阻片检查应变片绝缘电阻是否满足要求。

多点测量时,将贴片位置与引出线编号核对无误后,即可进行仪器设备的接线与测试工作。测试工作结束后即可准备测量。

5.3.5 模型内应力应变的测试

对于应力的测定,通常是通过应变片测定模型的变形或应变,根据应力-应变的转换关系,求出模型测点处的应力,再根据相似原理来反求原型的应力大小。

由于模型按比例缩小,故较实物要小得多,因此要求测试仪器体积小,灵敏度高,性能稳定。在平面模型中,目前国内用于相似模型试验的测试仪表产品很少,且效果不理想,各研究单位一般根据自己的需要自制测试仪表,现介绍以下几种。

(1) 机械式小型压力传感器

机械式小型压力传感器为圆形,直径为 40 mm,厚为 4 mm,构造如图 5-10 所示。它由底座、上盖、垫圈及弹性元件(梁)等组成。应变片贴在传感器内的悬臂梁上,测量的最大压

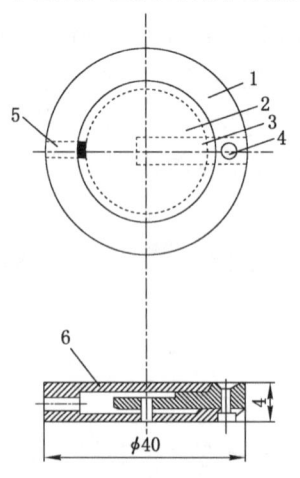

1—底座;2—上盖;3—弹性梁;4—螺栓;5—出线孔;6—垫圈。
图 5-10 压力传感器

力值为 2 MPa。

(2) 应变砖

将制成的应变计固定在一个特制的小砌块中,其外形如砖,故称为应变砖。

图 5-11 所示为一应变计,它由上下盖板与一个厚 0.5 mm 贴有应变片的铜片组成。为保持应变片的相对位置,上下盖板的边缘用卡环扣住。

制作应变砖时,需使用特别的模具,如图 5-12 所示。在模具的中央有定位杆和调整定位杆高度的螺母,在下盖上有一个与定位杆直径相同的螺孔。用模型材料浇注前,先将应变计拧到定位杆上,使应变计位于模具中央,成型后,将定位杆拧出后再拆模。每块应变砖事先都要放在压力机下标定。标定时,记录各荷载值 P 作用下应变砖的变形 ε_y 与应变计的变形 ε_x,根据 P、ε_y 与 ε_x 值作出标定曲线,如图 5-13 所示。

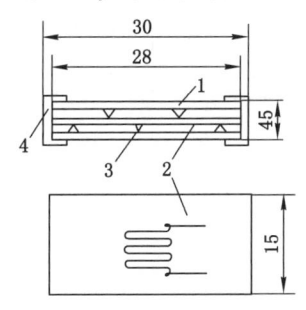

1—上下盖板;2—铜片;3—电阻片;4—卡环。

图 5-11 放在应变器内的一种应变计

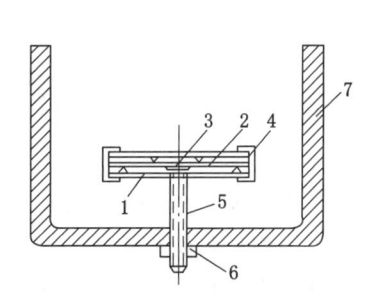

1—盖板;2—铜片;3—电阻片;4—卡环;5—定位环;
6—螺母;7—模具。

图 5-12 应变砖成型法

当应变砖砌入模型后,即可根据砖内应变计的读数 ε_x 反求出该处的变形 ε_y 与压力 P,进而求得原型围岩的变形与围岩压力。

在立体模型中应用应变片测量模型的内部应力时,其基本原理类似原型观测应力计的埋设方法,即在模型内部埋入预制好的贴有三组应变花的测试块,如图 5-14 所示。其原理简述如下:

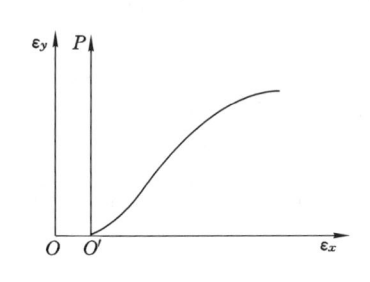

图 5-13 应变砖标定曲线

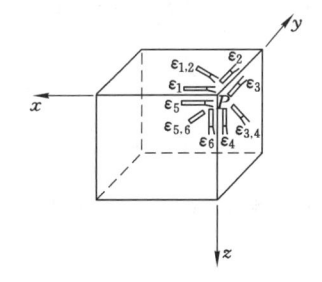

图 5-14 测试块示意图

设原点 P 的坐标为 x、y、z,当模型受荷载作用后,测试块的应变在 x-y 平面测得:

$$\varepsilon_x = \varepsilon_1, \varepsilon_y = \varepsilon_2, \gamma_{xy} = [2\varepsilon_{1,2} - (\varepsilon_1 + \varepsilon_2)] \tag{5-5}$$

在 y-z 平面上可得:

$$\varepsilon_y = \varepsilon_3, \varepsilon_z = \varepsilon_4, \gamma_{yz} = [2\varepsilon_{3,4} - (\varepsilon_3 + \varepsilon_4)] \tag{5-6}$$

同理在 zx 平面上测得：

$$\varepsilon_x = \varepsilon_5, \varepsilon_z = \varepsilon_6, \gamma_{zx} = [2\varepsilon_{5,6} - (\varepsilon_5 + \varepsilon_6)] \tag{5-7}$$

对分别所得的 ε_x、ε_y、ε_z 取平均值，根据 ε_x、ε_y、ε_z、γ_{xy}、γ_{yz}、γ_{zx} 6 个应变分量，可求得 P 点处的 6 个应力分量：

$$\left. \begin{aligned} \sigma_x &= \frac{E(1-\mu)}{(1+\mu)(1-2\mu)} \left(\varepsilon_x + \frac{\mu}{1-\mu} \varepsilon_y + \frac{\mu}{1-\mu} \varepsilon_z \right) \\ \sigma_y &= \frac{E(1-\mu)}{(1+\mu)(1-2\mu)} \left(\frac{\mu}{1-\mu} \varepsilon_x + \varepsilon_y + \frac{\mu}{1-\mu} \varepsilon_z \right) \\ \sigma_z &= \frac{E(1-\mu)}{(1+\mu)(1-2\mu)} \left(\frac{\mu}{1-\mu} \varepsilon_x + \frac{\mu}{1-\mu} \varepsilon_y + \varepsilon_z \right) \\ \tau_{xy} &= \frac{E}{2(1+\mu)} \gamma_{xy} \\ \tau_{yz} &= \frac{E}{2(1+\mu)} \gamma_{yz} \\ \tau_{zx} &= \frac{E}{2(1+\mu)} \gamma_{zx} \end{aligned} \right\} \tag{5-8}$$

式中　E——模型材料的弹性模量；
　　　μ——模型材料的泊松比。

根据式(5-8)可求出 P 点的 3 个主应力及其方向。

测试块的埋设是内部应力测量的关键，一般在被测点的部位挖出一个长方形的孔洞，如图 5-15 所示，其大小略大于预埋入测试块的外形尺寸。埋入内部的测试块要采用模型材料事先预制，埋入前须检验合格，使用高强度的电磁线引出，埋入时要填入黏结剂，保证埋入后的整体性。

多点内埋测试块如图 5-16 所示。

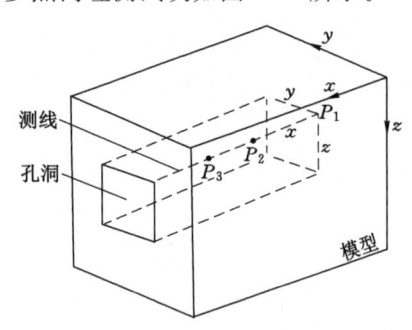

图 5-15　测点埋设部位孔洞开挖示意图 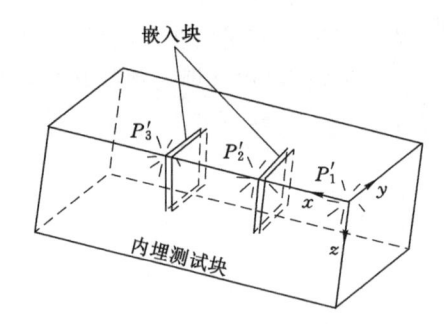　　　　图 5-16　多点内埋测试块示意图

习题

(1) 简述相似模拟测试的任务及基本方法。

(2) 光测法测试有哪些？其原理是什么？

(3) 电测法测试有哪些？其原理是什么？

第6章 物理相似模拟技术实例

本章结合前5章内容,通过物理相似模拟试验实例,结合观测技术,来直观地展示物理相似模拟试验的操作流程和优点。

根据工程实际,在煤炭开采活动中,关键层对岩层运动有着一定的影响。本章利用平面应变模型对关键层进行分析,相似材料试验模型从地表铺设至开采煤层底板,实现全层位相似模拟。试验铺设2个对比模型,分别为单一关键层与复合关键层覆岩,两个模型选取相同的比例参数,主要区别在于改变单一关键层中部分岩层的物理力学特性,使覆岩变成复合关键层结构。

本试验主要研究内容是:对比单一关键层和复合关键层两种覆岩结构下,顶板及覆岩的变形破坏特征,分析位移、应力变化规律,归纳总结巷道上覆岩体结构及力学变化规律。

6.1 地质条件

地表为粉砂质黄土层,上有植被生长,有少量农田。地表标高为1 114～1 247 m。东部沟壑发育,最大冲沟为不连沟、清水沟及分支沟,均斜穿工作面。河流常年流水,斜穿工作面310 m左右,走向为NE-SW,沟底最低标高为1 114 m(切眼处)。

煤层结构复杂,含4～7层夹矸,夹矸多集中在煤层的上部。

伪顶:灰黑色碳质泥岩,厚度为0.3～0.94 m,赋存不稳定,薄层状结构。

直接顶:泥岩、粉砂岩、细砂岩,灰色,厚度为0～9.9 m,局部夹碳质岩薄层,致密,较坚硬。

基本顶:粗砂岩,厚度为13.3～16.7 m。在Y0307孔处6煤直接与基本顶砂岩接触。在切眼附近基本顶为砂砾岩层。

直接底:泥岩、砂质泥岩、粉砂岩,厚度为0.5～6.5 m。

煤岩层力学参数见表6-1,煤岩层综合柱状图见图6-1。

表6-1 煤岩层力学参数表

序号	岩层名称	平均厚度/m	抗压强度/MPa	抗拉强度/MPa	密度/(kg/m³)
1	黄土层	16.0	0.011	0.002	1 786.000
2	红土层	14.0	0.011	0.002	1 786.000
3-1	粗砂岩	46.0	34.880	5.110	2 234.000
3-2	细砂岩	40.0	105.330	13.640	2 727.550
4	玄武岩	5.0	220.500	25.410	2 857.150

表 6-1(续)

序号	岩层名称	平均厚度/m	抗压强度/MPa	抗拉强度/MPa	密度/(kg/m³)
5	砂砾岩	16.0	50.200	7.250	2 551.020
6-1	砂质泥岩	6.0	58.310	7.670	2 510.204
6-2	细砂岩	6.0	105.330	13.640	2 727.550
6-3	粉砂岩	8.0	35.050	3.260	2 467.347
7	K_3粗砂岩	8.3	34.880	5.110	2 539.796
8	细砂岩	6.3	105.330	13.640	2 727.550
9	$6^上$煤	1.3	7.670	0.640	1 325.510
10	粉砂岩	2.1	35.050	3.260	2 467.347
11	粗砂岩	15.0	34.880	5.110	2 539.796
12	泥岩	5.0	27.480	4.590	2 578.570
13	6煤	16.0	7.640	0.830	1 395.000
14-1	泥岩	0.5	27.480	4.590	2 578.570
14-2	砂质泥岩	0.6	58.310	7.670	2 510.204
15	细砂岩	3.0	105.330	13.640	2 727.550
16	碳质泥岩	0.8	34.550	4.710	2 287.000
17	细砂岩	2.5	105.330	13.640	2 727.550
18	粗砂岩	5.6	34.880	5.110	2 234.000
19	$6^下$煤	0.9	7.270	1.290	1 282.000
20	细砂岩	3.8	105.330	13.640	2 727.550
21	K_2粗砂岩	5.0	34.880	5.110	2 234.000

6.2 模型设计

(1) 模型试验台及测试系统

相似材料模型试验系统由模型试验台和测试及数据采集系统两部分组成,相似材料模型试验采用长×高×宽=1.40 m×1.30 m×0.12 m的平面模型试验台和数字摄影测量系统,如图6-2所示。

(2) 相似材料的确定

在选取相似材料时,基于以下原则:

① 模型与原型相应部分材料的主要物理力学性能相似;

② 力学指标稳定,不因大气温度、湿度变化而改变力学性能;

③ 改变配比后,能使其力学指标大幅度变化,以便选择使用;

④ 制作方便,凝固时间短,便于铺设。

地层单位		柱状 1:200		岩石名称	层厚/m 最小~最大/平均	累计深度/m	岩 性 描 述
系	组						
Q			1	黄土层	0~32/16	16	地表为风积沙、冲洪积砂砾层、淤泥等。马兰组黄土层,柱状节理发育,含钙质结核。
N₂			2	红土层	0~28/14	30	主要为红色、砖红色黏土,局部为粉砂质黏土,下夹钙质结核层。
白垩系			3	砂砾岩	81~141/86	116	紫红色,中厚层状粗结构成分以石英岩屑为主,呈次圆状,分选差。
			4	粗砂岩、细砂岩互层	0~10/5	121	黑色,致密块状具少量杏仁构造。
			5	砂砾岩	13~24.7/16	137	紫红色、灰色,巨厚层状,分选极差,砾石大小不一,成分复杂,砾石以花岗片及石英岩为主,与下伏地层为不整合接触。
二叠系			6	砂质泥岩、细砂岩、粉砂岩	19.8~24/20	157	紫红色,薄层状泥质结构,平坦~参差状断口。
			7	K₃粗砂岩	0~16.7/8.3	165.3	灰黄色及灰白色,厚层状粗砂状结构,成分以石英岩屑为主,呈次棱角状,分选差,局部含砾泥质,以孔隙式胶结为主。
			8	细砂岩	0~13.8/6.3	171.6	
			9	6上煤	0~2.1/1.3	172.9	灰白色,块状,以石英为主,长石次之,十分坚硬,上部含有碳质泥岩和煤线。
			10	粉砂岩	0~3.6/2.1	175.0	褐色,薄层状泥质结构,局部夹煤线,岩石破碎,呈碎块状,平坦状断口。
			11	粗砂岩	13~16.7/15	190.0	灰色,厚层状泥质结构,局部含植物碎屑,岩石失水后易碎裂发育。
			12	泥岩	0~9.9/5.0	195.0	在Y0307孔附近6煤直接顶为粗砂岩,局部富含砂岩裂隙水。
石炭系	太原组		13	6煤	9.3~23.6/16 夹矸4-9层 厚1.1-2.1/1.5 净煤厚 8.2-21.6/12.2	211	黑褐色,薄层状泥质结构,局部夹煤线,岩石破碎,呈碎块状,平坦状断口。 黑色,弱沥青光泽,以暗煤为主,参差状断口间夹少量亮煤条带,属暗淡型煤,局部为条带状结构、块状结构,局部有黄铁矿富集。
			14	泥岩、砂质泥岩	0.5~1.6/1.1	212.1	泥岩:浅灰色,中厚层状,含黄铁矿结核。砂质泥岩:浅灰色,厚层状,平坦状断口。
			15	细砂岩	0~6.5/3.0	215.1	灰白色,块状,以石英为主,长石次之,孔隙式胶结,坚硬,夹有少量炭屑。
			16	碳质泥岩	0.5~1.5/0.8	215.9	黑褐色,薄层状,泥质结构,含炭屑。
			17	细砂岩	1.2~3.9/2.5	218.4	浅灰色,成分为石英长石,钙质胶结,交错层理。
			18	粗砂岩	4.3~7.8/5.6	224	灰色,厚层状,成分以石英岩屑为主,呈次棱角状,泥质孔隙式胶结。
			19	6下煤	0~1.7/0.9	224.9	黑色薄层状。
			20	细砂岩	1.6~4.4/3.8	228.7	灰白色,以石英为主,长石次之,孔隙式胶结,坚硬,参差状断口。
			21	K₂粗砂岩	0~10.1/5.0	233.7	灰白色,厚层状,成分以石英岩屑为主,呈次棱角状,分选中等,泥质孔隙式胶结。
			22	9上煤	1.2~7.6/3.6	236.3	黑色、黑褐色,以暗煤为主,含少量丝炭残理状镜煤条带。
			23	砂/泥岩	0.8~10.5/6.0	242.3	灰色,中厚层状泥质结构,裂隙发育,参差状断口。
	C₃t		24	9煤	1.3~9.4/6.4	248.7	黑色、黑褐色,以暗煤为主,含少量丝炭残理状镜煤条带。含夹矸1~5层。
			25	泥岩	0~1.4/0.8	249.5	灰色,薄层状,泥质结构,性脆,裂隙发育,夹有煤线。
			26	K₁粗砂岩	2.6~10/6.0	255.5	灰白色,厚层状,成分以石英岩屑为主,呈次棱角状,泥质孔隙式胶结。
	本溪组 C₂b		27	黏土岩、泥岩、砂岩	1.5~25/11.3	266.8	由灰色、深灰色黏土岩、泥岩、砂岩组成。底部为较稳定的铝土质泥岩(G层铝土矿)和鸡窝状褐铁矿层(山西式铁矿)。
奥陶系	O₁m		28	灰岩	0~0/0	266.8	本面钻孔没有揭露。

图 6-1 煤岩层柱状图

根据以上原则及经验,本次模型试验选择的相似材料如图 6-3 所示。

骨料为普通河砂(粒径小于 3 mm);胶结材料为石膏、石灰;分层材料为云母粉。

(3)相似模型参数

通过 2 个模型模拟自地表至煤层底板总厚 233.7 m 的煤岩层,共铺设 40 层煤岩层,其中煤层厚度为 16 m。取模型几何相似比 $\alpha_L = y_m/y_p = z_m/z_p = 1/200$,容重相似系数 $\alpha_\gamma = \gamma_{mi}/\gamma_{pi} = 0.6$,弹性模量相似系数 $\alpha_E = \alpha_\gamma \cdot \alpha_L = 1/333$,模型参数见表 6-2。

(a) 平面模型试验　　　　　　　　(b) 数字摄影测量系统

图 6-2　平面模型试验台和数字摄影测量系统

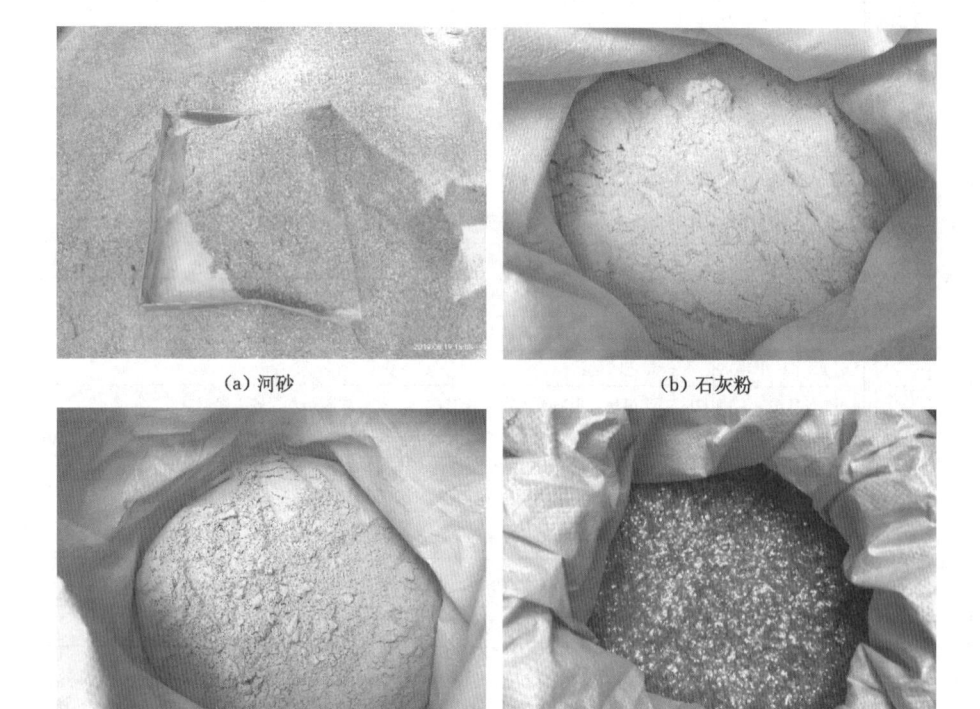

(a) 河砂　　　　　　　　　　　(b) 石灰粉

(c) 石膏粉　　　　　　　　　　(d) 云母粉

图 6-3　相似材料

表 6-2　覆岩结构模型参数表

模型比例尺	模型煤层厚度	模型宽度	模型架高度	时间相似系数	容重相似系数	力学相似系数
1/200	0.08 m	1.40 m	1.30 m	$1/\sqrt{200}$	0.6	1/333

(4) 模型分层方案

模型分层方案的选取应严格遵守模拟地层的取舍原则:

① 模型的分层铺设厚度为 1 cm,对于模拟厚度小于 0.3 m 的地层应综合取舍;

② 应综合考虑岩性接近的地层,取加权平均的岩性参数;
③ 应严格确定岩层(坚硬、软弱岩层)界面。
覆岩结构模型分层方案见表 6-3。

表 6-3 覆岩结构模型分层方案表

序号	岩层名称		厚度 原型/m	厚度 模型/cm	累计厚度 原型/m	累计厚度 模型/cm	分层数	分层高度 /cm
1	黄土层		16.0	8.0	16.0	8.0	2	4.0×2.0
2	红土层		14.0	7.0	30.0	15.0	2	3.0+4.0
3	粗砂岩、细砂岩互层		86.0	43.0	116.0	58.0	11	4.0×10+3.0
4	玄武岩		5.0	2.5	121.0	60.5	1	2.5
5	砂砾岩		16.0	8.0	137.0	68.5	2	4.0×2
6	砂质泥岩、细砂岩、粉砂岩		20.0	10.0	157.0	78.5	3	3.0×2+4.0
7	K_3粗砂岩		8.3	4.1	165.3	82.6	1	4.1
8	细砂岩		6.3	3.2	171.6	85.8	1	3.2
9	$6^上$煤		1.3	0.7	172.9	86.5	1	0.7
10	粉砂岩		2.1	1.0	175.0	87.5	1	1.0
11	粗砂岩		15.0	7.5	190.0	95.0	2	3.5+4.0
12	泥岩		5.0	2.5	195.0	97.5	1	2.5
13	6 煤	上部	6.0	3.0	201.0	100.5	1	3.0
13	6 煤	中部	6.0	3.0	207.0	103.5	1	3.0
13	6 煤	下部	4.0	2.0	211.0	105.5	1	2.0
14	泥岩、砂质泥岩		1.1	0.6	212.1	106.1	1	0.6
15	细砂岩		3.0	1.5	215.1	107.6	1	1.5
16	碳质泥岩		0.8	0.4	215.9	108.0	1	0.4
17	细砂岩		2.5	1.2	218.4	109.2	1	1.2
18	粗砂岩		5.6	2.8	224.0	112.0	1	2.8
19	$6^下$煤		0.9	0.5	224.9	112.5	1	0.5
20	细砂岩		3.8	1.9	228.7	114.4	1	1.9
21	K_2粗砂岩		5.0	2.5	233.7	116.9	1	2.5
合计			233.7	116.9			39	116.9

单一关键层和复合关键层的配比参数计算表分别见表 6-4 和表 6-5。

表 6-4 单一关键层配比参数表

层号	岩层位置	岩层名称	原型厚度 /m	模型厚度 /cm	模型总厚度/cm	砂子/kg	$CaCO_3$/kg	石膏/kg	水/kg
40		黄土层	8.0	4.0	116.9	4.94	0.62	0.62	1.03
39		黄土层	8.0	4.0	112.9	4.94	0.62	0.62	1.03
38		红土层	6.0	3.0	108.9	3.70	0.46	0.46	0.77
37		红土层	8.0	4.0	105.9	4.94	0.62	0.62	1.03
36		粗砂岩	6.0	3.0	101.9	4.34	1.01	0.43	0.97

表 6-4(续)

层号	岩层位置	岩层名称	原型厚度/m	模型厚度/cm	模型总厚度/cm	砂子/kg	CaCO₃/kg	石膏/kg	水/kg
35		细砂岩	8.0	4.0	98.9	8.08	0.40	0.94	1.57
34		粗砂岩	8.0	4.0	94.9	5.79	1.35	0.58	1.29
33		细砂岩	8.0	4.0	90.9	8.08	0.40	0.94	1.57
32		粗砂岩	8.0	4.0	86.9	5.79	1.35	0.58	1.29
31		细砂岩	8.0	4.0	82.9	8.08	0.40	0.94	1.57
30		粗砂岩	8.0	4.0	78.9	5.79	1.35	0.58	1.29
29		细砂岩	8.0	4.0	74.9	8.08	0.40	0.94	1.57
28		粗砂岩	8.0	4.0	70.9	5.79	1.35	0.58	1.29
27		细砂岩	8.0	4.0	66.9	8.08	0.40	0.94	1.57
26		粗砂岩	8.0	4.0	62.9	5.79	1.35	0.58	1.29
25		玄武岩	5.0	2.5	58.9	4.63	0.46	1.08	1.03
24		砂砾岩	8.0	4.0	56.4	6.61	1.54	0.66	1.47
23		砂砾岩	8.0	4.0	52.4	6.61	1.54	0.66	1.47
22		砂质泥岩	6.0	3.0	48.4	5.58	0.28	0.65	1.08
21		细砂岩	6.0	3.0	45.4	6.06	0.30	0.71	1.18
20		粉砂岩	8.0	4.0	42.4	7.31	0.85	0.37	1.42
19		K₃粗砂岩	8.3	4.1	38.4	6.75	1.57	0.67	1.50
18		细砂岩	6.3	3.2	34.3	6.46	0.32	0.75	1.26
17		6上煤	1.3	0.7	31.1	0.70	0.07	0.03	0.13
16	基本顶	粉砂岩	2.1	1.0	30.4	1.83	0.21	0.09	0.36
15		粗砂岩	7.0	3.5	29.4	5.76	1.34	0.58	1.28
14		粗砂岩	8.0	4.0	25.9	6.58	1.54	0.66	1.46
13	直接顶	泥岩	5.0	2.5	21.9	4.46	0.56	0.56	0.93
12		6煤	6.0	3.0	19.4	3.16	0.32	0.14	0.60
11	煤层	6煤	6.0	3.0	16.4	3.16	0.32	0.14	0.60
10		6煤	4.0	2.0	13.4	2.11	0.21	0.09	0.40
9	直接底	泥岩	0.5	0.3	11.4	0.53	0.07	0.07	0.11
8		砂质泥岩	0.6	0.3	11.1	0.56	0.03	0.07	0.11
7	基本底	细砂岩	3.0	1.5	10.8	3.03	0.15	0.35	0.59
6		碳质泥岩	0.8	0.4	9.3	0.69	0.05	0.05	0.13
5		细砂岩	2.5	1.2	8.9	2.42	0.12	0.28	0.47
4		粗砂岩	5.6	2.8	7.7	4.05	0.95	0.41	0.90
3		6下煤	0.9	0.5	4.9	0.48	0.05	0.02	0.09
2		细砂岩	3.8	1.9	4.4	3.84	0.19	0.45	0.75
1		K₂粗砂岩	5.0	2.5	2.5	3.62	0.84	0.36	0.80
总计			233.7	116.9		189.20	25.96	20.25	39.25

注:表中层号从40→1是因为模型从最底层往上铺设,即按1→40的顺序铺设模型,下同。

表 6-5　复合关键层配比参数表

层号	岩层位置	岩层名称	原型厚度/m	模型厚度/cm	模型总厚度/cm	砂子/kg	CaCO$_3$/kg	石膏/kg	水/kg
40		黄土层	8.0	4.0	116.9	4.94	0.62	0.62	1.03
39		黄土层	8.0	4.0	112.9	4.94	0.62	0.62	1.03
38		红土层	6.0	3.0	108.9	3.70	0.46	0.46	0.77
37		红土层	8.0	4.0	105.9	4.94	0.62	0.62	1.03
36		粗砂岩	6.0	3.0	101.9	4.34	1.01	0.43	0.97
35		细砂岩	8.0	4.0	98.9	8.08	0.40	0.94	1.57
34		粗砂岩	8.0	4.0	94.9	5.79	1.35	0.58	1.29
33		细砂岩	8.0	4.0	90.9	8.08	0.40	0.94	1.57
32		粗砂岩	8.0	4.0	86.9	5.79	1.35	0.58	1.29
31		细砂岩	8.0	4.0	82.9	8.08	0.40	0.94	1.57
30		粗砂岩	8.0	4.0	78.9	5.79	1.35	0.58	1.29
29		细砂岩	8.0	4.0	74.9	8.08	0.40	0.94	1.57
28		粗砂岩	8.0	4.0	70.9	5.79	1.35	0.58	1.29
27		细砂岩	8.0	4.0	66.9	8.08	0.40	0.94	1.57
26		粗砂岩	8.0	4.0	62.9	5.79	1.35	0.58	1.29
25		玄武岩	5.0	2.5	58.9	4.63	0.46	1.08	1.03
24		砂砾岩	8.0	4.0	56.4	6.61	1.54	0.66	1.47
23		砂砾岩	8.0	4.0	52.4	6.61	1.54	0.66	1.47
22		砂质泥岩	6.0	3.0	48.4	5.58	0.28	0.65	1.08
21		细砂岩	6.0	3.0	45.4	6.06	0.30	0.71	1.18
20		粉砂岩	8.0	4.0	42.4	7.31	0.85	0.37	1.42
19		K$_3$粗砂岩	8.3	4.1	38.4	5.94	1.38	0.59	1.32
18		细砂岩	6.3	3.2	34.3	6.46	0.32	0.75	1.26
17		6^{上}煤	1.3	0.7	31.1	0.70	0.07	0.03	0.13
16	基本顶	粉砂岩	2.1	1.0	30.4	1.83	0.21	0.09	0.36
15		粗砂岩	7.0	3.5	29.4	5.07	1.18	0.51	1.13
14		粗砂岩	8.0	4.0	25.9	5.79	1.35	0.58	1.29
13	直接顶	泥岩	5.0	2.5	21.9	4.46	0.56	0.56	0.93
12		6煤	6.0	3.0	19.4	3.16	0.32	0.14	0.60
11	煤层	6煤	6.0	3.0	16.4	3.16	0.32	0.14	0.60
10		6煤	4.0	2.0	13.4	2.11	0.21	0.09	0.40
9	直接底	泥岩	0.5	0.3	11.4	0.53	0.07	0.07	0.11
8		砂质泥岩	0.6	0.3	11.1	0.56	0.03	0.07	0.11
7	基本底	细砂岩	3.0	1.5	10.8	3.03	0.15	0.35	0.59
6		碳质泥岩	0.8	0.4	9.3	0.69	0.05	0.05	0.13

表 6-5(续)

层号	岩层位置	岩层名称	原型厚度/m	模型厚度/cm	模型总厚度/cm	砂子/kg	CaCO$_3$/kg	石膏/kg	水/kg
5		细砂岩	2.5	1.2	8.9	2.42	0.12	0.28	0.47
4		粗砂岩	5.6	2.8	7.7	4.05	0.95	0.41	0.90
3		6^{下}煤	0.9	0.5	4.9	0.48	0.05	0.02	0.09
2		细砂岩	3.8	1.9	4.4	3.84	0.19	0.45	0.75
1		K$_2$粗砂岩	5.0	2.5	2.5	3.62	0.84	0.36	0.80
总计			233.7	116.9		186.91	25.42	20.02	38.75

(5) 监测仪器及测站布置

模型监测仪器如图 6-4 所示。

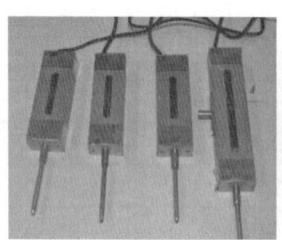

(a) 位移计　　　　(b) 数字高速应变仪　　　　(c) 金属应变传感器

图 6-4　监测仪器

模型中共布置 3 条横向层位测线,2 条纵向层位测线,埋设 15 个金属应变传感器测点,主要监测横向与纵向层位的位移及应力变化,如图 6-5 所示。同时,在模型表面安设标记测点,供数字摄影测量系统采集分析使用。

覆岩结构模型主要研究在开采过程中,单一关键层结构和复合关键层结构的变形特征及其运动规律,验证上覆岩体结构破断及失稳形态,总结覆岩结构的位移和应力变化规律。由于工作面倾向长度相对于巷道横向尺寸可近似看作无限长,可以垂直于工作面推进方向取截面,建立平面应变模型进行研究。

(6) 模型加载与试验过程

试验中对模型的开采过程可以理解为工作面液压支架的推移和放煤过程,整个模型的重点在于关键层对覆岩运动及力学传递过程的影响。在距离模型左边界 200 mm 的位置,沿煤层底部开挖高度为 20 mm、长度为 25 mm 的主回撤通道,在主回撤通道右侧预留 150 mm 的煤柱,在煤柱右侧,开挖高度为 20 mm、长度为 25 mm 的副回撤通道;模型采用自右向左开挖的方法,采煤机割煤高度为 2 mm,放煤高度为 6 mm,采放比为 1∶3。试验模拟过程中采用随采随放的开挖方式,每开挖一步进行一次放煤,直至与副回撤通道贯通。

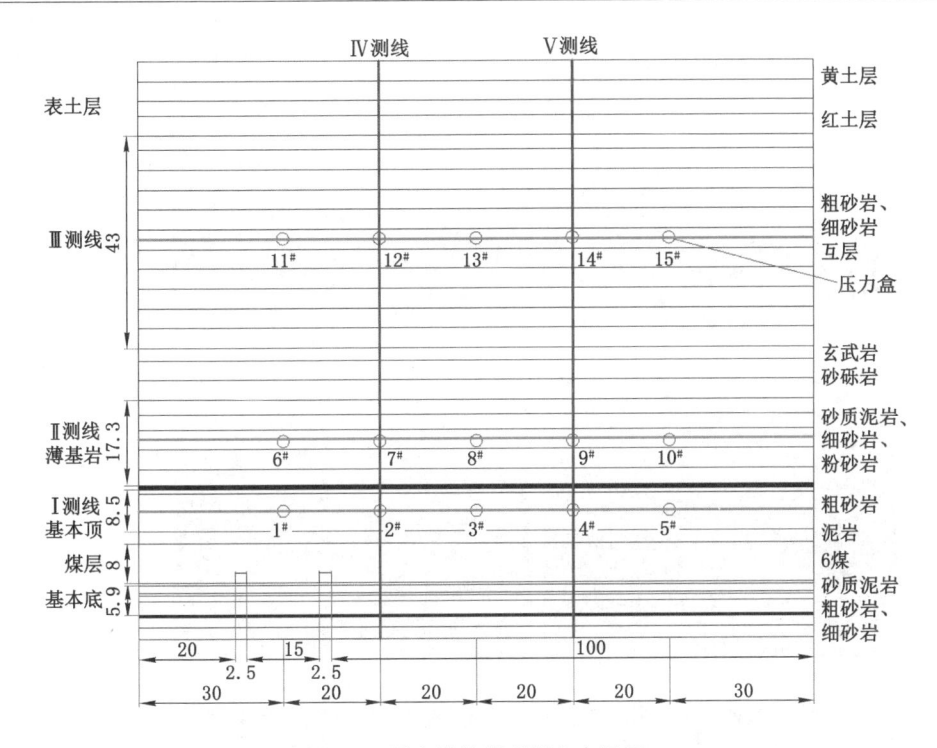

图 6-5　覆岩结构模型测点布置图

6.3　巷道开挖模拟与监测

为了更加直观地研究关键层对上覆岩层稳定性的影响,按照试验设计分别逐步开挖单一关键层模型和复合关键层模型,上覆岩层结构破断特征分别如图 6-6、图 6-7 所示。

由图 6-6 和图 6-7 可以看出,煤层开采阶段,单一关键层和复合关键层上覆岩层结构破断特征表现出了明显差异:

(1) 在初次来压方面,单一关键层覆岩结构初次来压步距为 52.5 m,复合关键层覆岩结构则明显具有滞后性,初次来压步距为 63 m,如图 6-6(b) 和图 6-7(b) 所示。

(2) 在周期来压方面,单一关键层覆岩结构周期来压稳定,来压步距为 19.2 m,切落块体规整,复合关键层覆岩结构周期来压存在波动性,变化幅度较大,来压步距在 15.4~23.2 m 不等,且有上下岩层交叉垮落的现象,岩层相互交叉搭接,如图 6-6(e) 和图 6-7(e) 所示。

(3) 在岩体离层方面,单一关键层覆岩结构空顶间距小,稍有离层则上部岩层垮落压实,复合关键层覆岩结构空顶间距明显大于单一关键层覆岩结构,且空顶时间长,一旦发生破断,压力显现明显,如图 6-6(f) 和图 6-7(f) 所示。

(4) 在裂隙发育方面,单一关键层覆岩结构伴随煤层开采,裂隙发育清晰可见,条缝裂隙贯通采场和地表,并伴随超前影响裂隙发育,复合关键层覆岩结构则由于关键层的阻隔承载作用,裂隙无法直达地表,需等关键层破断后才能沿破断线延伸发育,如图 6-6(g) 和图 6-7(g) 所示。

(a) 直接顶垮落　(b) 基本顶初次来压

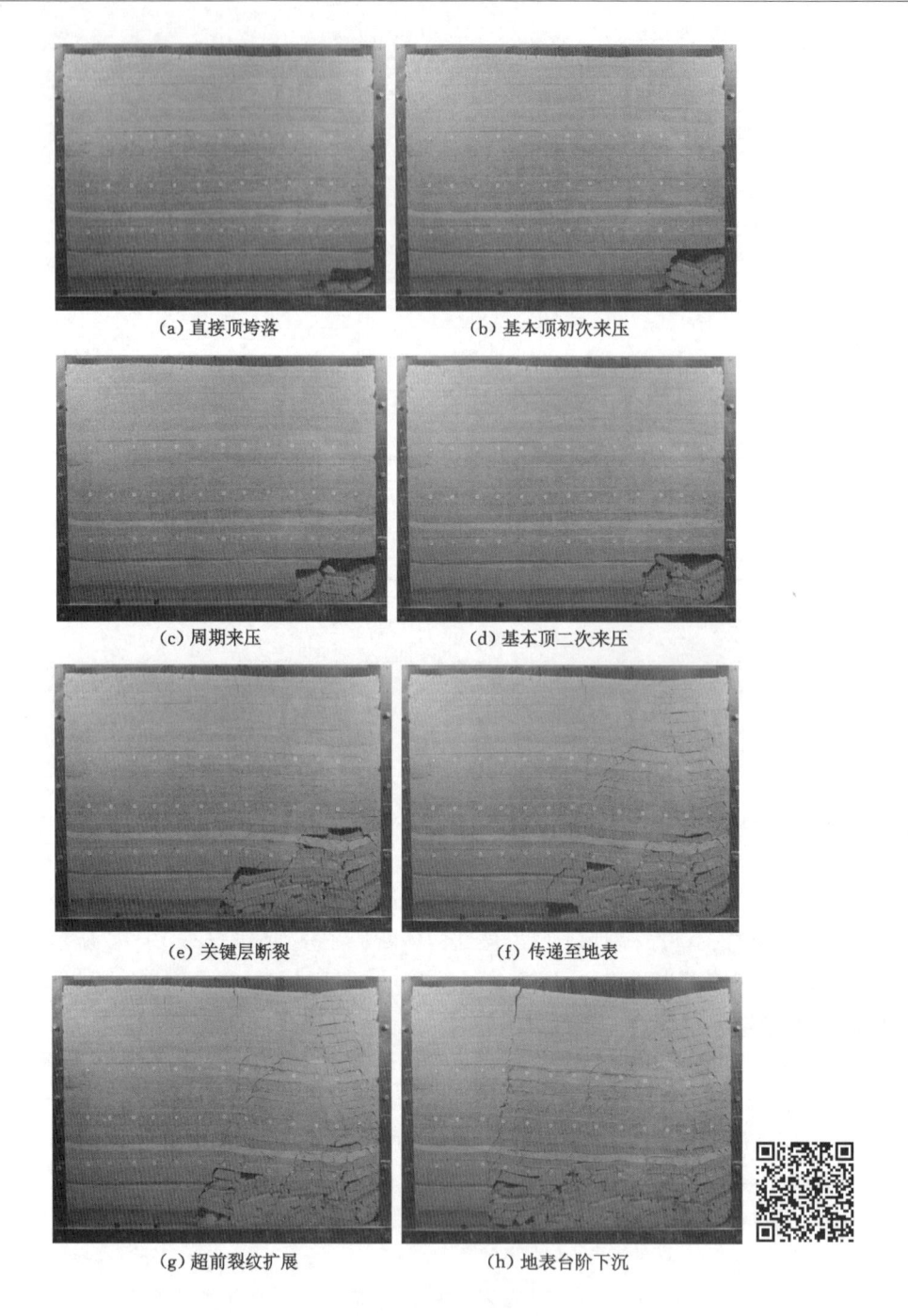

(c) 周期来压　(d) 基本顶二次来压

(e) 关键层断裂　(f) 传递至地表

(g) 超前裂纹扩展　(h) 地表台阶下沉

图 6-6　单一关键层覆岩结构破断特征

(5) 在地表沉陷方面,单一关键层覆岩结构很难形成"三带",破断运动多直接波及地表,来压存在明显动载现象,地表台阶下沉现象明显。复合关键层覆岩结构则表现出以往煤层开采所特有的"三带",地表弯曲下沉,弧形沉降线明显,如图 6-6(h)和图 6-7(h)所示。

(a) 直接顶垮落　　(b) 基本顶初次来压

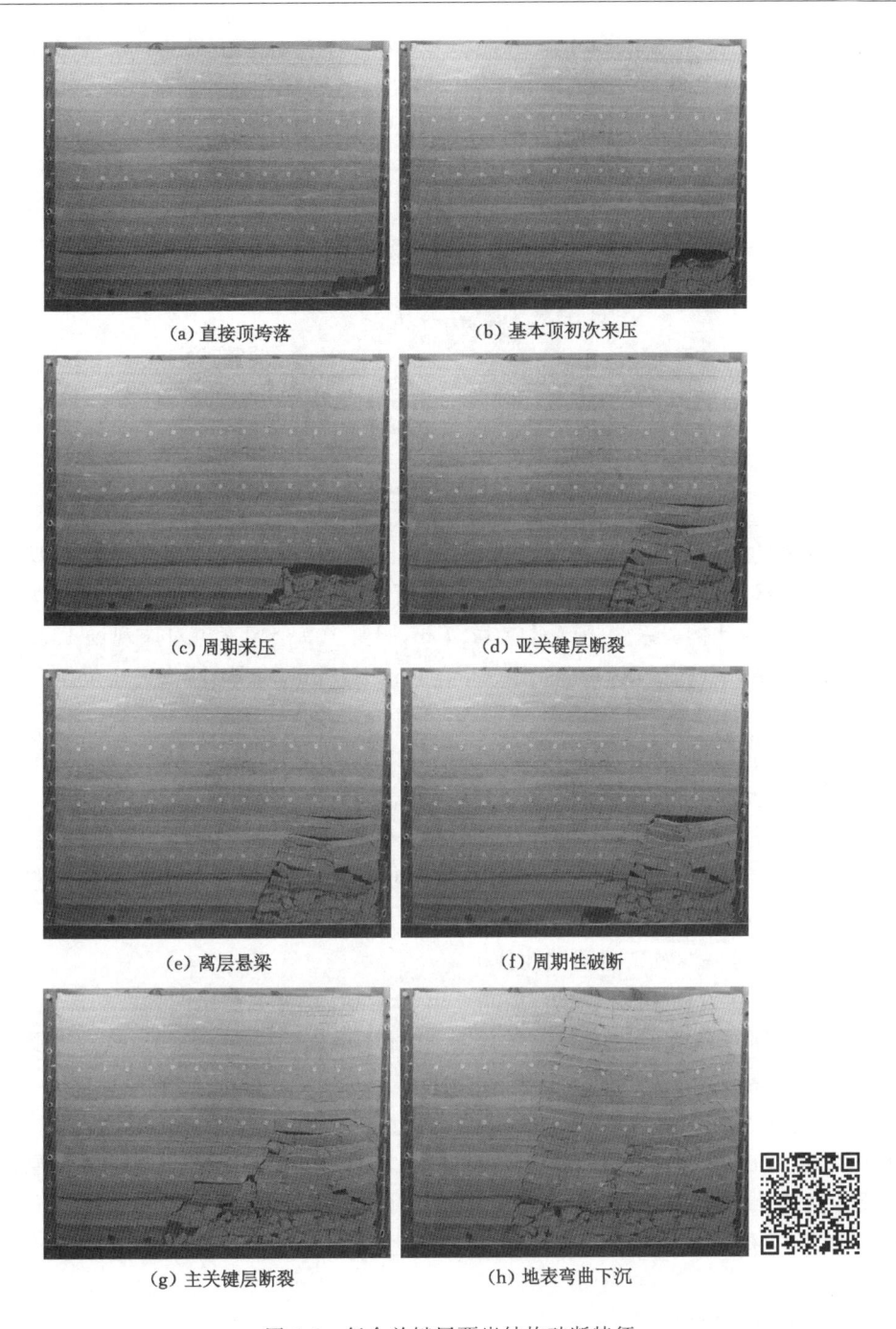

(c) 周期来压　　(d) 亚关键层断裂

(e) 离层悬梁　　(f) 周期性破断

(g) 主关键层断裂　　(h) 地表弯曲下沉

图 6-7　复合关键层覆岩结构破断特征

6.4　试验数据分析

6.4.1　裂隙发育位移矢量分析

通过数字照相测量图像处理软件对岩层位移进行追踪分析,根据图像像素点坐标进行计算,输出结果通过像素坐标和实际坐标换算,进行位移处理。模型网格划分如图 6-8 所示。

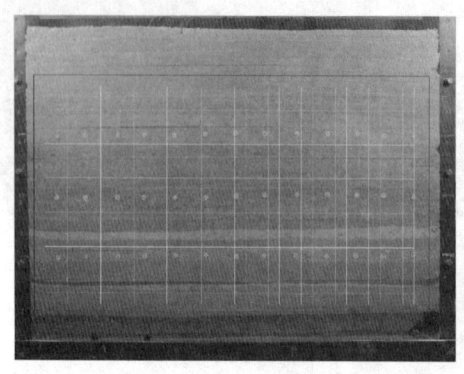

图 6-8　模型网格划分

对 2 个模型的开挖步及关键时间点进行数值化对比分析,得到单一关键层模型与复合关键层模型的位移矢量云图,如图 6-9 和图 6-10 所示。位移矢量云图中横纵坐标为像素点数据,与现场的对应比例关系为 100 对应 12.7 m,即每 100 个像素点对应现场 12.7 m。由此,可以得出,网格划分的区域为宽×高＝254.8 m×151 m。图中箭头大小表示位移矢量的大小。

对比分析图 6-9 与图 6-10 位移矢量云图可以得到:

(1) 关键层断裂时间效应分析

单一关键层破断后,裂隙迅速发育并向上部岩层延伸,传播至地表,伴随地表的位移下沉,如图 6-9(a)所示;复合关键层分为主关键层和亚关键层,亚关键层的破断要晚于单一关键层,如图 6-10(b)所示。

(2) 覆岩裂隙延展性及破断间歇性分析

单一关键层破断后直接波及地表,如图 6-9(d)所示;复合关键层结构断裂滞后性明显,同时,在亚关键层向主关键层能量传递过程中,伴随不稳定的周期来压,裂隙发育受主关键层阻隔,无法向上部岩体扩展,如图 6-10(d)所示。

(3) 覆岩位移矢量分析

单一关键层位移矢量方向统一,表现为垂向位移,如图 6-9(e)所示;复合关键层位移矢量方向受主关键层影响,在主关键层上部未发生明显位移,主关键层下部位移方向为岩块滑落失稳的方向,待到主关键层断裂后,上部覆岩才发生垂向下沉,但位移量明显小于单一关键层。

6.4.2　关键块体破断结构分析

对单一关键层和复合关键层覆岩结构的关键块体及相关参数指标进行验证性分析,其中,块度 i、角度 θ 是主要的研究对象。

(1) 顶板冒落角分析

顶板冒落角是顶板冒落后,顶板层面与顶板断裂线的夹角,是反映顶板破断形式及结构变化的重要指标之一,为了更加全面地了解顶板断裂线的位置,有必要对开采过程中顶板冒落角的变化规律进行系统研究。覆岩冒落角变化特征如图 6-11 所示。

(a) 关键层结构断裂

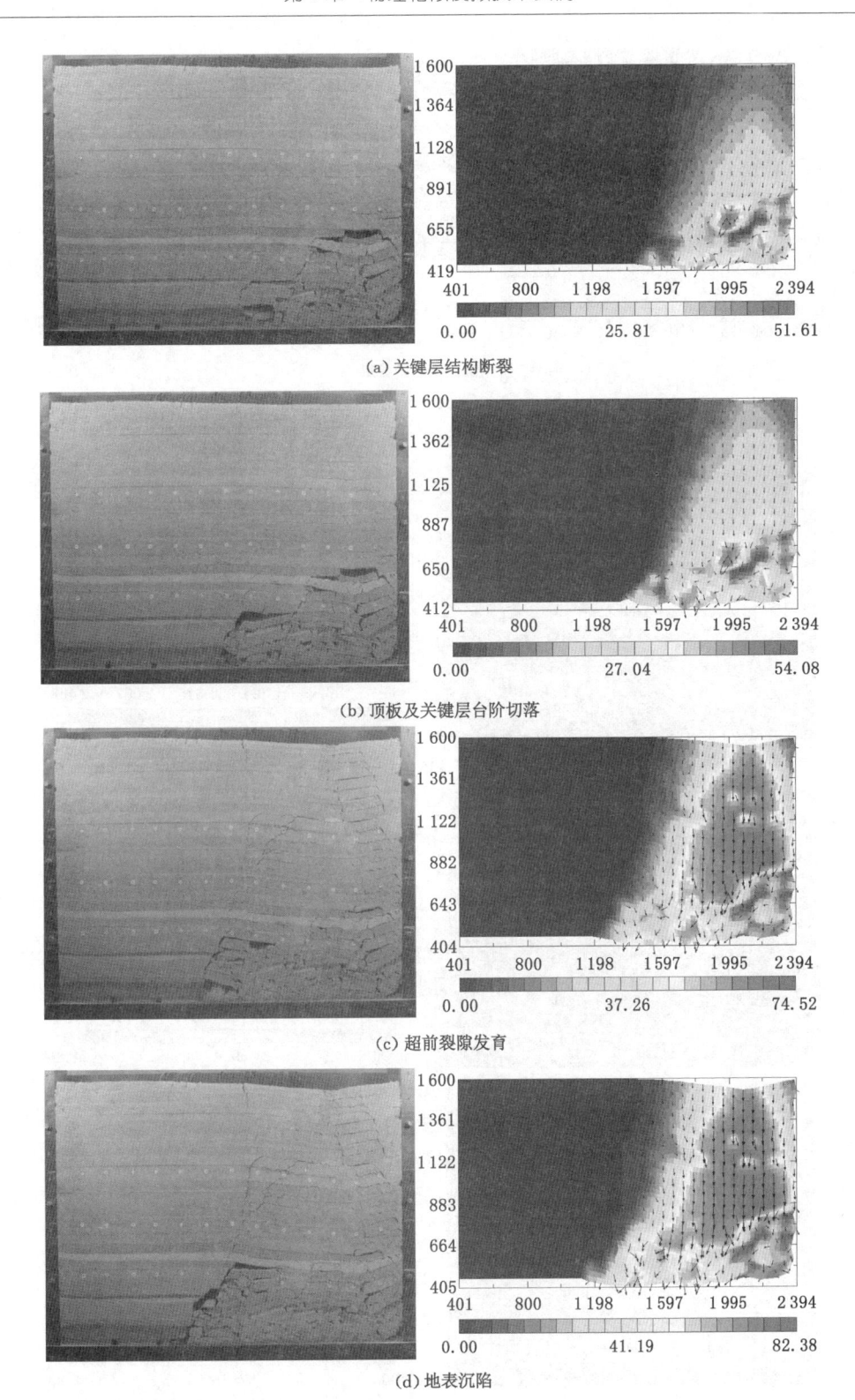

(b) 顶板及关键层台阶切落

(c) 超前裂隙发育

(d) 地表沉陷

图 6-9 单一关键层覆岩变形位移矢量云图

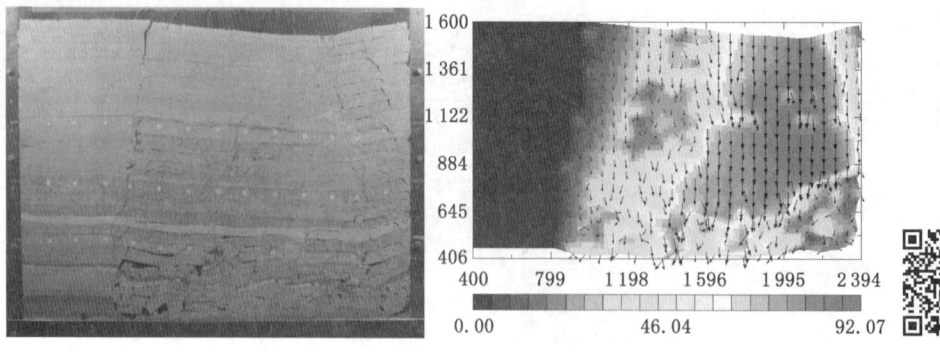

(e) 地表台阶下沉及采空区稳定

图 6-9(续)

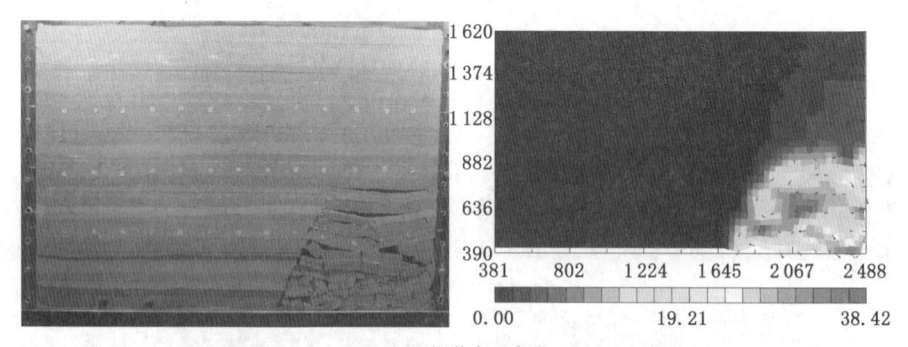

(a) 滑落变形失稳

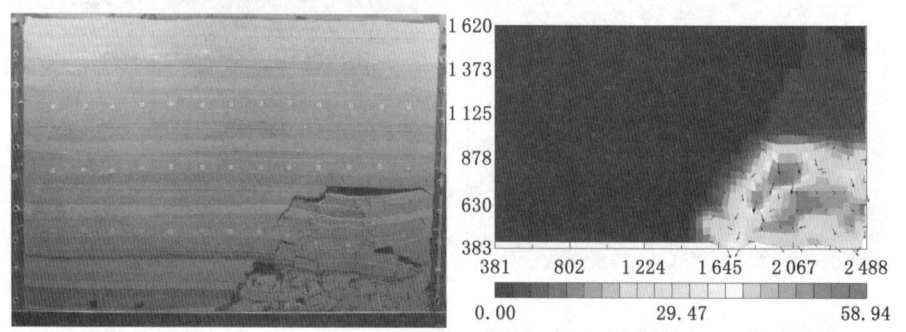

(b) 亚关键层断裂

(c) 岩层层间离层

图 6-10　复合关键层覆岩位移矢量云图

第 6 章 物理相似模拟技术实例

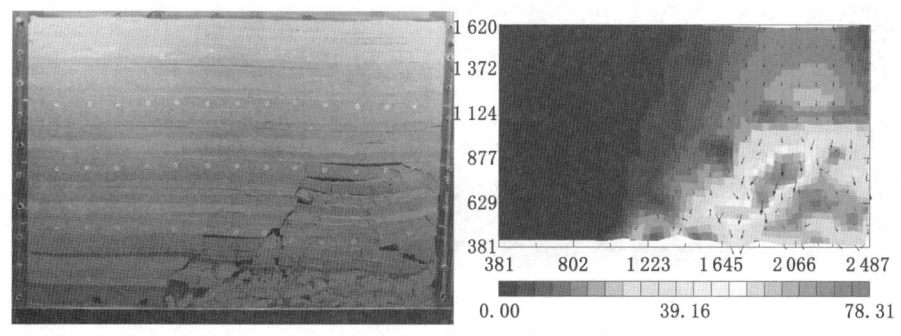

(d) 主关键层断裂

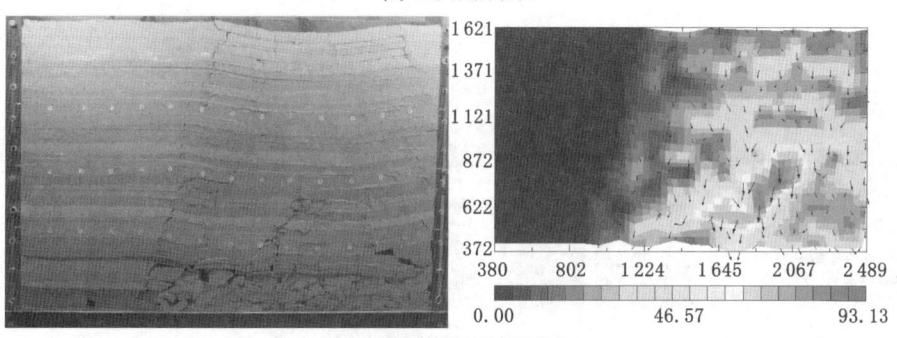

(e) 地表沉陷及采空区稳定

图 6-10(续)

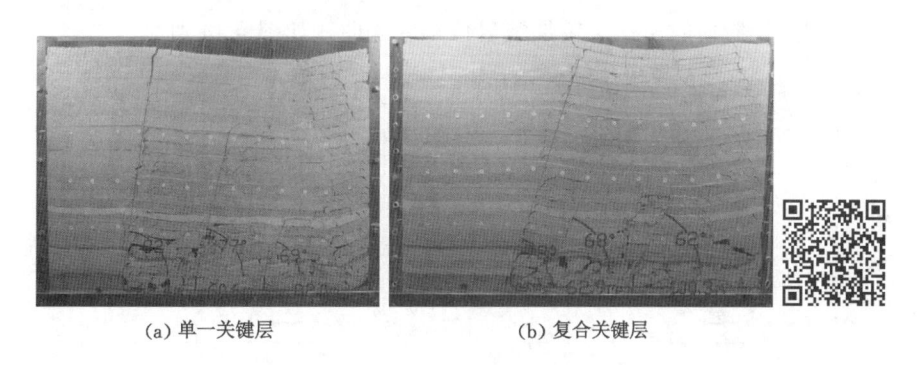

(a) 单一关键层　　　　　(b) 复合关键层

图 6-11　覆岩冒落角变化特征

(2) 关键块体分析

实测单一关键层和复合关键层覆岩结构的关键块体结构，验证关键层失稳判据的置信区间及稳定性。模型开采过程中，关键块体的失稳结构特征如图 6-12 所示。

(3) 地表变形分析

单一关键层和复合关键层覆岩结构的地表变形对比分析，如图 6-13 所示。

6.4.3　覆岩位移变化规律分析

根据位移计和 PhotoInfor 图像处理软件所监测的测点位移数据，绘制单一关键层和复合关键层的覆岩位移变化规律曲线，并进行对比分析，图中数据均为转化为现场原型之后的数据。

(1) 单一关键层覆岩位移变化规律

(a) 单一关键层　　　　　　　　(b) 复合关键层

图 6-12　关键块体失稳结构特征

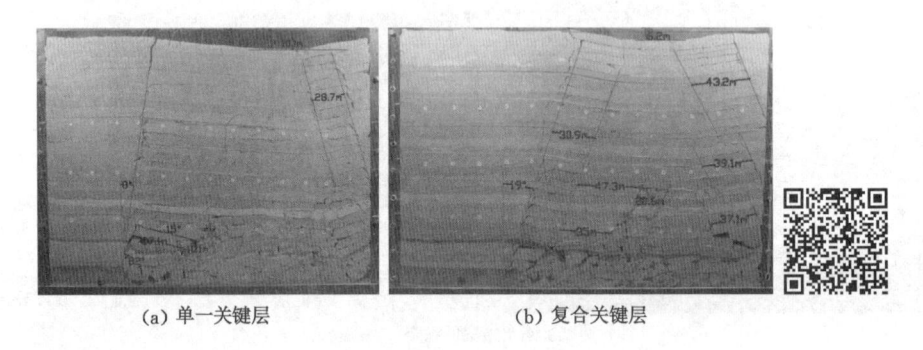

(a) 单一关键层　　　　　　　　(b) 复合关键层

图 6-13　地表变形特征

模型在不同开挖阶段时单一关键层覆岩位移变化曲线如图 6-14 所示。

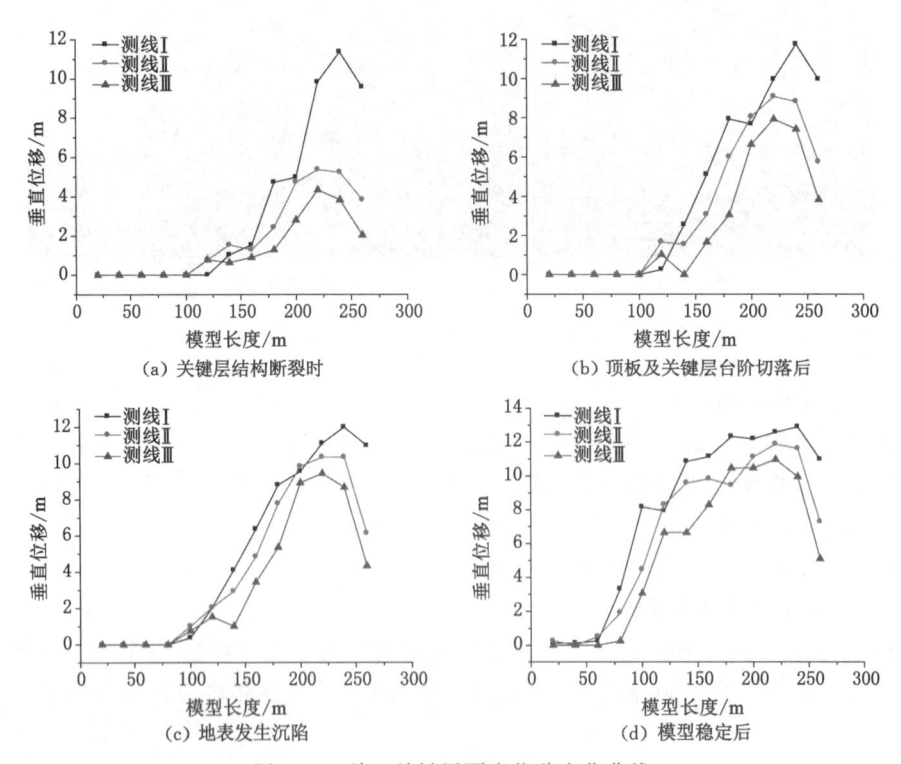

(a) 关键层结构断裂时　　　　　　　　(b) 顶板及关键层台阶切落后

(c) 地表发生沉陷　　　　　　　　(d) 模型稳定后

图 6-14　单一关键层覆岩位移变化曲线

由图 6-14 可以看出:单一关键层断裂后,覆岩波及范围广泛,测线Ⅰ、测线Ⅱ、测线Ⅲ均受到不同程度的影响,以测线Ⅰ表现最为明显;同时,3 条测线依次表现出类似的位移变化规律。

(2) 复合关键层覆岩位移变化规律

模型在不同开挖阶段时,复合关键层覆岩位移变化曲线如图 6-15 所示。

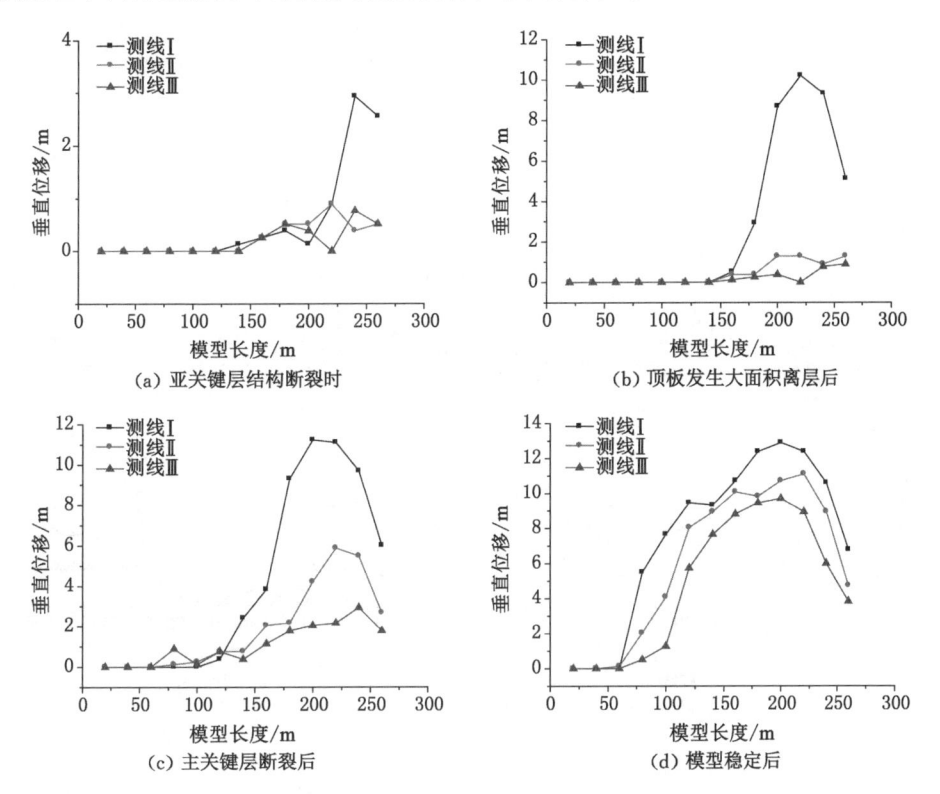

图 6-15　复合关键层覆岩位移变化曲线

由图 6-15 可以看出:亚关键层断裂并未波及地表,在顶板上部软弱岩体中出现大面积离层;待到主关键层断裂,覆岩运动波及地表,地表出现阶段性下沉;主关键层断裂后,复合关键层覆岩位移表现出与单一关键层覆岩位移相类似的变化规律。

(3) 覆岩位移对比分析

单一关键层与复合关键层覆岩稳定后,不同层位的位移变化曲线如图 6-16 所示。

6.4.4　覆岩应力变化规律分析

根据金属应变式传感器和数据采集仪所监测的测点应力数据,绘制单一关键层和复合关键层的覆岩应力变化规律曲线,并进行对比分析。

(1) 单一关键层覆岩应力变化规律

随着上区段工作面的开采,上覆岩层出现不同层位的应力表现,根据图 6-5 所标注的应力测线,绘制测线Ⅰ、Ⅱ、Ⅲ所在层位覆岩的应力变化曲线,分析不同覆岩层位的垂直应力的分布规律,如图 6-17 所示,其中,测线Ⅰ、Ⅱ、Ⅲ为覆岩横向层位。

由图 6-17 可知,随巷旁工作面开挖,覆岩应力受采动影响,均表现为逐渐增大的趋势。测线Ⅰ上的 2# 和 4# 测点相距 80 m,先后受到采动影响,均表现为应力台阶式陡增,力学传

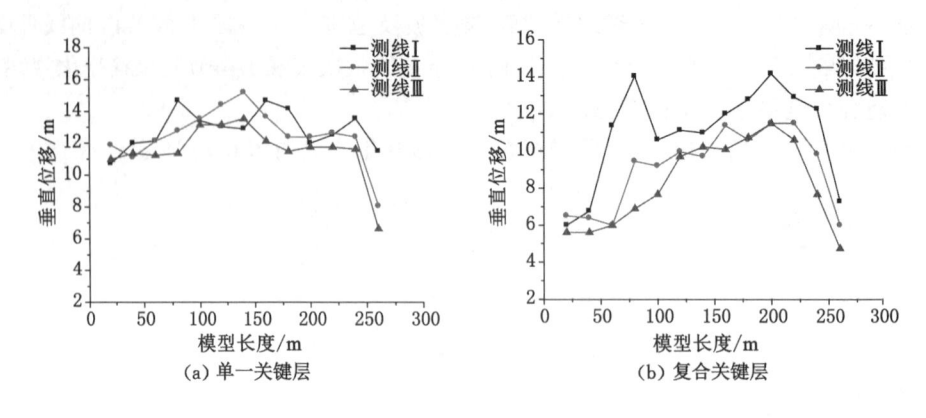

图 6-16 覆岩稳定后位移变化曲线

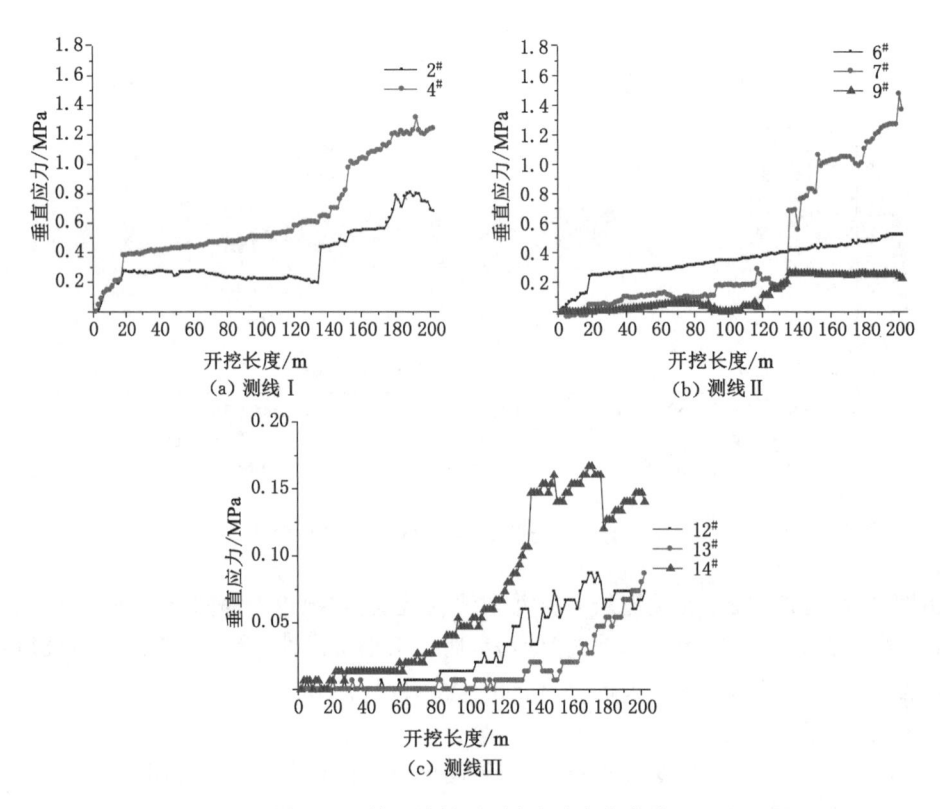

图 6-17 单一关键层覆岩应力变化曲线

递滞后 20 m,说明覆岩的破断距约为 20 m;测线Ⅱ中 7# 测点表现为明显的台阶式应力传递;测线Ⅲ邻近地表,岩层以风积沙下的厚松散层为主,应力呈现小范围波动式递增。

(2) 复合关键层覆岩应力变化规律

复合关键层不同覆岩层位的垂直应力的分布规律,如图 6-18 所示,其中,测线Ⅰ、Ⅱ、Ⅲ所在层位为覆岩横向层位。

由图 6-18 可知,随巷旁工作面开挖,覆岩应力受采动影响,均表现为逐渐增大的趋势。测线Ⅰ测点由于亚关键层破断,应力明显地表现为台阶式陡增;测线Ⅱ测点由于主关键层

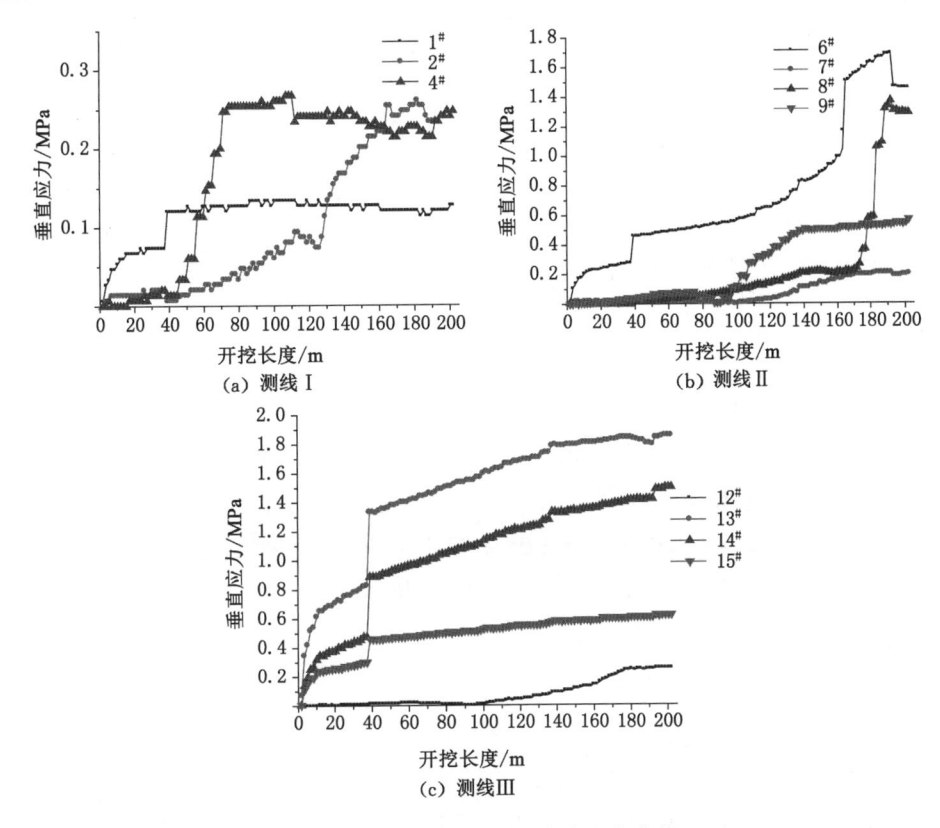

图 6-18　复合关键层覆岩应力变化曲线

的承载作用,应力传递并未有突变,保持曲线增长趋势,直至主关键层断裂,应力出现急剧增加;测线Ⅲ邻近地表,由于复合关键层的耦合破断作用,应力变化趋势并不明显,呈线性增长趋势。

习题

论文题目:

煤层群开采顶板破断规律及多重来压矿压显现规律研究

地质概况及工程背景:

晋能控股煤业集团燕子山煤矿石炭二叠纪山西组 4 号煤层 8202 工作面为正在开采工作面,8202 工作面对应上覆晋能控股煤业集团马脊梁煤矿开采的侏罗纪煤层,侏罗纪煤层先后开采 4 层煤,分别为 7#、11#、14-2#、14-3# 煤层。7# 煤层厚度为 1.30~1.78 m,平均为 1.56 m;11# 煤层厚度为 3.95~4.10 m,平均为 4.07 m;14-2# 煤层厚度为 2.36~3.31 m,平均为 2.69 m;14-3# 煤层厚度为 0.76~4.80 m,平均为 2.82 m。山 4# 煤层平均厚度为 6.10 m,采用综放方式开采。

7# 煤层与 11# 煤层平均间距为 60.83 m,11# 煤层与 14-2# 煤层平均间距为

26.31 m,14-2#煤层与14-3#煤层平均间距为5.18 m,14-3#煤层与7#煤层平均间距为167 m。

由于石炭-二叠纪煤层开采厚度大,造成采后覆岩运移范围广,影响区域大。一旦石炭-二叠纪厚煤层开采造成双系裂隙连通,侏罗纪煤层采空区积水将通过裂隙下泄至石炭纪煤层工作面,造成采空区积水下泄等一系列安全技术难题,大幅增加矿井的灾害严峻程度,并严重制约着矿井安全高效开采。

因此,有必要研究石炭-二叠纪煤层开采过程中煤层间岩层的变形破坏、垮落和移动规律。

论文内容及要求:

模型架长度为3 m,高度为3.5 m,宽度为0.2 m,请根据表6-6所示的原岩物理力学参数,参照本章相关内容,设计模型架铺设方案。层厚小于1 m(不包含1 m)的可以忽略不计,煤层高度四舍五入精确到小数点后1位;模型的左右边界各留设0.5 m;模型从右侧开挖,每次开挖0.1 m,共开挖2 m。

论文应包括以下几方面内容:

(1) 模型试验台及测试系统;
(2) 相似材料;
(3) 相似模型参数,做出相似模型参数表;
(4) 模型分层方案,做出模型分层方案表;
(5) 模型配比方案,做出模型配比方案表;
(6) 思考与体会。

表6-6 原岩物理力学参数

序号	埋深/m	厚度/m	岩层	密度/(kg/m³)	抗压强度/MPa	抗拉强度/MPa	弹性模量/GPa	泊松比	内摩擦角/(°)	内聚力/MPa
1	37.96～112.37	74.41	粉砂岩	2 670	44.9	5.42	20.11	0.23		
2	112.37～115.10	2.73	中细砂岩	2 534	59.3	10.50	27.50	0.24	37	
3	115.10～127.33	12.23	粉砂岩	2 670	44.9	5.42	20.11	0.23		
4	127.33～132.30	4.97	细砂岩	2 710	63.8	7.92	27.45	0.27		
5	132.30～139.64	7.34	粉细互层	2 520	50.4	8.01	20.11	0.16		
6	139.64～144.84	5.20	砂质泥岩	2 595	63.8	4.14				
7	144.84～155.72	10.88	粉砂岩	2 670	44.9	5.42	20.11	0.23		
8	155.72～160.83	5.11	粉细互层	2 520	50.4	8.01	19.82	0.16		
9	160.83～164.45	3.62	粉砂岩	2 670	44.9	5.42	20.11	0.24	37	14.40
10	164.45～166.01	1.56	7#煤层	1 426	24.8					
11	166.01～174.01	8.00	粉砂岩	2 670	44.9	5.42	20.11	0.17		
12	174.01～180.01	6.00	中细砂岩	2 534	59.3	10.50	27.50	0.24	37	

表 6-6(续)

序号	埋深/m	厚度/m	岩层	密度/(kg/m³)	抗压强度/MPa	抗拉强度/MPa	弹性模量/GPa	泊松比	内摩擦角/(°)	内聚力/MPa
13	180.01~192.73	12.72	粉砂岩	2 670	44.9	5.42	20.11	0.17		
14	192.73~201.03	8.30	中砂岩	2 750	51.8	10.50	27.50	0.25		
15	201.03~210.12	9.09	砂质泥岩	2 595	63.8	4.14				
16	210.12~219.08	8.96	中粗砂岩	2 589	68.5	7.01	29.62	0.28		
17	219.08~226.84	7.76	粉砂岩	2 670	44.9	5.42	20.11	0.17		
18	226.84~231.01	4.17	11#煤层	1 426	24.8	3.90	4.20	0.32	30	14.30
19	231.01~249.76	18.75	粉细砂岩	2 520	50.4	8.51	38.56	0.30		
20	249.76~257.32	7.56	细砂岩	2 710	63.8	7.92	35.21	0.16		
21	257.32~260.01	2.69	14-2#煤层	1 426	24.8	3.90	4.20	0.10	47	14.30
22	260.01~265.19	5.18	粉砂岩	2 670	44.9	5.42	20.11	0.23		
23	265.19~268.01	2.82	14-3#煤层	1 426	24.8	3.90	4.20	0.10	47	14.30
24	268.01~274.89	6.88	粉细互层	2 520	50.4	8.01	19.82	0.16		
25	274.89~294.11	19.22	粗砂岩	2 625	59.3	4.82	20.32	0.32		
26	294.11~299.61	5.50	粉砂岩	2 675	59.3	5.42	20.11	0.30		
27	299.61~305.66	6.05	泥岩	2 434	63.8	4.14	20.49	0.35		
28	305.66~312.31	6.65	中细砂岩	2 850	28.5	6.14	29.57	0.22		
29	312.31~317.31	5.00	砂砾岩	2 651	63.8	4.23	28.64	0.32		
30	317.31~374.21	56.90	粗砂岩	2 673	59.3	10.50	27.50	0.17		
31	374.21~401.31	27.10	粉砂岩	2 675	59.3	4.25	23.55	0.24		
32	401.31~412.64	11.33	细砂岩	2 661	63.8	7.93	35.21	0.26		
33	412.64~415.81	3.17	砾岩	2 651	25.2	4.34	28.74	0.32		
34	415.81~419.02	3.21	高岭岩	2 614	20.7	3.45	15.33	0.37		
35	419.02~422.64	3.62	粗砂岩	2 625	78.4	6.56	38.65	0.20	35	7.22
36	422.64~429.94	7.30	细砂岩	2 500	88.4	8.20	24.22	0.26		
37	429.94~432.29	2.35	砾岩	2 651	25.2	4.34	28.43	0.32		
38	432.29~435.00	2.71	高岭岩	2 614	20.7	3.45	15.33	0.37		
39	435.00~441.00	6.10	山4#煤层	1 400	24.8	3.90	10.21	0.28	22	2.27
40	441.00~444.82	3.82	高岭岩	2 614	20.7	3.45	15.33	0.25	25	2.88
41	448.82~454.91	6.09	粉砂岩	2 661	52.9	4.89	20.11	0.21		
42	454.91~464.32	9.41	粗砂岩	2 651	25.2	6.56	38.65	0.20	35	7.22

第7章 数值模拟技术

7.1 数值模拟技术基础

7.1.1 数值分析方法及其分类

目前,数值分析方法主要包括确定性分析方法和非确定性分析方法。其中,确定性分析方法主要有连续介质分析方法和非连续介质分析方法两大类。

连续介质分析方法主要包括:

① 有限元法,如 ANSYS、NASTRAN、SAP、ADINA、LUSYS、3D-Sigma、ABAQUS、ALGOL、PKPM 等程序。

② 边界元法。

③ 有限差分法,如 FLAC 程序。

④ 无单元法。

非连续介质分析方法主要包括:

① 离散元法,如 UDEC、PFC 等程序。

② 关键块体理论。

③ 不连续变形分析法。

非确定性分析方法主要有以下 6 种方法:

① 模糊数学方法。模糊理论用隶属函数代替确定论中的特征函数描述边界不清的过渡性问题,模糊模式识别和综合评判理论适用于多因素问题分析,如岩土工程环境评价、岩体分类等。

② 概率论与可靠度分析方法。运用概率论方法分析事件发生的概率,可进行安全和可靠度评价,如工程可靠度分析、岩石稳定性判断等。

③ 灰色系统理论。以"灰色、灰关系、灰数"为特征,研究介于"黑色"(完全未知系统)和"白色"(已知系统)之间事件的特征,在社会科学和自然科学领域应用广泛。

④ 人工智能与专家系统。运用专家的知识和经验进行知识处理、运用、推理,并对复杂问题给出合理的建议和决策,如建筑结构加固方案的优化、道路维修方案的优化等。

⑤ 神经网络方法。通过模拟人脑的神经系统来构建信息处理系统,由神经网络的学习、记忆和推理进行信息处理。

⑥ 时间序列分析法。通过对系统行为的涨落规律统计,用时间序列函数研究系统的动态力学行为,如路基沉降变形规律等。

在上述数值分析方法中,有限元法和有限差分法在工程领域应用最为广泛,边界元法、无单元法和离散元法近几年也得到了迅速发展。下面将着重对有限元法、有限差分法、边界元法、无单元法和离散元法的基本原理、特点和应用情况逐一进行介绍。

7.1.2 有限元法

(1) 基本原理

有限元法(Finite Element Method,FEM)是数值分析方法的一种,其基本思想是将连续的求解区域离散为一组有限个且按一定方式相互连接在一起的单元组合体。由于单元能按不同的连接方式进行组合,且单元本身又可以有不同形状,因此可以模拟几何形状复杂的求解域。有限元法作为数值分析方法的另一个重要特点是,利用在每一个单元内假设的近似函数来分片地表示全求解域上待求的未知场函数。单元内的近似函数,通常由未知场函数及其导数在单元的各个节点的数值以及其插值函数来表达。这样一来,在一个问题的有限元分析中,未知场函数及其导数在各个节点上的数值就成为新的未知量(即自由度),从而使一个连续的无限自由度问题变成离散的有限自由度问题。一经求解,就可以用插值函数来计算出各个单元内场函数的近似值,从而得到整个求解域上的近似解。显然,随着单元数目的增加,即单元尺寸的缩小,或者随着单元自由度的增加及插值函数精度的提高,解的近似程度将不断改进。如果单元是满足收敛要求的,近似解最后将收敛于精确解。

(2) 起源与发展

自1943年库兰特(Courant)提出有限元的基本思想以来,有限元法开始引起人们的关注,其发展历程大体可分为两个阶段:早期发展阶段和发展完善阶段。

① 早期发展阶段

20世纪50年代,美国波音公司首次采用三节点三角形单元,将矩阵位移法应用到平面问题上。20世纪60年代初,克拉夫(Clough)首次提出"有限元"这个名称,标志着有限元法早期发展阶段的结束。

② 发展完善阶段

20世纪60年代之后,有限元法进入了发展完善阶段。在国外,与有限元相关的数学和工程学基础开始建立;收敛性得到了进一步研究,形成了系统的误差估计理论,有限元法的商业软件开始得以开发与应用。在国内,数学家冯康于1965年发表了《基于变分原理的差分格式》,标志着有限元法在我国的诞生。我国著名力学家、教育家徐芝纶院士于1974年编著出版了我国第一部关于有限元法的专著——《弹性力学问题的有限元法》,开创了我国有限元应用及发展的先河。目前,有限元法已经在土木工程、交通运输、生物医学、机电工程等众多领域得到了广泛应用,已由二维问题扩展到三维问题、板壳问题,由静力学问题扩展到动力学问题、稳定性问题,由线性问题扩展到非线性问题。

(3) 解题步骤

对于不同的工程问题和不同的有限元软件,有限元法的解题过程不尽相同,但主要的解题过程包括以下8个步骤:

① 结构离散

结构离散就是建立结构的有限元模型,又称为网格划分或单元划分,即将结构离散为有限个单元组成的有限元模型。

② 单元分析

根据弹性力学的几何方法和物理方法,确定单元的刚度矩阵。

③ 整体分析

把各个单元按原来的结构重新连接起来,并在单元刚度矩阵的基础上确定结构的总刚度矩阵。

④ 荷载移置

根据静力等效原理,将荷载移置到相应的节点上,形成节点荷载矩阵。

⑤ 边界条件处理

对有限元线性方程进行边界条件处理。

⑥ 求解线性方程

求解有限元线性方程,得到节点的位移。有限元模型的节点越多,则方程的数量越多,计算量也越大。

⑦ 求解单元应力及应变

根据节点位移,求解单元的应力和应变。

⑧ 结果处理与显示

对计算出来的结果进行加工处理,并以各种形式将计算结果显示出来。

(4) 有限元法的优缺点

有限元法的优点主要表现为:

① 有限元法可直接在力学模型上进行离散化(网格划分),物理概念清晰,简单易懂。

② 有限元法有较好的适应性,对于简单问题和复杂问题基本上可采用同等处理方法。

③ 有限元法的各个计算步骤,如单元分析、整体分析和方程求解等都较易标准化和程式化,有一套比较固定的分析顺序。

④ 以有限元法为基础的商业程序较多,如 ANSYS、SAP、ADINA、ABAQUS 等,大多数程序便于工程技术人员掌握和使用,具有很好的应用基础。

尽管有限元法具有很多优点,在处理很多工程问题时发挥了不可替代的作用,但其不足之处也不容忽视,缺点主要有:

① 对于颗粒数量较多、形状各异、分布随机的散体材料,用有限元法设定材料的性质时具有很大的难度。

② 对于刚柔接触问题、具有滑动性质的刚性接触问题,有限元尚没有能力判别,因此不具有按不同接触方式进行判别的能力。

③ 在外部荷载作用下,构件因内部存在裂缝、缺陷等问题会产生不连续的应力场,而有限元法中采用的插值函数是连续的,采用连续的插值法不适宜描述交界处不连续的接触力学行为。

7.1.3 有限差分法

(1) 基本原理

有限差分法(Finite Difference Method,FDM)是计算机数值模拟最早采用的方法之一。该方法将求解域划分为差分网格,用有限个网格节点代替连续的求解域。有限差分法以 Taylor 级数展开等方法,把控制方程中的导数用网格节点上的函数值的差商代替进行离散,从而建立以网格节点上的值为未知数的代数方程组。该方法是一种直接将微分问题变为代数问题的近似数值解法,数学概念直观,表达简单,是发展较早且比较成熟的数值方法。

20世纪80年代以来,有限差分法在工程计算中得到了广泛的应用,其中较成功的计算软件是Itasca公司开发的FLAC。它采用显式快速拉格朗日算法来获得模型全部运动方程的时间步长解,根据计算对象的形状,将计算区域划分成离散网格,每个单元在外载和边界的约束下,按照约定的线性或非线性应力-应变关系产生力学响应。

(2) 有限元法与有限差分法的比较

① 在网格划分方面

有限元法:对物理模型进行离散,不用规则划分网格,各种单元可以混合使用,所以写不出方程也可以求解。

差分法:划分的网格是规则的,对方程进行离散化,用很多个差分代替微分,用线性方程组代替微分方程。

② 在方程计算效率方面

与有限元法相同,有限差分法也是产生一组待解的方程组。不同的是,有限元法通常采用隐式、矩阵解算方法,而有限差分法采用显式、时间递步法解算代数方程,计算效率高于有限元法,计算量小于有限元法。例如,对于一个四边固定方板,划分网格如图7-1所示,方板有12个节点,用差分法只有挠度w一个未知量,其总刚度矩阵为12阶。但采用有限单元法时,一个节点有3个未知量(w, θ_x, θ_y),其总刚度矩阵为36阶。

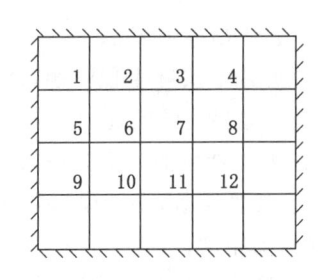

图7-1 四边固定的方板网格划分

总之,有限差分法与有限元法具有各自的特点,两者的优缺点归纳如下:有限差分法直观,理论成熟,精度可选,易于并行计算,但在不规则区域处理烦琐。有限元法适合处理复杂区域,精度可选,但计算量巨大,计算机内存要求高,不如有限差分法精简直观。

7.1.4 边界元法

(1) 基本原理

边界元法(Boundary Element Method,BEM),也称边界积分方程法(Boundary Integral Equation Method,BIEM)。边界元法是在有限元法之后发展起来的一种较精确、有效的工程数值分析方法。它以定义在边界上的边界积分方程为控制方程,通过对边界分元插值离散,化为代数方程组求解。它与基于偏微分方程的区域解法相比,由于降低了问题的维数,从而显著降低了自由度数,边界的离散也比区域的离散方便得多,可用较简单的单元准确地模拟边界形状,最终得到阶数较低的线性代数方程组。又由于它利用微分算子解析的基本解作为边界积分方程的核函数,从而具有解析与数值相结合的特点,通常具有较高的精度。特别是对于边界变量变化梯度较大的问题,如应力集中问题,或边界变量出现奇异性的裂纹问题,边界元法被公认为是比有限元法更加精确、高效的方法。由于边界元法所利用的微分算子基本解能自动满足无限远处的条件,因而边界元法特别便于处理无限域和半无限域问题。

(2) 起源与发展

边界积分方法的基本思想在19世纪中叶开始形成,其基本思想是基于格林公式,把一个区域上的积分转化为区域边界上的积分。普劳德曼(Proudman)、凯洛格(Kellogg)分别于1925年、1929年把这一思想应用于位势理论和流体力学方面,当时的初衷是从理论上推导出解的积分表达式,特别是对无限或半无限区域建立解的表达式,而不是为了数值计算的目的。

一直到 20 世纪 60 年代,随着计算机技术和数学理论的迅速发展,边界积分方程法才开始应用于数值计算。这方面,弗里德曼(Friedman)和肖(Shaw)、赫斯(Hess)、巴诺(Banaugh)和戈德史密斯(Goldsmith)均进行了大量的研究工作。

由于在边界积分方程法发展的初期,重点放在边界积分的推导过程,而不是对边界积分方程的数值求解过程,而近代的边界积分方程法不仅包含了各种形式的边界积分公式化过程,更重要的是包含了求解边界积分方程数值解的离散化方法,以及处理各种工程实际问题的方法。因此,有人主张将其作为一种与有限差分法、有限元法并列的离散化数值计算方法,应当称为边界元法。

我国在 1978 年开始进行边界元法的研究,包括冯康、杜庆华、何广乾等在内的我国学者,在边界元法的研究、发展与推广方面做了大量的工作,并且发展了相应的计算软件,有些已经应用于实际工程问题,并收到了良好的效果。

(3) 边界元法的优缺点

作为一种数值分析方法,边界元法相对于其他方法的主要优点有:

① 降低维数,便于模拟复杂的几何构件;

② 高精度;

③ 适用于处理高梯度,甚至有奇异性的问题;

④ 适用于处理无限域、半无限域问题。

常规边界元法的缺点主要有:

① 求解方程组具有非对称满阵,解题规模受限制;

② 对一般非线性问题,缺少高效计算方案,由于在方程中会出现域内积分项,从而部分抵消了边界元法只要离散边界的优点;

③ 应用范围以存在相应微分算子的基本解为前提,对于非均匀介质等问题难以应用,故其适用范围远不如有限元法广泛。

7.1.5 无单元法

(1) 基本原理

有限元法经过几十年的研究和发展,已成为工程和科学领域的重要数值计算工具。目前人们已经开发了大量的有限元商业软件,其在工程分析中得到了广泛应用。有限元法是基于单元网格的数值方法,由于固有网格的限制,在求解一些工程问题时变得相对困难,如裂纹扩展问题、结构大变形问题、爆炸问题、高速冲击问题等。

网格的存在妨碍了处理与原始网格线不一致的不连续性和大变形问题,有限元基于网格方法在处理随时间变化不连续和大变形时常用网格重构,然而这样不仅增加了计算费用,而且会使计算的精度严重受损。

不同于有限元法,无单元法(Element-Free Galerkin Method,EFG)是建立在一系列离散的节点上,不需要借助网格,克服了有限元法对网格的依赖性,在涉及网格畸变、网格移动等问题中显示出明显的优势。

(2) 起源与发展

20 世纪 70 年代,卢西(Lucy)和金戈尔德(Gingold)等人提出了光滑质点流体动力学

（Smoothed Particle Hydrodynamics，SPH），并成功应用到天体物理的计算领域，这是最早出现并得到很好应用的无单元法。但是，由于当时有限元法的研究正处于巨大成功阶段，无单元法并未引起人们的广泛关注，因而发展缓慢。

直到 20 世纪 90 年代初，奈罗勒（Nayroles）等人将移动最小二乘法（Moving Least Square，MLS）引入伽辽金方程的求解，提出了模糊单元法（Diffuse Element Method，DEM）。美国西北大学的彼莱奇科（Belytschko）教授在对模糊单元法进行了两点改进后，提出了著名的无网格伽辽金法，无单元法才得到突飞猛进的发展。

到目前为止，已经出现了十几种形式的无单元法，主要有：光滑指点流体动力法、模糊单元法、无网格伽辽金法、局部边界积分方程无单元法、无单元局部彼得诺夫-伽辽金法、自然邻居彼得诺夫-伽辽金法、小波伽辽金法、再生核质点法、多尺度再生核质点法、移动最小二乘积分核法、点插值法、区域点插值法、点到点法、有限覆盖法、有限球法、有限点法、单位分解法、自然单元法、边界无单元法。

（3）无单元法的优缺点

与传统数值方法相比，无单元法具备许多显著的优点，主要包括：

① 无单元法的近似函数没有网格的依赖性，减少了因网格畸变带来的困难，适用于处理高速碰撞、动态裂纹扩展、塑性流动、流固耦合等涉及大变形的计算问题。

② 无单元法的基函数可以包含能够反映待求问题特性的函数系列，适合于分析各类具有高梯度、奇异性等特殊性的应用问题。

③ 要求输入的数据简单，使用无单元法分析只需要节点的信息，不需要对计算域进行网格划分，极大地简化了前处理工作，而且在计算过程中可以根据需要对某一区域增加或减少节点，便于进行自适应计算，也能提高局部区域的计算精度。

④ 计算精度高，由于无单元法采用的是连续型函数，其导数一般也是连续的，对应力计算时无须修匀，并能很好地反映局部高梯度情况，对于不可压缩材料进行计算时可以有效防止体积闭锁。

但是，作为一种新兴的数值方法，无单元法无论在理论上还是应用上都有待进一步研究。第一，无单元法采用最小二乘法达到较高的计算精度，但同时也降低了计算效率。如何提高无单元法的计算效率是将无单元法推广到三维情况时必须解决的问题。第二，实际岩土工程和水利工程中有大量的结构都是非线性的，无单元法对非线性问题的模拟有待进一步的开发。第三，无单元法作为新兴的数值方法，无论是在理论上还是应用上都远没有有限元法成熟，将无单元法与有限元法等传统数值方法结合，将使无单元法的应用变得更加灵活实用。在大部分区域应用有限元法，而在一些区域如应力集中区、自由面迭代区等应用无单元法，既可以根据需要提高某些区域的精度，又可以克服无单元法计算效率低的缺点。

7.1.6 离散元法

（1）起源与发展

离散元法（Discrete Element Method，DEM）是昆德尔（Cundall）于 1971 年提出来的，当时为了与连续介质力学中的 Finite Element Method 相区别，离散元方法称为 Distinct Element Method。该法适用于分析在准静力或动力条件下的节理系统或块体结合的力学问题，最初用于分析岩石边坡的运动。后来用 Discrete Element Method 取代了 Distinct

Element Method，以反映系统是离散的这一本质特征。

到 1974 年，二维的离散元法程序也趋于成熟，当时已有屏幕图形输出的交互会话功能，但由于计算机内存的限制，不少程序段用汇编语言写成，直到 1978 年才全部翻译成 Fortran 文本。1979 年，Cundall 和斯特拉克(Strack)又提出了适用于土力学的离散元方法，并推出二维圆盘(disc)程序 BALL 和三维圆球程序 TRUBAL(后发展成商业软件 PFC^{2D}/PFC^{3D})，形成了较系统的模型与方法。

莱莫斯(Lemos)于 1983 年开发了离散元法与边界元法耦合的半平面问题的程序，并用于计算节理和断裂介质中的应力分布问题。

洛里希(Lorig)于 1984 年开发了包括前处理和后处理的离散元法和边界元法耦合的程序。第二年，他在澳大利亚英联邦科学与工业发展组织的岩土力学研究所，修改了原先的程序，这个修改后的程序被称为 HYDEBE(Hybrid Discrete Element Boundary Element，混合离散元边界法)，它的功能更为强大，包括一个前处理程序 CREATE，类似于有限元程序中的自动划分网格，一个与边界元法耦合的程序 BOUND 和一个离散元法程序 BLOCK。

1980 年，Cundall 开始研究块体在受力后根据破坏判据允许断裂的离散元法，并于 1985 年完成了 UDEC(Universal Distinct Element Code，通用离散元程序)的编写。UDEC 现已广泛应用于岩石力学和采矿工程，被公认为可有效对节理岩体进行数值模拟的一种方法。

三维离散元的发展则要迟一些，其主要原因是数据结构复杂，要求计算机具有较大的容量。三维离散元法的程序 3DEC(3-Dimensional Distinct Element Code，三维离散元程序)已由 Cundall 与 Itasca 公司于 1986 年合作开发出来，其基本原理同 UDEC 一样，但是数据结构有了较大的改进，便于三维问题的解决。

我国对离散元法的研究与应用起步较晚。直到 1986 年，在第一届全国岩石力学数值计算及模型试验讨论会上，王泳嘉首次向我国岩石力学与工程界介绍了离散元法的基本原理及几个应用例子。随后，我国学者充分利用离散元法并结合实际工程问题进行了大量的研究，取得了很好的成绩。目前，在采矿工程、岩土工程、水利水电工程和道路工程等领域，离散元方法均得到了广泛应用。

（2）离散元法的特点与优势

离散元法具有十分鲜明的特点，表现为以下几个方面：

① 岩体或颗粒组合体被模拟成通过角或边的相互接触而产生相互作用；

② 块体之间边界的相互作用可以体现其不连续性和节理的特性；

③ 使用显式积分迭代算法，允许有大的位移、转动；

④ 可使用各种非线性模型描述块体或颗粒之间的接触。

上述特点使得离散元法与其他数值分析方法(尤其是有限元法)相比，具有许多无可比拟的优势，主要有：

① 从力学分析角度上看，离散元在满足三大定律的条件上与有限元方法不同。从平衡方程上看，离散元采用牛顿第二定律来控制，按围绕各刚性单元形心的力平衡和力矩平衡来满足。

② 从变形协调方程上看，各刚性单元间不再位移连续，而是允许大变形和断裂分开，可以模拟岩体不连续结构面的滑移与开裂。

③ 从材料本构关系上看,离散元法避开了复杂的本构关系推导,采用在刚性单元间设置不同种类弹簧和阻尼(法向刚度和阻尼、切向刚度和阻尼)来反映材料的应力-位移关系。

(3) 离散元法在岩土工程中的应用现状

随着离散元理论的发展,产生了很多基于离散元理论的应用程序。当前,国内外基于离散元法的计算软件如表 7-1 所示。其中,包括 BLOCKS^{3D} 等在内的许多软件只是作为研发单位内部的研究手段,尚未作为商业软件得以大面积使用与推广;而目前为止,最成功、应用最为广泛的是 Itasca 公司开发的 UDEC、3DEC、PFC^{2D} 和 PFC^{3D} 四款软件。UDEC 和 3DEC 为块体离散元程序,PFC^{2D} 和 PFC^{3D} 为颗粒离散元程序。

表 7-1 基于离散元法的计算软件

国内外	作者	软件名称	特点	应用领域
国外	Itasca 公司	UDEC	适合于模拟节理岩石系统或不连续块体集合体在静力或动力荷载条件下的响应,并可以模拟对象的破坏过程	岩土工程、地质工程、地震工程、军事工程、建筑/结构工程、过程工程(农业、冶炼、制造、医药行业的散体物质的皮带传送、筛选和分装)
		3DEC	模拟估算岩土边坡失稳、地下工程挖掘、岩土地基工程中节理、岩体断层、层理等结构影响	
		PFC^{2D}/PFC^{3D}	利用显式差分算法和离散元理论开发的微/细观力学软件,适合于研究粒状集合体的破裂和破裂发展问题以及颗粒的流动(大位移)问题	岩土工程、构造地质、机械工程、过程工程
	Thornton 研究小组	GRANULE	完全符合弹塑性圆球接触力学原理,能模拟干-湿、弹性-塑性和颗粒两相流问题	岩土工程
	伊利诺伊大学香槟分校	BLOCKS^{3D}	集料形状特征与实际的三维不规则形状较为接近,适用于模拟无黏结条件下集料的堆积情形,但它不能考虑集料颗粒本身的破碎问题	
国内	软脑软件有限公司	块体离散元分析软件 2D-BLOCK	采用面向对象的编程语言,编程软件 VC++6.0 具有高度的集成度,从数据输入到最后形成计算报告或论文,都不需第三方程序的帮助	
	王泳嘉,刘连峰	三维离散元法软件 TRUDEC	用 C 语言来实现内存的动态管理,并设计了较完整的前后处理程序,友好的用户界面对处于较低应力水平的边坡稳定分析较为有利	
	刘凯欣研究小组	SUPER-DEM	利用 VC6.0 程序设计平台和 OpenGL 图形制作技术编制,可对多种荷载和边界条件下的二维冲击动力学问题进行数值模拟	

(4) 离散元法的研究重点及发展趋势

① 跨尺度、跨学科的发展空间

目前，离散元中的颗粒元是最活跃、应用范围最广的单元和模型，它可大可小，可以大到石块甚至星球，也可以小到尘埃甚至原子。另外，分子动力学在模型上是完全符合关于离散元法的定义。它们的区别在于单元间的关联上，离散元法主要用于分析宏观现象，一般只考虑与对象单元相接触的单元之间的作用力；分子动力学主要用于分析原子、分子世界的微观现象，一般需要考虑对象单元同所有单元间的作用力。它们在算法上完全可以相互补充，相互促进。若能够把分子动力学与离散元结合起来，则可以拓展两者的发展与应用空间。

关于拓展离散元法的应用空间，一些学者已经开始了相关研究工作，取得了许多成绩。唐志平提出的三维离散元模拟方法，模型中的单元尺寸介于离散元法和分子动力学之间，元和元之间主要互相作用类似于分子之间的作用，可以用各种形式的作用势来表示，单元间的作用假设为近场作用。科利（Korlie）也提出了一种类似的模型，他将分子团方法和经典牛顿动力学结合起来，模拟了重力作用下水滴在水平固体表面上的成形过程和气泡在液体中的上升运动过程。

② 理论的建设与完善

在离散元方法中，人为假定较多，法向、切向刚度都是人为假设的。在这些假定前提下，模拟的结果有可能偏离实际很多。因此，如何合理地确定离散元中相关参数，需要理论上进一步完善。加强离散元相关理论的研究，可以保持其在模拟散体介质整体力学行为和力学演化方面的优势。另外，还应加强数值模拟结果与试验结果的比较，从中寻找离散元方法的不足，对其有针对性地进行改进。

③ 计算软件的发展

目前开发离散元商用程序最有名的公司要属离散元思想首创者 Cundall 加盟的 Itasca 公司，其开发的二维 UDEC 和三维 3DEC 块体离散元程序，主要用于模拟节理岩石或离散块体岩石在准静或动载条件下的力学过程及采矿过程的工程问题。该公司开发的 PFC^{2D} 和 PFC^{3D} 则分别为基于二维圆盘单元和三维圆球单元的离散元程序，主要用于模拟大量颗粒元非线性相互作用下的总体流动和材料的混合，含因损伤累积导致的破裂、动态破坏和地震响应等问题。Thornton 研究小组研制了 GRANULE 程序，可进行不同形状的干-湿颗粒结块的碰撞和破裂规律研究、离散本构关系的细观力学分析和料仓料斗卸料规律研究等。

国内离散元软件的开发相对比较落后，但随着离散元法研究的升温，国内也出现了用于土木工程的离散元软件，如块体离散元分析软件 2D-Block、三维离散元软件 TRUDEC、基于二维圆盘单元和三维球单元为基础的 SUPER-DEM 离散元力学分析系统。

上述离散元软件都属于专业性很强的软件，在算法、前后处理系统、物态方程及材料数据库方面，与有限元法的通用性商业软件相比，还有很大差距。这方面的工作亟待加强，以促进离散元软件的进一步发展完善。例如，PFC^{2D} 和 PFC^{3D} 的前处理相当简单，几乎全部依靠命令的输入和执行，一旦某个命令的输入出现错误，可能导致整个命令流无法执行，而且对于错误命令的检查也相当麻烦。PFC^{2D} 和 PFC^{3D} 的后处理也不够人性化，模拟的结果虽然可以在 PFC 内显示出来，但若要把结果数据收集起来，通常需要运用命令事先采集，并通过命令导入到.txt 等格式的文件中，然后才能对这些结果数据进行统计、绘图等后处理。

④ 与其他算法的融合

有限元法、边界元法等传统数值方法适合于解决连续介质问题，而离散元法适合于解决非连续介质问题或连续体到非连续体转化的材料损伤破坏问题。因此，如果能将离散元法与有限元法和边界元法等有机地结合起来，便能充分发挥各自的长处，可以极大地扩大该数值方法的应用范围。

在算法融合方面，离散元与有限元、边界元融合算法已经开始受到重视。王泳嘉于1987年就提出了离散元法与边界元法耦合的思路与算法，并通过算例说明了离散元与边界元耦合法在岩石力学中的应用。在分析节理岩体内开挖问题时，他采用离散元法模拟开挖体附近易破裂的那部分岩体，而用边界元法模拟开挖影响较小的那部分岩体。此外，金峰等建立了一种离散元和边界元的动力耦合模型，周晓青和王元汉进行了离散元与边界元的耦合计算。

在融合算法后的软件开发方面，中国科学院非连续介质力学与工程灾害联合实验室与北京极道成然科技有限公司联合开发了离散元大型商用软件 CDEM。该软件基于中科院非连续介质力学与工程灾害联合实验室开发的 CDEM(Continuum-based Discrete Element Method)算法，将有限元与块体离散元进行有机结合，并利用 GPU(Graphic Processing Unit，图形处理器)加速技术，可以高效地计算从连续到非连续整个过程。CDEM 刚上市不久后，就已经在国内多家科研机构及高校成功进行了应用，并取得了良好的计算效果。

7.2　数值模拟软件

7.2.1　FLAC^{2D}/FLAC^{3D}

(1) FLAC 简介

FLAC(Fast Lagrangian Analysis of Continua)是 Itasca 公司开发的仿真计算软件。FLAC 主要应用于土木工程和采矿工程，用于分析地质材料的力学响应。FLAC 有 11 种内置的材料模型：空模型代表孔洞，如开挖；各向同性弹性模型；横向同性弹性模型；8 种塑性模型，即 Drucker-Prager 模型、莫尔库仑模型、广义节理模型、应变硬化/软化模型、双线性应变硬化/软化广义节理模型、双屈模型、Hoek-Brown 模型和修正的 Cam 黏土模型。用户也可以用 FISH 程序语言创建自己的本构模型。FLAC 网格中每一个单元都可以有不同的材料模型或属性，可以对任何属性指定变化的梯度或某种统计分布。界面单元代表非连续体中的界面，允许滑移和分开，用来模拟断层、节理和摩擦边界。

FLAC 基本公式是平面应变模型的，这个条件与有固定横截面且受面内荷载作用的长结构或开挖有关，FLAC 为弹性和莫尔-库仑塑性分析提供了平面应力选项。另外，还有轴对称选项，此时采用柱式坐标。例如，涉及圆柱形试验样品或连续介质中圆柱形和球形孔洞的问题可以应用这种模型。在任何边界上都可以指定速度和位移边界条件或者应力和力边界条件，可以给定包括重力荷载的初始应力条件，为计算有效应力可以定义水位，所有条件都可以指定变化梯度。

FLAC 含有模拟地下水流动、孔隙压力消散、可变形多孔介质与孔隙内黏性流体完全耦合的模型，可以假设流体服从各向同性或各向异性的达西定律，并且认为是可变形的。把稳流作为非稳定流的渐近情况，来模拟非稳定流。

FLAC可以用结构单元模拟诸如隧道衬砌管片、薄壁管片、镭索、岩错、钢带或可缩支架等结构与围岩或土的相互作用。

FLAC包含功能强大的内置程序语言FISH，它能使用户定义新的变量和函数，FISH是为了满足想解决用现有软件很难或无法解决问题的用户要求而开发的。用户可以通过写自己的函数来拓展FLAC的用途。

FLAC中内置了大量的绘图工具，用户可以在屏幕上或者由硬拷贝设备生成FLAC模型中所有变量图形。

FLAC^{3D}是二维有限差分程序FLAC^{2D}的拓展，能够进行土质、岩石和其他材料的三维结构受力特性模拟和塑性流动分析。通过调整三维网格中的多面体单元来拟合实际的结构。单元材料可采用线性或非线性本构模型，在外力作用下，当材料发生屈服流动后，网格能够相应发生变形和移动（大变形模式）。FLAC^{3D}采用了显式拉格朗日算法和混合-离散分区技术，能够非常准确地模拟材料的塑性破坏和流动。由于FLAC^{3D}无须形成刚度矩阵，因此，其基于较小内存空间就能够求解大范围的三维问题。FLAC^{3D}是采用ANSI C++语言编写的。

（2）FLAC^{3D}在采矿工程中的应用

① 岩、土体的渐近破坏和崩塌现象的研究；

② 岩体中断层结构的影响和加固系统（如锚喷支护、喷射混凝土等）的模拟研究；

③ 岩、土体材料固结过程的模拟研究；

④ 岩、土体材料流变现象的研究；

⑤ 高放射性废料的地下存储效果的研究分析；

⑥ 岩、土体材料的变形局部化剪切带的演化模拟研究；

⑦ 岩、土体的动力稳定性分析、土与结构的相互作用分析以及液化现象的研究等；

⑧ 岩土工程：可用于边坡、坝体、隧道等岩土力学问题中应力和变形的模拟与分析，特别适合模拟大变形；采用显式求解方法，可以处理任意非线性应力应变关系，内置11种材料模型且界面单元可以用来模拟断层、节理、摩擦边界。

（3）利用FLAC^{3D}分析巷道围岩应力-位移

① 计算模型的建立

通过计算模型分析研究工作面开采过程中巷道在不同支护参数，不同锚杆、锚索预紧力水平下的围岩变形及应力分布特征，三维模型图如图7-2所示。

模型长度为276 m，其中，煤柱两侧工作面长度各为120 m，回风巷和运输巷的宽度各为5.5 m，煤柱宽度为25 m，煤柱左侧为上区段开采工作面采空区，煤柱右侧为下区段未开采的实体煤。

② 计算结果

在锚网索支护条件下，巷道围岩位移、应力计算结果如图7-3、图7-4所示。

7.2.2　PFC^{2D}/PFC^{3D}

（1）PFC^{2D}/PFC^{3D}简介

PFC系列软件是由Itasca公司（设有Itasca中国公司）开发的颗粒流分析程序（Particle Flow Code），有PFC^{2D}、PFC^{3D}两种，特别适合用于模拟任意形状、大小的二维圆盘或三维球体等集合体的运移及其相互作用。除了模拟大体积流动和混合材料力学研究，程序更适合

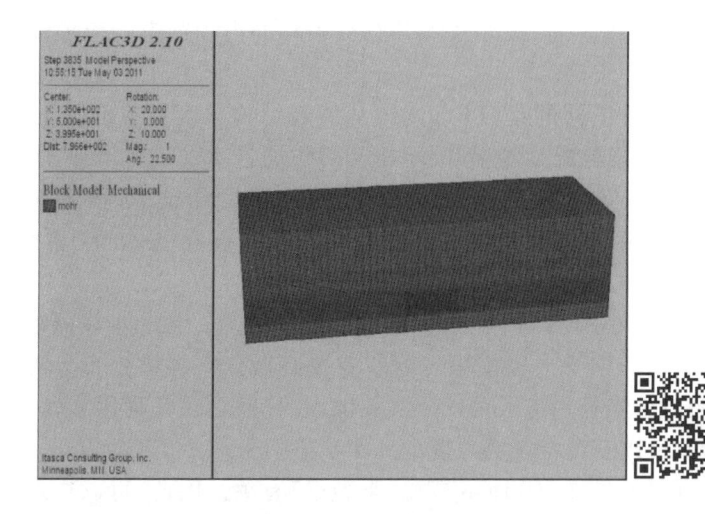

图 7-2　FLAC^{3D}三维模型图

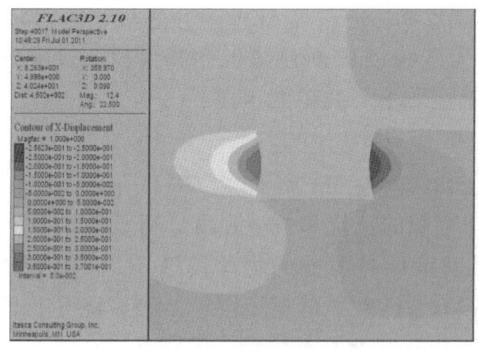

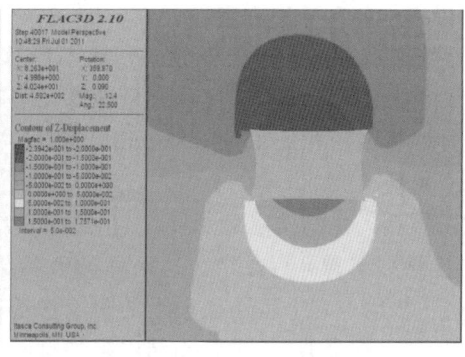

(a) 回风巷两帮水平位移　　　　　　(b) 回风巷顶底板垂直位移

图 7-3　锚网索支护条件下巷道围岩位移云图

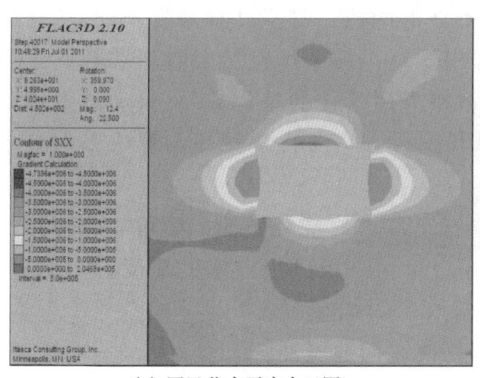

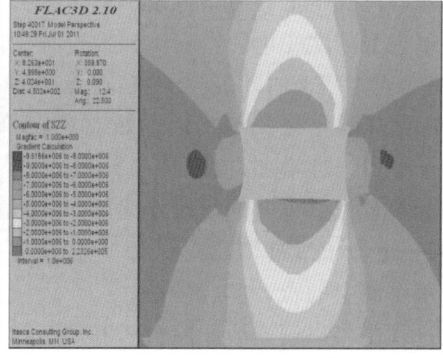

(a) 回风巷水平应力云图　　　　　　(b) 回风巷垂直应力云图

图 7-4　锚网索支护条件下巷道围岩应力分布云图

• 95 •

固体材料中细观/宏观裂纹扩展、破坏累积、断裂、破坏冲击和微震响应等高水平课题的深化研究。

与连续介质力学方法不同的是，PFC试图从微观结构角度研究介质的力学特性和行为。简单地说，介质的基本构成为颗粒（particle），可以通过增加或不增加"水泥"黏结，改变介质的宏观力学特性。形象地说，这与国内20世纪80年代岩石力学界比较流行的实验室"地质力学"模型试验很相似，该试验往往是用砂（颗粒）和石膏（黏结剂）混合，按照相似理论来模拟岩体的力学特性。

PFC^{2D}能模拟任意大小圆形粒子集合体的动态力学行为。粒子生成器根据粒子的指定概率分布规律自动生成。粒子半径按均匀分布或按高斯分布规律分布。初始孔隙度一般比较高，但通过控制粒子半径的扩大可以压实孔隙，在任何阶段任何因素都可以改变半径，所以不需反复试验就可以获得指定孔隙度的压实状态。

属性与各个粒子或接触有关，而不是与"类型号"有关。因此，可以指定属性和半径的连续变化梯度。节理生成器用来修改沿指定轨迹线的接触特性，假定这些线叠加在颗粒集合体上，用这种方法时模型可以被成组的弱面（如岩石节理）切割。粒子颜色也是一种属性，用户可以指定各种标记方案。

PFC^{2D}模型试验时，为了保证数据长期不漂移用双精度数据存储坐标和半径。接触的相对位移直接根据坐标而不是位移增量计算。接触性质由下列单元组成：

① 线性弹簧或简化的Hertz-Mindlin准则。

② 库仑滑块。

③ 黏结类型。黏结接触可承受拉力，黏结存在有限的抗拉和抗剪强度。可设定两种类型的黏结，接触黏结和平行黏结。这两种类型黏结对应两种可能的物理接触：① 接触黏结再现了作用在接触点一个很小区域上的附着作用；② 平行黏结再现了粒子接触后浇注其他材料的作用（如水泥灌浆）。平行黏结中附加材料的有效刚度具有接触点的刚度。

块体逻辑支持附属粒子组或块体的创建，促进了程序的推广普及。块体内粒子可以任意程度地重叠，作为刚性体具有可变形边界的每一个块体，可作为一般形状的超级粒子。通过指定墙的速度、混合的粒子速度、施加外力和重力来给系统加载。"扩展的FISH库"提供了在集合体内设置指定应力场或施加应力边界条件的函数。时步计算是自动的，包括因为Hertz接触模型刚度变化的影响。模拟过程中，根据每个粒子周围接触数目和瞬间刚度值，时步也在变化。基于估计的粒子数，单元映射策略采用最佳的单元数目，自动调整单元的外部尺寸来适应粒子缺失和指定的新对象。单元映射方案支持接触探测算法以保证求解时间随粒子数目线性增加，而不是二次方增加。

指定任意数量任意方向的线段作为墙，每个墙有它自己的接触属性。墙角实施特殊的接触条件，当一个粒子滚过墙角时保证接触力是一个单值。可以指定墙的速度，而且可以监测作用在每个墙上的合力和合力矩。

在模拟过程中可以创建或删除粒子和墙，可以修改它们的属性。

类似于FLAC，PFC提供了局部无黏性阻尼，这种阻尼形式有以下优点：

① 对于匀速运动，阻尼接近于零，只有加速运动时才有阻尼；

② 阻尼系数是无因次的；

③ 因阻尼系数不随频率变化，集合体中具有不同自然周期的区域被同等阻尼，采用同

样的阻尼系数。

PFC^{2D}可以在半静态模式下运行,以保证迅速收敛到静态解,或者在完全动态模式下运行。

PFC^{2D}包含功能强大的内嵌式程序语言 FISH,允许用户定义新的变量和函数使数值模型适合用户的特殊需求。例如,用户可以定义特殊材料的模型和性质、加载方式、试验条件的伺服控制、模拟的顺序以及绘图和打印用户定义的变量等。

PFC 中的颗粒为刚性体,但在力学关系上允许重叠,用以模拟颗粒之间的接触力。颗粒之间的力学关系非常简单,即牛顿第二定律。颗粒之间的接触破坏可以为剪切和张开两种形式,当介质中颗粒间的接触关系(如断开)发生变化时,介质的宏观力学特性受到影响。随着发生破坏的接触数量增多,介质宏观力学特性可以经历从峰前线性到峰后非线性的转化,即介质内颗粒接触状态的变化决定了介质的本构关系。因此,在 PFC 计算中不需要给材料定义宏观本构关系和对应的参数,这些传统的力学特性和参数通过程序自动获得,而定义它们的是颗粒和水泥的几何和力学参数,如颗粒级配、刚度、摩擦力、黏结介质强度等微力学参数。

(2) PFC^{2D}/PFC^{3D}应用领域

PFC 可以从本质上研究固体(固结和松散)介质的力学特性,虽然 PFC 最初的开发意图是满足岩体工程中破裂和破裂发展问题研究的需要,但到目前为止,PFC 在非岩石力学领域的应用变得更加广泛。概括地,PFC 的研究领域包括:

① 岩土工程:最初的研究集中在介质力学特性(如本构)、破裂和破裂扩展问题上,在 PFC 引入岩体工程中的结构面网络模拟功能以后,已经应用到复杂工程问题研究中,特别是矿山崩落开采、大型高边坡稳定、深埋地下工程的破裂损伤、高放核废料隔离处置的岩体损伤和多场耦合等问题。

② 构造地质:板块运动、褶曲过程、断裂过程、地震地质等。

③ 机械工程:材料疲劳损伤等。

④ 过程工程:农业、冶炼、制造、医药行业的散体物质(皮带)传送、筛选和分装,如农业中土豆按大小的机械化分选和分装、冶炼行业中按级配向高炉运送过程中的自动配料研究等。大豆机械化分选和分装如图 7-5 所示。

图 7-5 大豆机械化分选和分装

(3) 利用 PFC^{2D}研究破裂问题

图 7-6 为采用 PFC 进行破裂问题研究的成果实例,背景为中国西部某水电站引水隧洞,开挖洞径为 12.4 m,最大埋深为 2 525 m,该图对应的埋深为 1 350 m,研究目的是采用

PFC复制现场观察和测试到的破损区特征,然后预测未来更大埋深条件下围岩破损区分布,帮助进行针对性的支护设计。

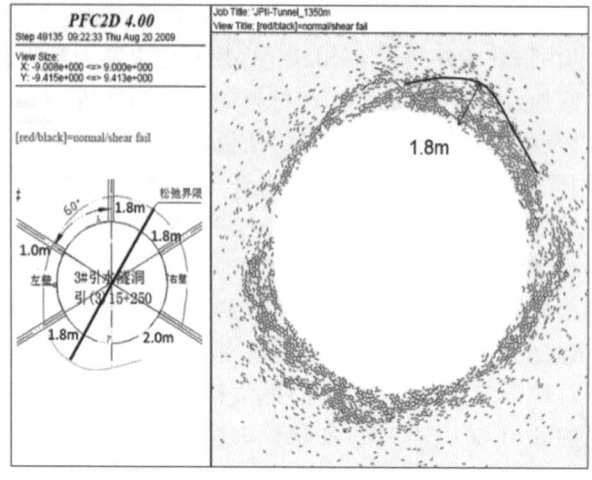

图 7-6　PFC 进行引水隧洞破裂问题研究

图 7-6 中,左图为现场声波测试结果,图中右上拱肩和左下拱脚一带破裂深度总体上略大于其他部位,为 1.8 m 左右;右图为 PFC 模拟结果,较好地体现了现场破损区的分布。采用该模型预测 1 500 m、1 800 m、2 000 m、2 200 m 等不同深度下的围岩破裂情况,测试结果与开挖以后的测试结果相符程度很高,为工程决策(如 2 000 m 以下锚杆长度仅 3 m)提供了依据。以上分析采用了 PFC 的基本功能,针对完整性良好的岩体,忽略了节理裂隙的影响。不过,PFC 还可以模拟大量的节理裂隙,从而分析节理裂隙对破裂的影响。

PFC 研究这类问题的优点是直接模拟每一条裂缝的产生和发展过程,非常直观。缺点是当研究对象尺度较大,而希望考察细小裂纹时,模拟计算对计算机配置要求较高,计算时间长。

7.2.3　UDEC/3DEC

(1) UDEC/3DEC 简介

UDEC 是 Universal Distinct Element Code 的缩写,即通用离散元法程序,是一款基于离散元法理论的一款计算分析程序。离散元法最早由 Cundall 在 1971 年提出理论雏形,最初意图是在二维空间描述离散介质的力学行为。Cundall 等在 1980 年开始又把这一方法思想拓展到研究颗粒状物质的微破裂、破裂扩展和颗粒流动问题。

3DEC 是 3 Dimension Distinct Element Code 的缩写,即三维离散元法程序,是一款基于离散单元法作为基本理论以描述离散介质力学行为的计算分析程序。概括来讲,3DEC 程序承袭了 UDEC 的基本核心思想,本质上是对二维空间离散介质力学描述向三维空间延伸的结果。

物理介质通常呈现非连续即离散特征,这里的离散特征可以现实表现为材料属性或细观、宏观构造形态意义上的非连续,离散构成本质决定了介质亦呈现力学意义上的非连续特点,即离散介质在受力时呈现的变形不连续现象。简单来讲,所谓的离散介质可以定义为连续介质的集合体,连续介质之间则通过非连续特征发生相互作用。以岩体作为一般性解释示例，具有不同岩性属性的岩块（连续体）和地质结构面（非连续特征）构成岩体最基本组成要素，在外力作用下，岩块可以表现为连续介质力学行为，岩块之间则通过结构面（非连续特征）实现相互作用，当结构面受力超过其承载极限时，岩块即表现为相互剪切错动或脱离等现实破坏现象。

UDEC 最初是为分析岩土工程问题而设计的，研究范围从岩石边坡的渐进破坏到岩石节理、断层、层面对地下开挖和岩石基础的影响。UDEC 非常适合研究与非连续特性直接相关的潜在破坏模式。

通过观测或查看地质图，地质构造相当清楚时，建议采用这个程序，UDEC 节理生成器能创建单个或成组的代表岩体中节理的非连续面，模型中可以生成各种方式的节理。

多种不同的节理模型的基本模型是莫尔-库仑滑移模型，它用节理的弹性刚度、内摩擦角、黏聚力、抗拉强度和剪胀特性来描述，对模型的调整包括剪切破坏开始时由于黏聚力和抗拉强度丧失导致的位移弱化，更复杂的节理模型即连续屈服节理模型，作为累加塑性剪切位移的函数，用来模拟连续弱化特性。UDEC 模型可以对单个或一系列非连续面分别赋节理模型和特性。

同 FLAC 一样，UDEC 中内置了大量的绘图工具，允许用户在屏幕上或在硬拷贝设备上生成 UDEC 模型中任一变量的图形。

（2）UDEC/3DEC 应用领域

岩土工程：基本涵盖 FLAC^{2D}、FLAC^{3D} 程序全部应用行业，并且本质上较这些程序更有技术优势。具体地，行业问题主要集中在介质的变形、渐进破坏问题上，例如，大型高边坡稳定变形机理（如图 7-7、图 7-8 所示）、深埋地下工程围岩破坏、矿山崩落开采等。伴随程序功能的逐步延伸，3DEC 更是成为复杂行业问题研究的首选工具，如岩体结构渗透特征（裂隙流）、动力稳定性、爆破作用下介质破裂扩展、冲击地压、岩体强度尺寸/时间效应和多场耦合（水-温度-力耦合）等问题。

图 7-7 某露天矿边坡

地质工程：地质构造运动过程、断裂过程、水文地质等。

地震工程：板块运动、地震工程与工程振动。

建筑/结构工程：建筑结构动力稳定、建筑材料力学特征研究（如混凝土变形、强度特征）。

军事工程：武器系统与发射工程，如弹道运动轨迹优化、炮弹爆炸作用对目标物的破坏

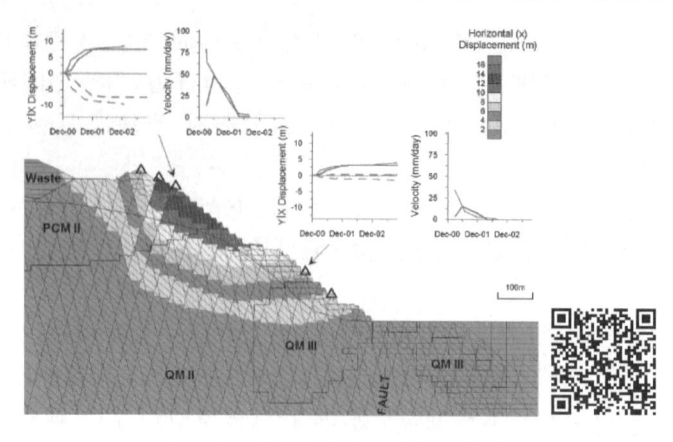

图 7-8　UDEC 模型及其分析结果

过程研究等。

(3) 利用 UDEC 研究破裂问题

图 7-9 中绿色网格实际上为小块体(可扫描二维码查看),块体边界代表了接触面,在程序中被处理成预置的小节理。硐室开挖前给这些节理赋予与岩体相同的强度参数,围岩应力作用块体只发生变形,破裂沿预置的小节理发生。PFC 模型由颗粒和接触组成,破裂只沿接触产生,二者有着基本相同的理念。UDEC 非连续解与 PFC 的差异包括如下几个方面:

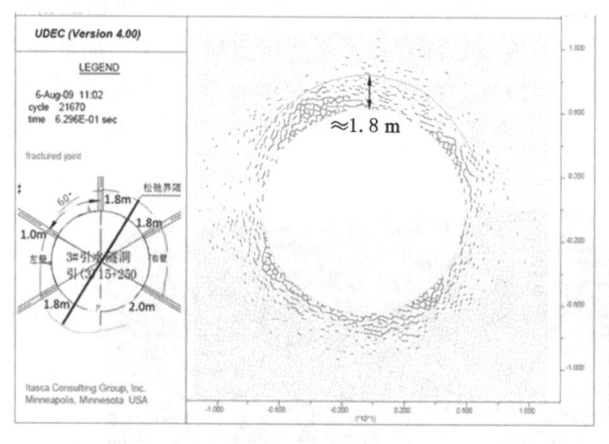

图 7-9　破裂问题的 UDEC 非连续解

① UDEC 中的块体相当于 PFC 中的颗粒,前者为多变形,后者为圆形,会对岩体的宏观力学特性造成一定影响。

② UDEC 中的接触为面接触,PFC 中的接触包括点接触和颗粒之间胶结物的黏结接触,后者在体现破裂机理和方式上更有效。

③ UDEC 计算准备过程相对简单,采用宏观力学参数。PFC 属于细观力学方法,只能赋细观力学参数(颗粒和接触的力学参数),使用前需要进行数值试验,获得所期望宏观力学参数(弹性模量、峰值强度等)对应的细观力学参数(颗粒的刚度、接触强度等)。

7.2.4　RFPA^{2D}

（1）RFPA^{2D}简介

1995年以来，东北大学岩石破裂与失稳研究中心一直致力于一种能用于岩石破裂过程研究的数值分析工具——RFPA^{2D}的研究与开发，已取得一些令人鼓舞的初步成果。RFPA^{2D}是一个以有限元方法为应力分析工具、以弹性损伤理论及其修正后的库仑破坏准则为介质变形破坏分析模块的岩石破裂过程分析系统。在该系统中，用于分析的模型试样首先被分解成细观基本单元（简称基元）。由于岩体不同于土体，它不是由散粒体组成的多孔介质，而是被裂隙切割的岩石块体构成的具有强烈非均匀性特征的地质实体。对大多数岩石块体来说，不仅其变形具有很好的弹性性质，而且具有明显的脆性破坏特征。

考虑非均匀脆性介质的抗拉强度远低于抗压强度，RFPA^{2D}的破坏分析模块主要建立在修正后的莫尔-库仑强度准则的基础之上，即在剪切强度准则中引入拉伸截断，以综合考虑拉和剪破坏的不同破坏机制，达到强度准则后的基元依据弹性损伤原理进行基元力学性质的弱化处理。

岩石破裂过程分析RFPA^{2D}系统自1995年研究开发以来，已在岩石破裂、断裂、水压致裂、混凝土破坏等脆性材料破坏基本问题的研究中，得到了初步的应用，并在裂纹跟踪、微破裂活动性、非均匀材料的破裂特征等许多方面的研究中，显示出其潜在的优越性。近年来，根据采动影响下岩体破裂与岩层移动问题的特点，在原RFPA^{2D}基本功能的基础上，初步开发了岩体破裂与岩层移动过程分析功能，为岩体破裂与岩层移动过程中一些基本问题的研究提供了一种新的方法。

（2）基本原理

岩石破裂问题数值模拟方法的关键在于对裂纹扩展问题的处理。尽管目前在单裂纹扩展的模拟方面已有许多成果，但是，目前的大多数数值模拟方法仍然依赖于经典断裂力学理论，使其不可避免地存在一些由经典断裂力学本身所不能解决的困难。其中最主要的一点就是经典断裂力学难以考虑介质的非均匀性，以及由非均匀性引起的裂纹萌生、扩展和贯通问题。本质上讲，经典断裂力学研究的只是理想裂纹引起的应力集中导致的裂纹扩展问题。在这种情况下，即便是一个微小的外界荷载增量，在裂纹尖端也会产生无穷大应力，而在实际中这是不可能的，也是不存在的。而且，对于岩石类非均匀脆性介质而言，缺陷不仅仅是以尖锐裂隙的形式出现，它也可能是以孔隙或其他弱质介质的形式出现。软弱缺陷诱导着裂纹的扩展，而坚硬颗粒则阻碍着裂纹的扩展。因此，当这类介质在承受荷载时，常常在已有裂纹的基础上萌生许多新的裂纹，这些裂纹在受软弱缺陷诱导扩展的同时又受强硬颗粒的阻碍。裂纹不规则扩展、相互作用直至贯通是非均匀脆性介质破裂的主要形式，而不是像金属介质那样，往往是因为单个或有限个裂纹的扩展而导致介质失效。因此，非均匀脆性介质断裂力学的任务不仅仅是研究单个或有限个裂纹的扩展，而且是要研究大量裂纹群的扩展、相互作用和贯通形式，包括这些裂纹群的最初萌生机制（这是经典断裂力学难以处理的），所有这些又都受到介质非均匀性的影响。

基于岩石的弹性损伤理论，便可以建立岩石破裂过程分析RFPA^{2D}数值分析系统，其基本思路是：

① 将岩石介质模型离散化成由细观基元组成的数值模型。

② 假定离散化后的细观基元的力学性质服从某种统计分布规律，由此建立细观与宏观

介质力学性能的联系。

③ 引入适当的基元线弹性应力、应变求解方法,分析模型的应力、应变状态。

④ 引入适当的基元破坏准则(相变准则)和损伤规律,分析基元的力学性质演化即相变状态。

⑤ 相变基元的力学性质随演化的发展是不可逆的。

⑥ 基元相变前后均为线弹性体。

综合岩石介质的基本特征,RFPA^{2D}数值模型中,引入如下假设:

① 岩石介质模型中的细观基元是各向同性的弹-脆性介质。

② 基元的主要力学性质(弹性模量和强度)是非均匀的,并且假定其服从某种统计分布。

③ 裂缝的扩展是一个准静态过程,忽略因快速扩展引起的惯性力的影响。

(3) RFPA^{2D}分析过程流程图

RFPA^{2D}的工作程序由三部分工作完成:

① 实体建模和网格剖分。用户选择基元类型,定义介质的力学性质,进行实体建模及网格剖分。

② 应力、应变分析。依据用户输入的边界条件和加载控制参数,以及输入的基元性质数据,形成刚度矩阵,求解并输出有限元分析结果(应力、节点位移)。

③ 基元相变分析。运用相变准则对有限元产生的结果进行相变判断,然后对相变基元进行弱化处理,最后形成下一步计算刚度矩阵所需的数据文件。

整个工作流程如图 7-10 所示。对于每一步给定的位移增量,首先进行应力计算。然后,根据相变准则来检查模型中是否有相变基元。如果没有,继续增加一个位移增量,进行下一步应力计算。如果有相变基元,则根据基元的应力状态进行刚度退化处理,然后重新进行当前步的应力计算,直至没有新的相变基元出现。重复上述过程,直至整个介质产生宏观破裂。在 RFPA^{2D} 系统执行过程中,对每一步有限元计算采用全量加载,计算步之间的有限元计算是相互独立的。

(4) RFPA^{2D}主要功能

岩石破裂过程分析系统 RFPA^{2D} 主要功能包括应力分析、破裂过程分析和流固耦合分析等。

① 岩石应力分析

应力分析是工程设计的基础,对于复杂的、大型的岩土工程尤其如此。一般来讲,解析理论只能得到几种简单围岩结构中应力场的理论解。即使是简单几何形状的巷道断面,如椭圆断面巷道,其应力分布的表达式也极其复杂。而许多岩体中的开挖工程,涉及比椭圆断面更为复杂的断面结构。虽然通过特殊的简化有时也能得到一些复杂问题的近似解,但从工程应用来说,寻求一种比解析方法更方便可以得到复杂结构中应力场的方法是十分必要的。这种必要性还表现在岩体介质往往是层状的,充满结构面,甚至是非均匀的。解析理论对这种具有复杂结构的介质显得无能为力。显然,数值模拟作为应力分析的工具,其优越性是不言而喻的。RFPA^{2D}为研究人员和工程师们提供一种简便快速的应力分析工具,其最大特点就是可以充分考虑岩体介质中的非均匀性。

② 岩石破裂过程分析

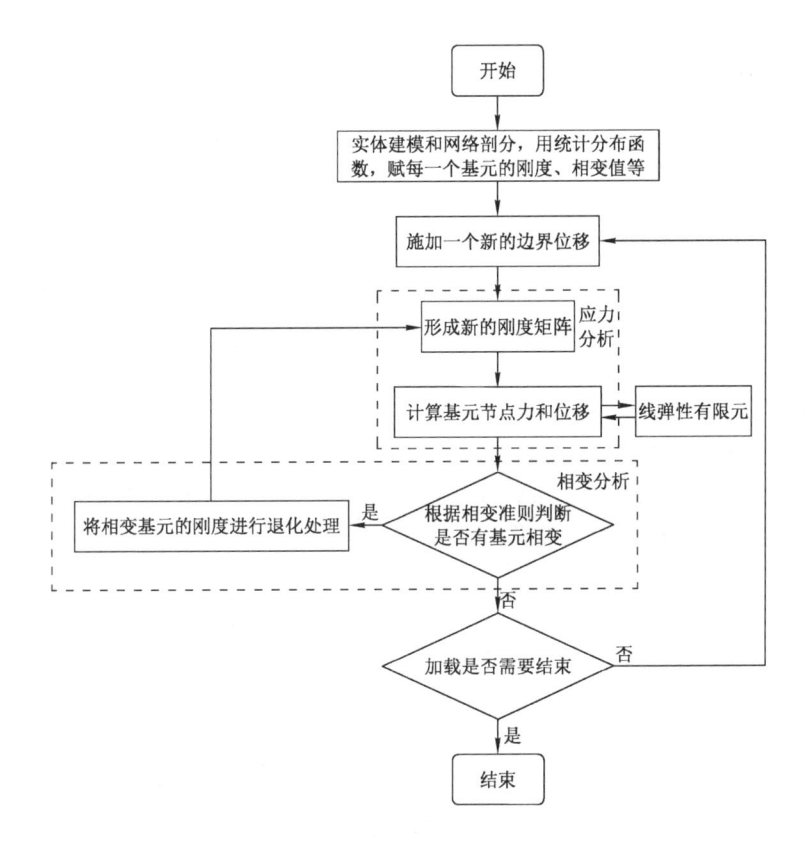

图 7-10　RFPA^{2D}工作流程图

岩石破裂过程分析是 RFPA^{2D} 的重要组成部分和主要特点。RFPA^{2D} 提供相变分析模型，适用于介质加载初期损伤到后期宏观裂纹形成扩展的破裂全过程的分析。通过赋予介质不同构成部分相变前后的力学性质参数，可以完成岩石介质的破裂过程分析。

③ 岩石破裂过程中的流固耦合分析

在许多岩土工程中，渗流是影响工程稳定性的重要因素之一。例如，渗流是水库诱发地震的直接影响因素。又如，在油气田开发时，通过水力致裂在岩层中诱发更多的微裂纹，从而提高油气产量。在这些问题中，必须考虑固相、气相、液相之间的变化和相互作用，即流固耦合作用。通常岩石力学的耦合问题可分为三类：一是固体与流体耦合；二是固体与热耦合；三是热与流体耦合。目前，RFPA^{2D} 仅包括固体与流体耦合作用的模拟，可分析的问题包括：岩体破裂过程中渗透性能的演化规律；岩体受力过程中水力梯度、流速的变化规律；渗透作用力的分布及其对岩体变形、损伤的影响和相互作用。

7.2.5 ANSYS

(1) ANSYS 简介

Ansys Workbench 作为一个集成框架，整合了现有的各种应用平台，并将仿真过程结合在一起，提供项目全脚本、报告、用户界面工具和标准的数据接口。其融合了丰富的几何和网络划分阶数，并可以提供自动网格划分解决方案，在流体动力学中取得了很好的应用效果。多区域网格划分方法能使用户在不进行几何分割的情况下，直接对复杂的几何模型划分网格。

其主要模块有：

① 多物理场计算

能高效简洁地对多物理场进行仿真，可以直接处理顺序耦合多物理场问题，整合了各种求解器在一个仿真环境使用耦合场单元直接支持热电耦合计算。

② 流体动力学

在该环境下可以直接使用仿真流场管理，在使用 Ansys/cfx 和 Ansys/fluent 求解时，运算速度提高了 10%～20%。通过显示松弛增加了密度基隐式求解器的稳定性，极大提高求解器性能。

③ 仿真过程及数据管理

Ansys 工程知识管理(EKM)内容包括如何更好地管理和重复使用仿真数据以及如何更好地捕捉仿真结果。其中，Ansys EKM Desktop、Ansys EKM Workgroup 和 Ansys EKM Enterprise，分别面向个人、工作组和企业用户。

④ 显式动力学

在显式动力学领域增强了 Ansys LD-DYNA 和 Ansys AUTODYN 功能，可以满足固体、流体、气体及其之间的非线性动力学仿真。

(2) ANSYS 实例

① 实例背景

对于某充填开采液压支架与岩层耦合模型，其工程试验区位于某矿工业广场西北部，某农场四分场东部农田下；属于十六采区西部。埋深约 800 m，走向近 EW，倾斜 S，东部为 163下05 工作面(正在准备)，南部为北区 3 条大巷，西部及北部靠近 KF59 断层，工作面总体上为一向西倾斜的单斜构造。

支架参数：型号为 ZC10000/20/40；工作阻力为 10 000 kN；支护强度为 0.8～0.9 MPa；初撑力为 8 322 kN。

模型的岩石力学参数见表 7-2，液压支架力学参数见表 7-3。

表 7-2 煤层及顶底板岩层力学参数

岩石名称	抗拉强度/MPa	抗压强度/MPa	弹性模量/GPa	泊松比	厚度/m
粉砂岩	2.22	49.3	7.60	0.29	27.6
中砂岩	4.57	60.8	31.20	0.28	6.66
泥岩	1.49	20.2	25.00	0.23	8.12
细砂岩	0.85	52.5	40.00	0.25	5.20
泥岩	1.32	19.3	11.00	0.23	7.47
煤	1.20	1.0	1.20	0.23	2.90
泥岩	1.49	20.2	8.70	0.23	4.23
粉砂岩	2.22	49.3	7.60	0.29	14.28
充填物料	0.50	3.2	0.21	0.30	7.44

表 7-3 液压支架力学参数

钢材牌号	抗拉强度/MPa	屈服强度/MPa	伸长率/%	弹性模量/GPa	泊松比
27SiMn	980	835	12	530	0.28
Q345B	510～660	345	22	210	0.30
35	530	315	20	210	0.30

② 模型建立

根据煤矿地质条件，简化后的数值模型共建 8 层，岩层间添加绑定接触，在模型的上表面施加等效荷载。用 Pro/e 进行建模，首先分别建立液压支架底座、前后顶梁、四连杆、六立柱、三级推压板、销钉等零件，然后通过装配功能把各机构装配成一个完整机构，最后把岩层和液压支架连接成一个整体。装配好的整体支架另存为一种中间格式，最终导入 Ansys Workbench 中进行分析。充填液压支架以及各层岩层模型，如图 7-11 所示。

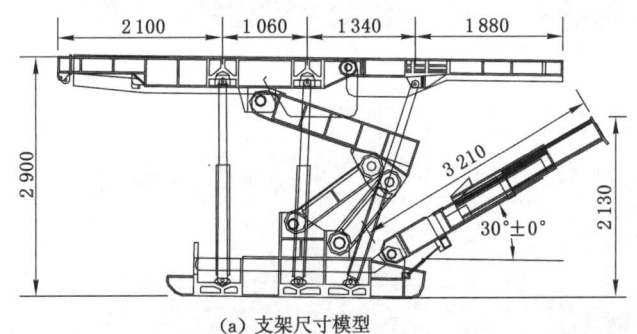

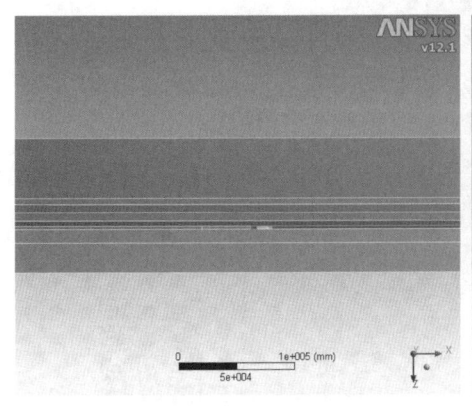

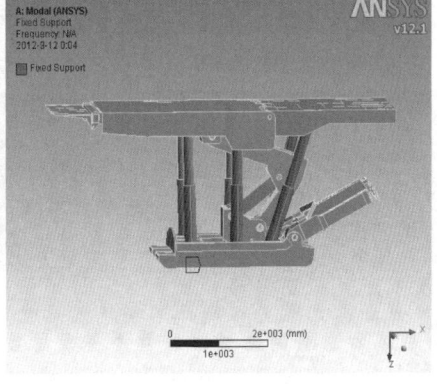

(a) 支架尺寸模型

(b) 岩层模型　　(c) 液压支架模型

图 7-11　计算模型示意图

假设支架间互不影响，模型前后两面没有约束，左右两端施加水平约束，岩层底端施加垂直约束。

模拟充填采煤简化为三部分：

a. 割煤后，支架前顶梁到煤壁间有一个截深的空顶距。

b. 移架后，支架前顶梁紧靠煤壁，后顶梁尾部往采空区方向有一个截深的空顶距。

c. 充填后，支架前顶梁紧靠煤壁，后顶梁尾部接近充填体边缘，开采步距为 1 m。

③ 模型求解分析

在采空区充实率为76.5%条件下,对充填液压支架模型加载边界条件,输入不同充填物料的物理参数,将模型划分合适的网格并调节相应的接触,得到充填液压支架顶梁、底座、四连杆机构的应力和位移云图,并分析不同充实率对支架的受力影响,其中取值为Ansys中mises等效应力。采空区充实率为76.5%时,充填液压支架顶梁、底座、四连杆机构的位移、应力云图,如图7-12所示。

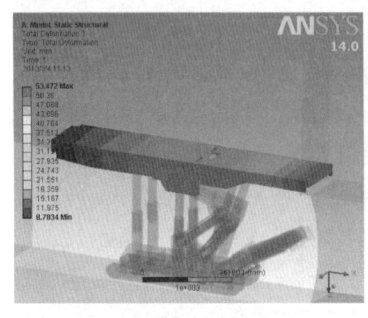

(a) 顶梁位移云图　　(b) 顶梁应力云图

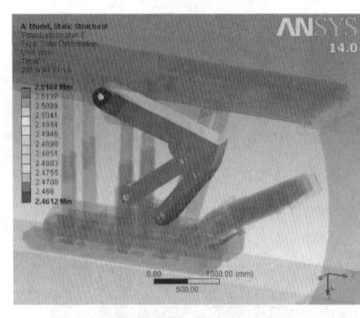

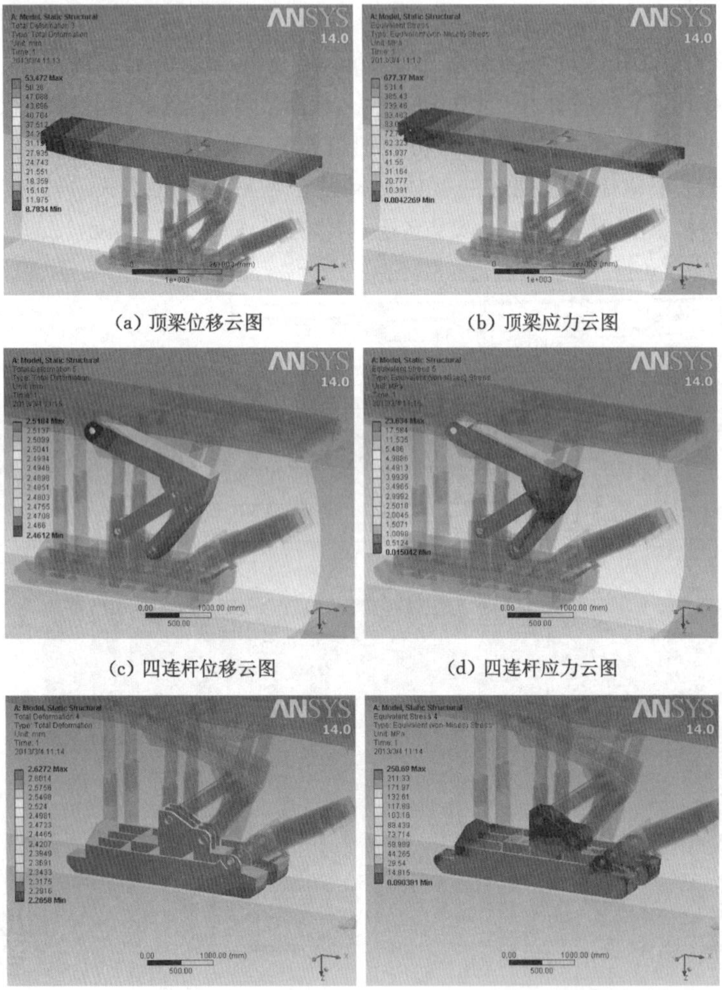

(c) 四连杆位移云图　　(d) 四连杆应力云图

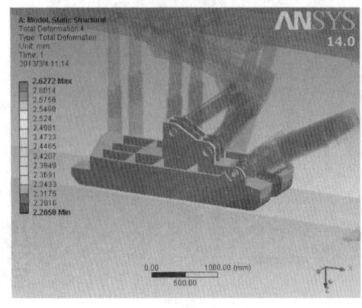

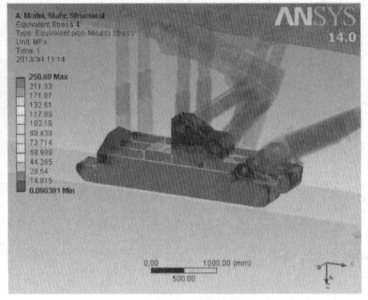

(e) 底座位移云图　　(f) 底座应力云图

图7-12　充实率为76.5%时液压支架位移、应力云图

由图7-12可以看出,支架顶梁变形规律为靠近实体煤一侧位移较小,靠近充填区域一侧位移较大,其变化趋势为从前顶梁到后顶梁位移逐渐增大。这是因为靠近充填区域充填不够密实,对顶板下沉的控制不够,导致顶梁在充填区域这一侧位移较大,其最大位移为53.472 mm;顶梁最大应力可以达到677.76 MPa,较大应力部位在与后立柱连接附近;四连杆最大位移为2.51 mm,最大应力为23.63 MPa,位移变化为偏向后方的转动,应力主要集中在销钉连接部位,且四连杆下部应力较大;底座最大位移在后部,达到2.62 mm,较大应

力产生在底座立柱连接处,最大为 250 MPa。

7.3 离散元法与 UDEC 软件

本节详细介绍离散元法与 UDEC 软件。

7.3.1 离散元法计算

(1) 基本思想

离散元法是一种显式求解的数值方法。"显式"是针对一个物理系统进行数值计算时所用的代数方程的性质而言的。在显式求解中,所有方程一侧的量都是已知的,另一侧的量只要用简单的代入法即可求得。在离散元法中,颗粒间的相互作用被视为一个动态过程。颗粒间的接触力和位移是通过跟踪单个颗粒的运动得到的。这种动态过程在数值上是通过一种时步算法实现的。在时步算法中,假定在每一个时间步内速度和加速度保持不变。这种方法等同于连续介质分析中使用的显式有限差分法。离散单元法是基于这样一个思想:时间步长足够小时,在单个时间步内,颗粒的运动只对直接相邻的颗粒产生影响,而不会传播给其他不相邻的颗粒。因此,作用在每个颗粒上的力仅由与其直接接触的颗粒决定。使用显式方法节省了计算机内存,并且无需迭代过程,使得模拟大数目的颗粒系统的非线性相互作用成为可能。

在离散元法的计算过程中,采用时步算法在每个颗粒上反复使用运动方程(牛顿第二定律),在每一个接触上反复使用力-位移方程,并持续更新墙体的位置。运动方程用于计算单个颗粒的运动,而力-位移方程用于计算颗粒间接触处的接触力。在每个时间步开始时,更新颗粒之间和颗粒与墙体之间的接触,根据颗粒间的相对运动,使用力-位移方程更新颗粒间的接触力;根据作用在颗粒上的力和弯矩,使用运动方程更新颗粒的速度和位置,同时根据指定的墙体速度,更新墙体的位置。

(2) 离散元法的基本假定

在离散元法中,作如下基本假定:

① 颗粒被视为刚性体;

② 颗粒之间的接触范围很小,比如一个点;

③ 颗粒之间的接触特性为柔性接触,允许颗粒之间出现一定的"重叠",但与颗粒单元尺寸相比,"重叠"量很小。

由于颗粒被假定为刚体,颗粒在受力过程中不会发生变形。这是个很好的假定,因为大部分颗粒系统的变形是由于颗粒的平动和转动造成的,而不是由于单个颗粒的变形造成的。因此,准确模拟单个颗粒的变形就没有必要了。

(3) 离散元法的计算原理

① 力-位移方程

力-位移方程描述了颗粒间接触处的相对位移和接触力之间的关系。设颗粒间的法向接触力为 F_n,颗粒间的相对位移为 u_n,则颗粒间法向力-位移方程如下:

$$F_n = k_n u_n \tag{7-1}$$

式中 k_n——法向接触刚度。

颗粒间的切向剪力使用增量的形式来描述,设颗粒间切向剪力增量为 ΔF_s,切向相对

位移为 Δu_s，则颗粒间切向力-位移方程如下：

$$\Delta F_s = k_s \cdot \Delta u_s \tag{7-2}$$

式中　k_s——切向接触刚度。

② 运动方程

运动方程描述了单个颗粒的平动和转动，UDEC 利用中心差分方法进行物体运动方程的计算。首先，根据颗粒上的力和力矩，计算颗粒的平动加速度和转动加速度；然后，根据平动加速度和转动加速度，计算颗粒在时间 Δt 内的平动速度和转动速度以及平动位移和转动位移。为了减少翻译带来的表达偏差，具体方法请参照 UDEC 官方帮助文档的第 1 章关于二维离散元方法的技术背景。

③ 边界条件

在离散元法中，可以通过墙体和球对颗粒体系施加边界条件。静止的墙体设置在模型边界可以模拟模型受到的约束。墙体可以设置一定的平动速度和转动速度对模型进行加载，在加载过程中，墙体的速度始终保持不变。但是，不能在墙体上施加荷载。可以通过对球体施加荷载的方式模拟模型边界的受力。球体一旦施加荷载，在整个模拟过程中，球体上施加的力将始终保持不变。此外，也可以通过对球体施加速度的方式模拟模型的边界条件。当球体所施加的速度被固定时，球体的速度在整个模拟过程中将始终保持不变；当球体所施加的速度没有被固定时，球体的速度将根据受力情况发生变化。

④ 时间步长的确定

在离散元显式求解中，仅当时间步长小于一个临界时间步长时，才能保证求解的稳定。这个临界时间步长和整个模型的最小固有周期有关。然而，对于颗粒数量庞大并且持续变化的颗粒系统而言，进行模型特征值分析是不可行的。因此，在离散元模拟中，在每一个分析步开始时，使用一种简化的方法来估算系统的临界时间步长。在每个分析步中所使用的实际时间步长则是所估算临界值的分数。

无穷串联质点弹簧系统的临界时间步长为：

$$t_{\mathrm{crit}} = \begin{cases} \sqrt{\dfrac{m}{k^{\mathrm{tran}}}} \\ \sqrt{\dfrac{I}{k^{\mathrm{rot}}}} \end{cases} \tag{7-3}$$

式中　$k^{\mathrm{tran}}, k^{\mathrm{rot}}$——分别为平动刚度和转动刚度。

在实际离散元模型中，模型可简化为一系列质点-弹簧系统。颗粒可以视为质点，接触可以视为弹簧。每个颗粒的质量和接触处的刚度可能不同。在实际计算时，首先利用式(7-3)逐一计算每个颗粒在各个自由度上的临界时间步长，最后计算所使用的临界时间步长是所有颗粒在所有自由度上的临界时间步长的最小值。

7.3.2　UDEC 软件

(1) 软件介绍

UDEC 用于模拟非连续介质(如岩体中的节理裂隙等)承受静载或动载作用下的响应。非连续介质通过离散的块体集合体加以表示。将不连续面处理为块体间的边界面，允许块体沿不连续面发生较大的位移和转动。块体可以是刚体或变形体。变形块体被划分成有限个单元网格，且每一单元根据给定的应力-应变准则，表现为线性或非线性特性。不连续面发生法向和切向的相对运动也由线性或非线性力-位移的关系控制。在 UDEC 中，为完整块体和不连续面开发了几种材料特性模型，用来模拟不连续地质界面可能显现的典型特性。UDEC 基于拉格朗日算法很好地模拟了块体系统的变形和大位移。

UDEC 包含了功能强大的程序语言 FISH 函数。借助于 FISH 函数，用户可以编写自己的功能函数，扩展 UDEC 的应用功能。FISH 函数为特殊要求的 UDEC 的用户提供了一个强有力的工具。

UDEC 采用的离散元法理论由 Cundall(1971)首次提出，在 1985 年，Cundall 和 Itasca 公司在 IBM 系列兼容微机上开发了 UDEC 工程计算应用程序。该软件为建立数以千计块体模型的高速计算而设计。基于浮点运算速度的优势和低成本的内置 RAM，用 UDEC 程序可大大提高计算大规模问题的能力。

UDEC 是一个命令驱动（而不是菜单驱动）的计算程序。尽管菜单驱动程序易于初次学习，但 UDEC 中所提供的命令驱动结构具有如下优点：

① 输入的"语言"是基于可识别的文字命令，使用户易于识别每一个命令的作用（如 BOUNDARY 命令，是指施加模型的边界条件）。

② 工程模拟通常是按照系列施工顺序构成，即构造原岩应力、施加作用的荷载、开挖隧道、安装支护等，一系列输入命令（从文件或键盘上）完全对应于实际的施工顺序。

③ 根据文本编辑器，很容易对 UDEC 数据文件进行编辑和修改。几个数据文件能相互连接，进行多个问题求解，这对于参数的灵敏度分析是十分有用的。

④ 命令驱动结构允许用户开发前后处理程序，控制 UDEC 必要的输入/输出。用户可以为一系列 UDEC 的模拟，编写节理模拟函数，产生特定的节理结构。可采用 FISH 程序语言，并将其插入输入的文件中，使计算很容易实现。

（2）与其他方法的比较

对于 UDEC 程序，一个共同的问题是，UDEC 是一个有限元程序还是离散元程序，它们的主要区别是什么，UDEC 程序与其他程序有何关系，下面将给予解释。

许多有限元、边界单元和拉格朗日有限差分程序都具有"界面单元"或"节理单元"，使程序能够模拟问题中的不连续面，扩大程序的应用范围。然而，它们的公式在一个或多个方面通常受到限制：首先，当考虑很多相互切割的节理就可能打乱系统的逻辑关系；其次，不可能自动识别新的接触面而进行自动考虑；第三，计算公式可能有小位移和无转动条件限制，所以通常适用连续介质的程序。

术语"离散单元法"意味着其具有以下 2 个属性：

① 允许离散块体发生有限的位移和转动，包括完全脱离；

② 在计算过程中，自动识别新的接触面。

在不连续介质中，如果没有第一个属性，程序不可能产生某些重要的机理。如果没有第二个属性，程序将限制在事先已知的相互作用的有限块体数。离散元法是由 Cundall 和 Strack(1979)采用变形接触和显式、时间域的初始运动方程（而不是变换块体方程）提出的特殊的离散单元法程序。

离散单元法的计算机程序主要有以下 4 类：

① Distinct Element Programs——这类程序采用显式时间步直接进行运动方程的求解。块体可以是刚体或变形体（通过细分成单元）；接触面是可变形的。UDEC 就属此类。

② Modal Methods——这类方法类似于刚体离散单元法,但对于变形体采用模型叠加技术。

③ Discontinuous Deformation Analysis——接触面是刚体,块体可以是刚体或变形体。通过迭代算法可以获得非嵌入条件;块体变形性基于应变模型的叠加。

④ Momentum-Exchange Methods——接触面和块体都是刚体,块体接触面在瞬时碰撞的过程中惯性矩发生交换,可以表征滑动和摩擦特性。

(3) 一般特性

UDEC 主要用于岩石的渐进破坏研究及评价岩体的节理、裂隙、断层、层面对采矿工程开挖和岩石基础的影响。UDEC 是研究不连续特征的潜在破坏模型的十分理想的工具。

对于地质结构特征明显且易于明确描述的情况适宜使用该程序进行分析。UDEC 开发了人工或自动节理生成器,用以模拟产生岩体中一组或多组不连续面。在模型中,UDEC 可以产生变化范围较大的节理模式。屏幕绘图工具允许用户随时观看节理模型。在最后确定所选择的节理模型前,比较容易进行调整与修改。UDEC 也可以获得不同的节理材料特性。基本模型依据节理弹性刚度、内摩擦角、黏聚力、张拉强度和剪胀特性的库仑滑动准则。对该模型的改进考虑了随着位移的发展而黏聚力和张拉强度的降低弱化的因素。在此还可获得一个比较复杂的模拟连续屈服的节理模型,用以模拟弱化来累积塑性剪切位移函数的连续变化特性。作为一个选择模型,还可获得 Barton-Bandis 节理模型。节理模型和性质参数也可分别赋给单一节理或节理组。应当注意,即使地质图上所显示的节理为直线段,节理的几何粗糙度也可以通过节理材料模型加以表征。

UDEC 的块体可以是刚体或变形体。对于变形块体,开发了包括用于开挖模拟的空模型(null)、应变硬化/软化的剪切屈服破坏模型以及非线性不可逆的剪切破坏和压缩模型。因此,块体能被用来模拟回填、土体介质以及完整岩石。

UDEC 的基本公式以二维平面应变模型为假设条件。此条件的前提是断面保持为定值,并在平行于该断面的平面上作用无限长结构的荷载。所以,非连续面也被假设为平面特性。另外,UDEC 提供了一个平面应力问题的选择条件。对于平面应变分析,如果在垂直于平面方向的应力 σ_{zz} 为最大或最小主应力,在垂直于平面方向,块体可能出现塑性屈服,此时一般采用 3DEC 建立三维模型进行分析。

UDEC 的显式求解算法允许进行动态或静态分析。对于动态计算,用户指定的速度或应力波可作为外部的边界条件或者内部激励直接输入模型中,亦可直接获取一个简单的动态波形库。

UDEC 为动力分析设计了自由边界条件。在静态分析中,包括了应力(力)和固定位移(速度为零)两种边界条件。边界条件在不同的位置可以是不同的。同时,在 UDEC 中还可以获得边界元边界,用于模拟无限弹性边界,也可以获得半平面解用来描述自由面效应。

UDEC 能够模拟模型中的孔隙和不连续面的流体流动。在此认为块体是不可渗透的,其渗透率取决于节理的力学变形。UDEC 也能够进行力学-流体全耦合分析,同时,节理水压也将影响其力学特性,在此,流体被处理为平行板的黏性流。

程序中的结构单元可用于模拟岩体加固和工程表面支护。加固包括锚索和锚杆的端部锚固、全长锚固。表面支护模拟包括喷射混凝土、混凝土衬砌和其他形式的隧道支护。

UDEC 中热学模型可模拟材料热的瞬态流动以及温度诱导应力的顺序发展。用各向同性或者各向异性传导来模拟热流动。热源可以增加，也可以随时间呈幂函数衰减。

UDEC 包含一个强有力的程序语言——FISH，用户可以定义新的变量和函数。FISH 是一个编辑器，通过 UDEC 数据文件进入程序被翻译并储存在内存中。

（4）应用领域

UDEC 最初是为节理岩石边坡的稳定性分析开发的。对于块体不连续公式和运动方程（包括惯性项）采用显式时间步求解方法，便于块状岩体边坡的渐进破坏分析和大变形运动研究。

UDEC 常用于采矿工程，并已经得到了较为广泛的应用。例如，通过在模型的边界施加动应力或速度波研究爆破影响；采用连续屈服节理模型研究地震诱发的断层滑移；结构单元用于模拟全长岩锚和喷射混凝土的各种岩体加固系统等。

UDEC 还应用于地下结构和深部高辐射废料的储存研究领域。通过热模型模拟与核废料相关的热荷载效应。

在研究与地震相关的问题时，UDEC 也有潜在的应用，如解释与断层运动有关的现象。另一个应用领域是研究钢筋混凝土的力学行为。尽管 UDEC 不包含模拟可变形块体动态破裂扩展的模型，但可以通过完整块体间预先存在的破裂带来模拟与裂纹扩展和破裂有关的渐进破坏。

UDEC 作为一个计算设计工具，仍受到一定的限制。程序较适用于研究节理效应的潜在破坏机理。节理岩体特性是一个"有限数据系统"，即在很大程度上内部结构和应力状态是未知和不可知的。因此，建立一个完备的节理模型是不可能的。而且，UDEC 是一个二维程序，除了特殊情况外，不可能表征具有三维结构的节理模型。不过，应用 UDEC 程序，可以从现象学的角度研究节理岩体地下工程开挖响应，该方法可加深对岩石力学设计中各种不同现象的相互影响的理解。采用这种方法，工程师能够通过识别地下工程可能产生的不可接受的变形或加载导致的破坏机理，从而揭示工程所潜在的诸多问题。

值得注意的是，UDEC 程序对于模拟颗粒流动或动态分析火山喷发是不适宜的。对于该类研究，可以采用 PFC^{2D} 程序。

7.3.3 UDEC 软件基本操作

（1）安装

① 双击安装包，按照提示完成 UDEC 的安装。

② 插入 USB 密钥，解锁 UDEC 程序，软件即可正常运行。

（2）打开

① 直接在"udec＞"命令行输入。

② 用记事本写好程序，在"udec＞"命令行输入"call"，然后将"*.txt"文件拖入命令行，执行。

（3）保存

① 保存：输入"save D:\kaicai.sav"，将文件保存为 sav 文件；如果保存为"save D:\111\kaicai.sav"，其中 111 文件夹必须提前建好，否则无法保存或者保存错误，文件名最好不用汉字，有时候不识别。

② 调用：输入命令"rest"，将"kaicai.sav"拖入命令行，重新调用文件。

③ 操作：按"Ctrl＋Z"可选中图像可以放大，按"Ctrl＋Z"并双击复原，屏幕中会出现十

字叉,按住鼠标左键不放,移动光标直到满意的窗口为止;通过"Pause"可暂停,此时可以查看任何信息;通过"Continue"可继续调用下面程序段;按"Esc"可以随时停止程序运行,但不能继续;英文分号";"表示注释,不运行命令。同时按住 Shift 键与 Z 字母键,屏幕中会出现十字叉,按住鼠标左键不放,移动光标直到满意的窗口为止;让屏幕中出现十字叉,再双击左键,就会还原窗口。

(4) 软件设置

```
Udec> new
```

解释:new 表示刷新窗口,重新调用一个程序,修改后的"*.txt"文件必须输入"n",重新运行文本文件。

```
Udec> title
```

解释:title 或 heading 代表标题,后面紧跟标题的名称,如 hang dao mo ni 或巷道围岩变形破坏规律研究。

```
Udec> round d
```

解释:round 表示圆角命令,UDEC 中所有的块体都有圆角,目的是为防止块体悬挂在有棱角的节点上,由于块体悬挂将产生应力集中。d 指块体与块体之间的圆角半径,默认值是 0.5,其值要求小于模型中最小块体的最短边长的二分之一,最大圆角长度不能超过块体平均棱长的 1%。在 block 命令前指定圆角长度,如 round 0.05。

7.3.4 术语与语法

(1) 概念术语

UDEC 所涉及的一些术语大部分与其他应力分析程序类似。在 UDEC 模型中采用一些特殊的术语来描述不连续面特征。UDEC 模型部分术语定义如图 7-13 所示。

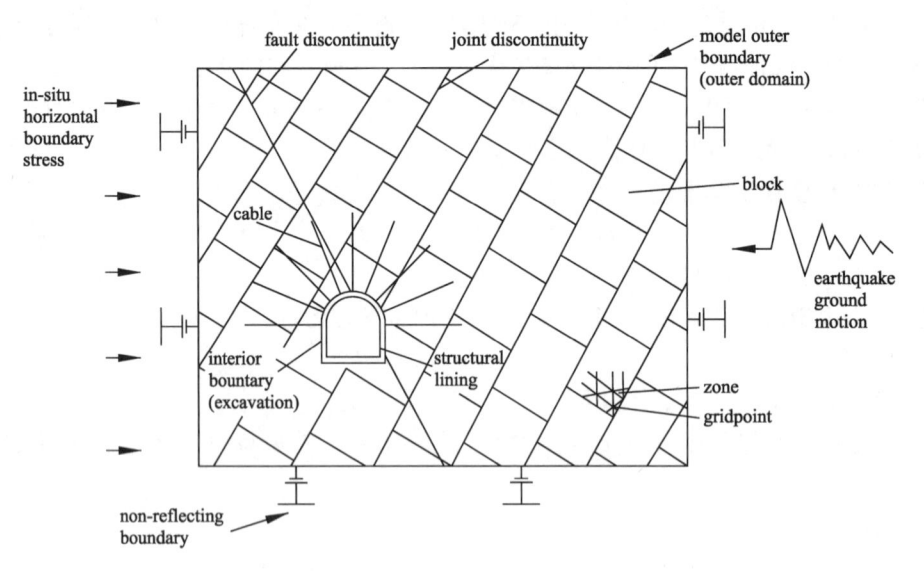

图 7-13 UDEC 模型术语定义

UDEC model:UDEC 模型。用户为模拟实际的问题建立模型。当称之为 UDEC 模型时,意味着为数值求解定义的求解条件的一系列命令。

block：块体，是离散单元计算的基本单元体。通过将一个块体切割成多个小的块体产生 UDEC 模型。每一块体可能是与其他块体分离或通过界面力与其他块体相互作用的独立块体。

contact：接触。每一块体通过点接触与相邻块体连接。接触可以认为是施加外力到每一块体的边界条件。

discontinuity：不连续面，表示分离岩体成离散部分的地质特征。不连续面包括岩体中的节理、裂隙、断层和其他不连续特征。

domain：区域，是指块体间的空洞或空间。domain 在 UDEC 模型中被处理为实体。每一个 domain 是由两个或多个接触面确定的封闭区域。另外，domain 是指围绕 UDEC 模型的区域。

zone：单元，是由有限个单元组成的变形块体。在每一单元计算力学变化和温度变化，其在 UDEC 中采用三角单元。

gridpoint：结点（或节点）。节点包括有限单元的角点。每一单元涉及 3 个节点。通过一对 x 和 y 坐标定义每一个节点，因此确定了有限单元的精确位置。另一节点的术语是 node。

model boudary：模型的边界，指 UDEC 模型的周边情况。边界与模型的外区域一致。内边界（即模型内的孔洞）也是模型的边界，每一内边界通过内区域定义。

boundary condition：边界条件，是约束或控制模型的边界（即对于力学问题固定位移或外力）。

initial condition：初始条件，模型受扰动（开挖）或加载（支护）前的原岩应力状态。

null block：开挖块，表示模型中的空域（即材料不存在）。空块体可在后来加以改变，例如，模拟回填（但一旦块体从模型中删除，就不可能恢复）。

structural element：结构单元，用来表征结构（如隧道衬砌、锚杆和锚索）与岩体的相互作用的一维单元。结构单元也可以具有材料非线性，在大应变模型中可以表现几何非线性。

step：求解（或迭代）。尽管一个大的问题需要上万次计算才能达到稳定解，但一般典型问题的求解仅需要 2 000~4 000 次循环，就可以获得系统的平衡或稳态流。

static solution：静态解。当模型中动能的变化速率接近可以忽略的情况时，UDEC 就认为达到了静态或拟静态解。

unbalanced force：不平衡力，表示当静力分析中的力所处于的不平衡状态（即节理开始滑动或塑性流动）。

dynamic solution：动力解。尽管系统的缺省为静态求解过程，但可以进行动态分析。对于动态分析，全运动方程（包括惯性项）可被求解。

(2) 命令语法

UDEC 中所有命令都是面向单词，并由主要命令单词和随后的一个或多个关键词或值构成。某些命令接受开关，即关键词修改命令。每一命令都具有下列格式：

command keyword value…< keyword value … >

在此，位于<…>内的参数为选择参数，命令可依次写在命令行中。命令关键词仅前面几个字母为黑体，实际输入时仅输入这些黑体字母就可由系统识别。

(3) 模型初始块体划分

UDEC 模型首先生成整个计算范围的单一块体。然后,通过地质结构特征(如断层、节理、裂隙等)和工程结构(如地下硐室和隧道等)作为边界,切割该块体为小的块体来考虑模型特征。

模型的所有块体都是通过块体质心和角点的坐标(x 和 y)确定。块体接触面以及变形块体的节点也通过它们的坐标位置确定。由端点坐标(x 和 y)所定义的线段(splits)切割模型块体。

UDEC 模型所有的条目(块体、角点、接触面、空区、节点和单元)都是通过位于主数组中的地址编号,由 UDEC 自动、唯一识别和确定。这些编号也可以用作特殊的单元。编码系统并不是顺序编码,所以用户必须通过绘图或打印加以识别。

例如,图 7-14 说明一个 UDEC 模型块体在 x 和 y 方向上皆为 10 个单位(比如 10 m)。模型通过一水平不连续面($x=0,y=5 \rightarrow x=10,y=5$)划分成两个块体。这两个块体具有编号为 202 和 348。块体通过位于块体角点之间的接触面连接。接触号是 471 和 513。

图 7-14 运行代码如下:

```
block 0 0 0 10 10 10 10 0
crack 0 5 10 5
save D:\Itasca\udec400\ex\kuaiti1.sav
set plot jpg size 1920 1200
set output D:\Itasca\udec400\ex\kuaiti1.jpg
copy D:\Itasca\udec400\ex\kuaiti1.jpg
```

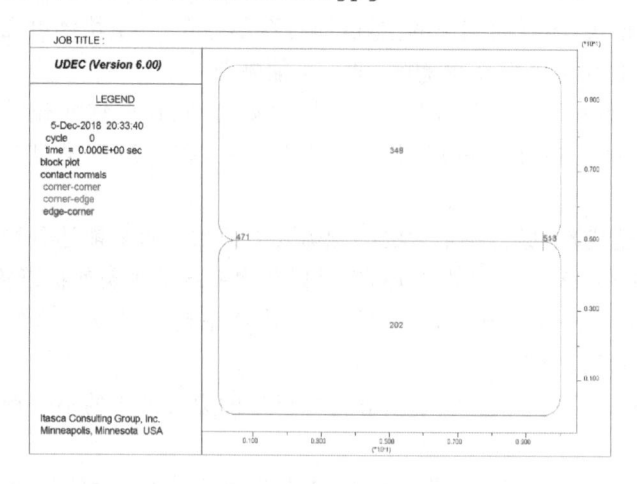

图 7-14 UDEC 模型块体被划分成两个刚体

两块体的每一块可通过产生有限单元形成变形体。图 7-15 给出了上部块体划分为 8 个单元和下部块体划分为 4 个单元的单元号。在两块体间产生了一个新的接触面(编号为 1009)。位于块体棱上的任何节点总会产生新的接触。新的接触 1009 对应于上部块体的棱产生的新角点。

代码如下:

```
block 0 0 0 10 10 10 10 0
```

```
crack 0 5 10 5
gen quad 11,6 range 0 10 0 5
gen quad 10
plot hold zone num cont num
save D:\Itasca\udec400\ex\kuaiti2.sav
set plot jpg size 1920 1200
set output D:\Itasca\udec400\ex\kuaiti2.jpg
copy D:\Itasca\udec400\ex\kuaiti2.jpg
```
结果如图 7-15 所示。

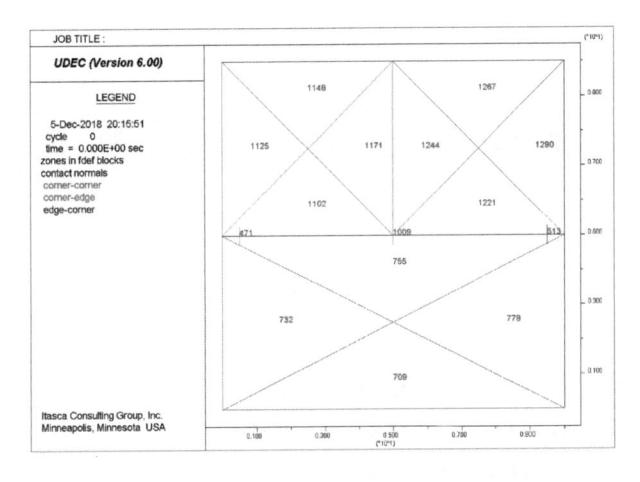

图 7-15 包含两个变形块体的 UDEC 模型

7.3.5 计算示例

（1）test1

代码如下：

```
block 0 0 0 20 20 20 20 0
crack 0 3 20 13
gen edge 2.5
bound yvel 0.0 range 0 20 -0.1 0.1
bound xvel 0.0 range -0.1 0.1 0 3
prop mat 1 dens 2000 bulk 1e8 shear 0.3e8
prop jmat 1 jkn 1.33e7 jks 1.33e7 jfric 20.0
set grav 0 -10
damp auto
cyc 100
print block
save D:\Itasca\udec400\ex\test1.sav
set pl jpg size 1920 1200
set output D:\Itasca\udec400\ex\test1.jpg
```

copy D:\Itasca\udec400\ex\test1.jpg

结果如图 7-16 所示。

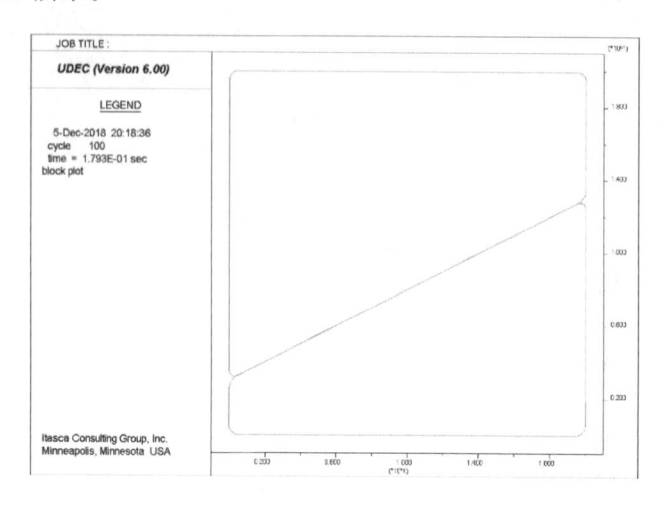

图 7-16　test1 结果

（2）test2

代码如下：

restore D:\Itasca\udec400\ex\test1.sav

plot ydisp fill min -2e-2 block lmag hold

save D:\Itasca\udec400\ex\test2.sav

set pl jpg size 1920 1200

set output D:\Itasca\udec400\ex\test2.jpg

copy D:\Itasca\udec400\ex\test2.jpg

结果如图 7-17 所示。

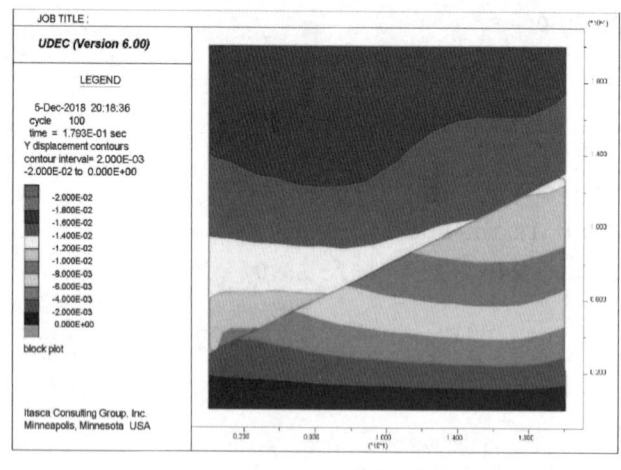

图 7-17　test2 结果

(3) test3

代码如下：

```
new ;重新调用一个程序
title shili ;后面紧跟标题
round 0.02 ;块体和块体之间的圆角半径,默认值 0.5
set ovtol 0.5 ;层与层之间的嵌入厚度
block 0 0 0 20 20 20 20 0 ;产生一个块体
plot block ;显示该块体
;划分初始块体成小块体：
crack 0 2 20 8
crack 5 3 5 20
crack 5 12 20 18
;固定最下和最左块体,使之不可移动的命令如下：
fix range 0,20 0,5
fix range 0,5 0,20
```

;命令固定形心处在 0<x<20,0<y<5 和 0<x<5,0<y<20 范围内的所有块体的当前速度(即为零)。然后块体和节理所需的材料性质通过性质号予以赋值,即

```
prop mat=1 dens=2000
prop jmat=1 jkn=1.33e7 jks=1.33e7 jfric=20.0
```

;对于该问题,所有的块体密度被指定为 2 000 kg/m³。所有的节理切向刚度和法向刚度分别被指定为 1.33e7,节理面的内摩擦角为 20°。下面将会发现,不同节理和块体可以赋予不同性质参数。

;其次,在 x 和 y 方向的重力加速度可以通过如下命令予以赋值：

```
set gravity 0,-10
```

;通过观测特定点的岩体运动有助于进行工程特性判断,在该问题中,我们监测模型右角点 y 方向的速度,记录该运动所采用的命令是：

```
hist yvel (20,20) type 1
```

;关键词 type 是在屏幕上以指定的间隔显示其值。

```
step 100 ;迭代次数
```

;在计算过程中,当前的循环数、计算时间、最大不平衡力、在点(20,20)的 y 方向速度以每间隔 10 次显示在屏幕上。

```
save D:\Itasca\udec400\ex\shili.sav ;保存项目
restore D:\Itasca\udec400\ex\shili.sav ;调用项目
set plot jpg size 1920 1200 ;设置图片大小
set output D:\Itasca\udec400\ex\shili.jpg ;设置图片输出位置
copy D:\Itasca\udec400\ex\shili.jpg ;保存图片
```

运行结果如图 7-18 所示。

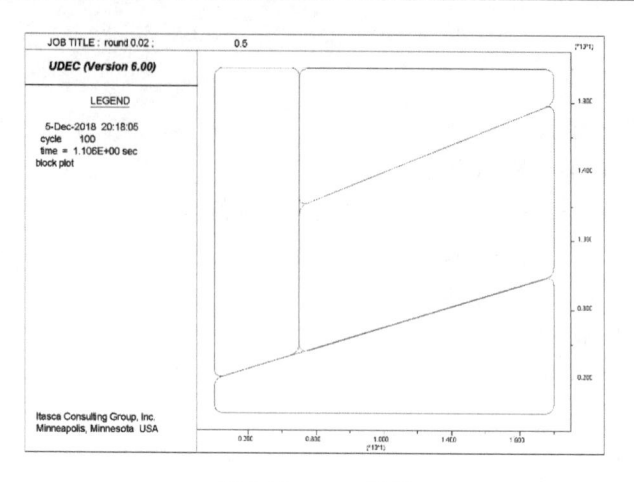

图 7-18　test3 结果

习题

(1) 简要描述数值模拟分析的方法及其分类。
(2) 简要描述几款国内外常用的数值模拟软件。
(3) 简要描述离散元法的原理。

第 8 章　UDEC 数值模拟计算

UDEC 作为一个基于离散元法理论的计算设计工具,在采矿工程、岩土工程等领域得到了广泛应用,它主要研究非连续介质在静、动荷载作用下的响应问题,为解决一系列的工程实践问题提供了借鉴。本章将介绍 UDEC 工具的详细使用方法,为大家的使用提供一些帮助。

8.1　软件建模概述

地质工程的模拟过程中需要考虑一些特殊的情况,其设计方法与其他人工材料结构不同。在岩土体上建造或在其内部开挖的设计与分析过程中,材料的变形和强度性质参数存在较大变化,因此获得岩土工程中完整的现场资料基本是不可能的。因为设计预测所输入的必要信息是有限的,所以,地质力学数值模型主要用于解释影响系统特征的力学机理,为工程设计进行简单的探索计算。

UDEC 程序用于模型特性的预测,或作为数值试验来测试一些设想时,如果具有足够的高质量数据,UDEC 也能够给出很好的预测结果。

由于大部分的 UDEC 分析是基于较少数据的情况下进行的,所以,为成功进行数值模拟试验,建议按照下列步骤进行:

(1) 确定模型的分析目的。模型的分析内容与深入程度常常取决于分析的目的。例如,如果是为解释研究系统的特性所提出的两种相互冲突的决策,此时可建造一个较粗糙的模型,用于两种机理的研究;如果试图涉及存在于实际模型中的复杂条件,则可能对模型的响应产生微不足道的影响或与模型计算的目的毫不相关的计算特征可以被忽略。

(2) 创建物理模型系统的概念图形。重点是构思出实际问题的图形,便于在所施加的条件下初步预测系统的基本特性。当准备构建这个图形时,应当思考以下几个问题:该系统是否稳定？主要力学响应是线性还是非线性？是否存在可能影响系统特性的不连续面？是否存在地下水的影响？实际的系统物理结构是否存在其他几何问题？这些考虑表征了模型的几何形状、块体材料模型、边界条件以及初始平衡条件等数值模型的总体特征,这决定了采用三维模型还是二维模型。

(3) 建立和运行简单的理想化模型。当对理想化的一个物理系统进行数值分析时,较有效的方法是在构筑详细的模型之前,在尽可能早的阶段建造和运行一个简单的测试模型,使该模型揭示的一些问题在进行深入分析之前加以修正。例如下列问题:所选择的材料模型是否能够代表所期望的系统特性？边界条件是否影响模型的响应？

(4) 收集具体问题的数据。对于一个模型分析所需的数据类型包括:详细的几何参数(如地下硐室形状、地表形态、坝形状、岩石或土体结构);地质结构的位置(如断层、层理、节理组等);材料特性(如弹性或塑性性质,峰后特性);初始条件(如原岩应力状态,孔隙压力,饱和度);外部加载(如爆破荷载、洞壁压力)等。由于分析所涉及的条件(尤其是应力状态、变形和强度性质)存在很大程度的不确定性,必须选择参数的合理变化范围,基于简单模型的计算结果常常能够有助于确定参数的变化范围。

(5) 准备详细的模型。当准备一系列计算模型时,应考虑如下一些方面的问题:

① 每一个计算需要耗费多少时间?如果时间过长,获得足够信息以分析得到有用结论可能是困难的;为缩短计算时间,可以在多个计算机上进行计算。

② 应考虑保存所需要的模型在计算过程中的中间状态,以便针对每一参数的变化不必重复计算。

③ 在模型中是否设置足够的监测位置(历史记录)?为提供足够的信息,清楚地解释模型计算结果,需要在模型中设置几个参数变化的监测点,尤其是对模型中最大不平衡力的监测,以便检查在分析的每一阶段的平衡或破坏。

(6) 模型计算。进行系列模型分析之前,最好先选择一个或两个模型进行详细的分析,这些运行应当随时被中断,确保达到预期的效果。一旦能够确信模型的计算是正确的,再进行一系列模型的连续分析。在模型计算连续运行中,可以中断计算,查看结果,然后继续或修改模型。

(7) 提交结果进行解释。为清楚地解释分析计算结果,最好直接在屏幕上显示或输出图形结果,且图形应当能够清楚地显示所感兴趣的区域,如应力集中位置、模型中稳定与不稳定区域。为详细解释模型的响应,模型中任何变量的数值也应该容易获得。

在模型的建立过程中,模拟人员总是试图建立尽可能考虑详细地质结构的 UDEC 模型,这种想法是不可取的。在建立 UDEC 模型时应考虑以下两个方面:

首先是是否真正需要不连续分析。在大部分情况下,这取决于研究实际模型尺寸与节理的平均间距之比。例如,如果在包含一组平均间距不大于 1 m 的岩体中开挖,开挖的最小尺寸是 10 m,用堆砌节理材料模型进行连续分析可能是合理的;在这种情况下,连续分析产生的响应与模拟节理的计算结果在总体上是等效的。用 UDEC 模型计算给出较为详细的破坏机理分析,但会比连续分析耗费更多的计算时间。在实际模型尺寸与节理间距之比值大于 10∶1 的情况下,连续介质分析是需要的。当存在连续分析是否能代表不连续效应时的问题时,应同时采用连续和非连续介质计算。

其次是包含详细地质结构的计算模型的范围。关键节理结构的详细描述通常仅需要包含感兴趣的有限区域,如在几倍隧道半径的围岩范围内。一般地,考虑详细节理的范围从感兴趣的区域扩展到足够的距离,涵盖可能产生破坏的区域。详细的地质结构应延伸到节理滑移和张开的范围之外。

8.2 模型构建

8.2.1 确定 UDEC 模型合适的计算范围

UDEC 几何模型必须具有足够大的范围,在感兴趣的区域内,包含主要的地质结构特征,由此代表实际的地质条件。考虑的方面如下:

(1) 处于何处的地质结构(即断层、节理和层面)需要详细描述?

模型中用于描述地质特征的节理数(即块体数)存在一个限制,这涉及模型的范围和块体的单元数(如果采用变形单元)。实际的限制依赖于可利用的计算机内存,在进行节理生成时必须考虑这个问题。可以根据经验,从较少节理开始,如有必要再逐渐增加节理数来达到预期的效果。

(2) 模型边界的位置对模型的影响程度如何?

模型边界必须足够远,以使模型对边界不产生影响。一般地,对于单一地下开挖工程,边界离开挖边界的距离应当大于开挖跨度的5倍左右。然而,合适的距离取决于分析的目的。如果模型分析主要用于考虑破坏,那么,模型边界可以靠近一些;如果关注的是位移(变形),则距离边界的距离需要增加。

(3) 如果应用变形块体,在感兴趣的区域,何种密度的单元可满足精度的要求?

一旦完成块体切割和模型边界位置的确定,下一步就是考虑采用块体单元的大小与网格密度。较密的网格单元应当处在高应力区或高梯度变形区(即在开挖区附近)。为了满足高精度,单元形状尺寸之比(即三角边与高之比)也应尽可能接近1。对于5∶1的情况可能是不精确的。同时建议相邻块体单元的大小不应有较大的突变。合理的精度是相邻两单元面积之比不应当超过4∶1。

上述3个方面的分析决定了UDEC模型的规模。

8.2.2 块体划分

UDEC程序产生几何模型的方式与传统的数值分析程序有所不同。首先产生计算范围的单一块体,然后将这个块体切割成小的块体,块体的边界代表了地质结构面或工程结构面(如开挖体边界)。具体操作如下:

(1) 建立模型块体

block x_1, y_1 x_2, y_2 x_3, y_3 x_4, y_4;建立模型框架,其中,(x_1, y_1)、(x_2, y_2)、(x_3, y_3)、(x_4, y_4)…是定义块体角点的坐标对。角点必须按顺时针方向排列,且角点应当与物理模型的边界条件一致。

(2) 产生圆角

UDEC中所有块体都有圆角,以避免块体悬挂在有棱角的节点上而引起应力集中。对于变形块体,最大圆角长度应当不超过块体平均棱长的1%。定义圆角长度命令如下:

round d;d 是圆角距离(缺省值是d=0.5)。模型中的所有圆角长度都是相同的。建议在block命令前指定圆角长度。block命令后,键入plot block命令,可以显示圆角效果。

在计算过程中,可能会产生圆角误差,可能会对分析结果产生影响。

(3) 生成地质结构

UDEC块体中的地质不连续面并不一定完全将岩块切割成分离的2个块体,然而,UDEC需要连续断裂(即所有断裂都必须切割块体)。具体命令如下:

crack x_1 x_2 y_1 y_2

;crack命令用于产生块体中单一直线特征的裂缝。裂缝由端点坐标(x_1, y_1)和(x_2, y_2)所确定。划分后,最好输入pause暂停,输入pl hold block显示划分块体,进行检查。

tunnel x_1 x_2 r n

;产生圆形隧道,圆心坐标(x_1, y_1),半径为2,划分成16个裂缝段。由于隧道全部处于块体内部，所以仅用 tunnel 命令不能产生独立的块体，需要引入 crack 命令，隧道裂缝延伸到模型外边界从而形成连续的裂缝，形成由隧道和断层构成的块体。

arc x$_1$,y$_1$ x$_2$,y$_2$ α n

;arc 命令以圆心坐标(x$_1$,y$_1$)，起始点坐标(x$_2$,y$_2$)，逆时针圆弧角 α，裂缝段数 n，产生弧形断裂模型。

(4) 删除块体

采用 delete 命令，能从模型中删除一个块体。命令如下：

delete range block n 或 del range x$_1$ x$_2$ y$_1$ y$_2$

;删除编号为 n 的块体，或删除块体的范围为 x$_1$< x< x$_2$和 y$_1$< y< y$_2$，其中必须包含被删除块体的形心。

注意，一般采用坐标范围是比较明智的。

当产生大小悬殊的块体时，建议从模型中删除较小块体，以提高模型的计算效率。输入如下命令，可以删除极小块体。

delete range area 3e-2

所有面积小于 3×10^{-2} 的块体都从模型中删除。

通常，将小于最大块体的 1%左右小块删除后对计算结果的影响并不显著。

例：块体划分

```
new
round 0.1
block (0,0) (0,10) (10,10) (10,0)
crack (0,5) (10,5)
crack 2.5,10 5,7.5
crack 5,7.5 7.5,10
delete range 4.5,5.5 8,10
save D:\Itasca\udec400\ex\ex1.sav
set pl jpg size 1920 1200
set output D:\Itasca\udec400\ex\ex1.jpg
copy D:\Itasca\udec400\ex\ex1.jpg
```

运行结果如图 8-1 所示。

例：断层切割一个圆形隧道

```
new
round 0.1
block -10,-10 -10,10 10,10 10,-10
tunnel 0,0 2 16
crack -5,10 5,-10
save D:\Itasca\udec400\ex\ex2.sav
set pl jpg size 1920 1200
set output D:\Itasca\udec400\ex\ex2.jpg
copy D:\Itasca\udec400\ex\ex2.jpg
```

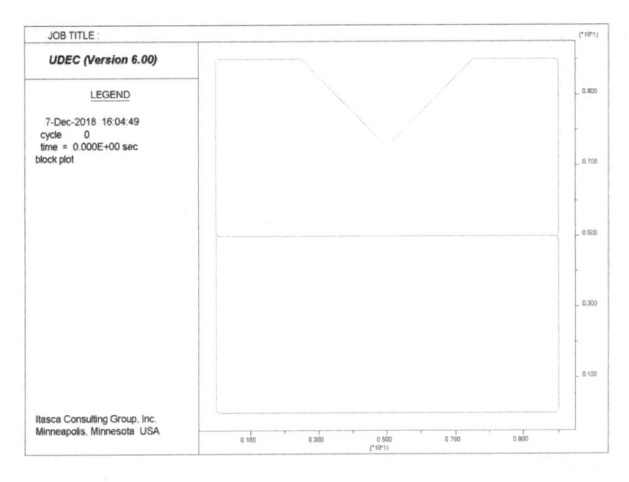

图 8-1　缺口模型的产生

所生成的模型如图 8-2 所示。

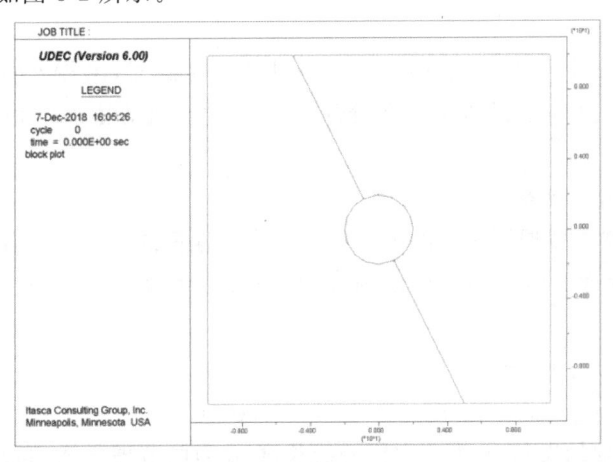

图 8-2　断层切割圆形隧道

例:给出一条断层切割一个马蹄形隧道
new
round 0.1
block -10,-10 -10,15 10,15 10,-10
arc 0,5 2,5 180 8;逆时针方向圆弧角度
crack -2,0 -2,5
crack -2,0 2,0
crack 2,0 2,5
crack -5,15 5,-10
save D:\Itasca\udec400\ex\ex3.sav
set pl jpg size 1920 1200
set output D:\Itasca\udec400\ex\ex3.jpg
copy D:\Itasca\udec400\ex\ex3.jpg

隧道的形状如图 8-3 所示。

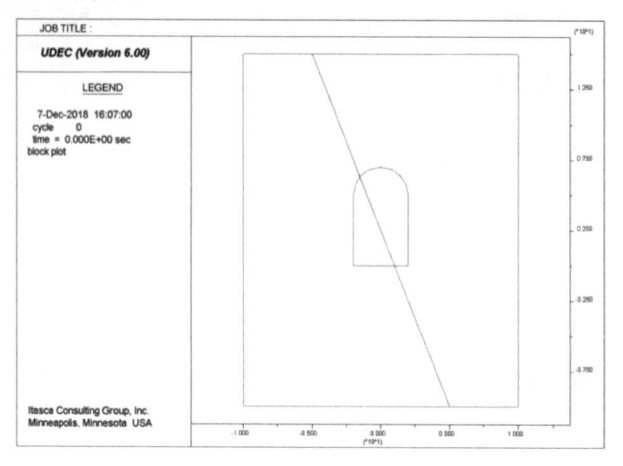

图 8-3　断层与马蹄形隧道相交

8.2.3　节理生成

UDEC 提供了 2 个节理生成器：一个是统计节理生成器，由传统的岩石力学参数所定义的参数产生节理；另一个是 Voronoi 分块式节理生成器，用于产生随机尺寸的多边形块体。

（1）统计节理组生成器

jset 节理生成器是根据所选定的统计参数生成节理模式。一个节理组可以通过 8 个生成参数表述，其中带有下标 m 的 4 个几何参数为均值，带有下标 d 的 4 个随机参数为均方差。具体命令如下：

jset α t g s (x_1,y_1) n

jset $α_m$ $α_d$ t_m t_d g_m g_d s_m s_d (x_1,y_1) range jreg n

;α 为节理与 x 轴的夹角；t 为节理段迹线长度；g 为两节理段间的长度（即岩桥长度）；s 为垂直于节理迹线的间距。

;x_1、y_1 为起始点坐标，节理将从点 (x_1,y_1) 开始产生节理，将充满由选择参数 range 所定义的整个范围。如果对 jset 命令没有指定范围，将产生遍及整个区域的节理。

;n 为设置的区域标号。

参数说明如图 8-4 所示。

通过定义的一个限制区域（range），生成的节理能够限制在所选择的模型区域，命令如下：

jregion id n x_1 y_1 x_2 y_2 x_3 y_3 x_4 y_4

;每一个节理区域是通过 id 序号识别。区域的坐标按顺时针方向定义了节理产生的边界。

例：四组规则节理组

new

round 0.01

block 0 0 0 20 20 20 20 0

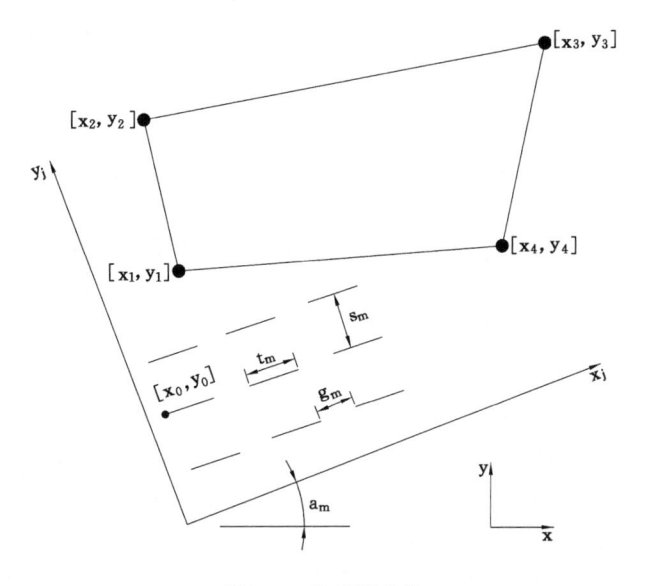

图 8-4　节理组参数

```
jset 0 0 50 0 0 0 3 0
jset 90 0 50 0 0 0 3.5 0
jset 30 0 50 0 0 0 4 0
jset 50 0 50 0 0 0 6 0
pl bl
save D:\Itasca\udec400\ex\ex1.sav
set pl jpg size 1920 1200
set output D:\Itasca\udec400\ex\ex1.jpg
copy D:\Itasca\udec400\ex\ex1.jpg
```

运行结果如图 8-5 所示。

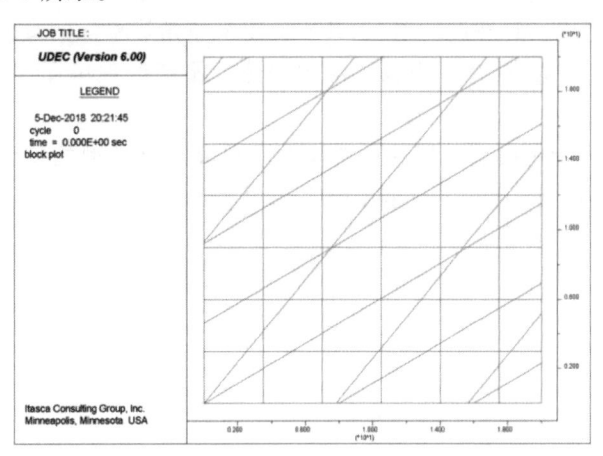

图 8-5　四组规则节理组

（2）Voronoi 分块式节理生成器

Voronoi 生成器产生随机大小的多边形块体。该节理生成器对模拟裂缝扩展是有用的,当 Voronoi 块体间的节理强度被超过时将发生断裂。当应用 Voronoi 命令时,多边形区域应当略大于被细分的块体区域,这将抑制边界影响。

Voronoi 命令具有下列形式:

voronoi edge l < iterations n> < round v> < range…>

;对于 Voronoi 多边形指定平均棱长。多边形具有随机尺寸,但具有平均棱长 1。Voronoi 块体的大小尺寸能够通过增加迭代次数变得均匀,缺省值 n=5。也能指定圆角长度。圆角长度 v 必须至少小于块体棱长 1 的 20 倍。

Voronoi 算法根据随机分布点从多边形区域开始,然后允许内部点移动,迭代过程运动到这些点。迭代步越高,点间距越均匀。接下来,所有点产生三角形。最后,通过做具有公共边所有三角形的垂直平分线,生成 Voronoi 多边形。多边形在所指定区域被其边界所截取。

UDEC 模型中应使单元尽可能均匀,尤其在感兴趣的区域,尽量避免单元的边长比大于 5:1 形成长瘦单元。

选择输入到 UDEC 模型中的节理几何形状是分析中的关键一步。对具有十至数百条节理的多裂隙岩体,考虑所有的节理结构是不现实的。通常,为实际分析产生的具有合理大小的模型和运行速度的节理,仅有很小比例的节理能够输入模型中。因此,为模拟力学响应,模拟人员必须对节理的几何数据进行过滤,选择关键节理。选择关键节理的困难集中于在确定性的 UDEC 模型中如何表征这些统计数据。对于多组节理组,应当假设给定的一组节理,其产状是相同的,且变化较小(比如说倾角小于 $10°\sim15°$)。节理岩体范围可由特定的节理被划分成子区域,且在子区域内的节理认为是连续的。这是对有限的长度和不连续性特性的影响的一个上限估计。

8.2.4 网格划分

gen 命令激活三角形网格有限单元自动生成器,作用于任意形状的块体,具体命令如下:

gen quad v range x_1 x_2 y_1 y_2

;在指定的区域生成一定宽度的单元,其 v 值定义三角形单元的最大边长,即 v 值越小,块体中的单元越小。注意:具有高边长比值的块体并不能产生单元,其极限的比重近似为 1:10。生成后通过 plot zone 检查模型单元。

命令 gen quad v,指定模型为塑性材料模型的单元。该类型的单元提供了对于塑性问题的精确解。然而,gen quad 命令可能对某些形状的块体不起作用。在此情况下,应当采用 gen edge。

例:网格划分

```
new
round 0.1
block -10,-10 -10,10 10,10 10,-10
tunnel 0,0 2,16
jset -70,0 40,0 0,0 40,0 -1,-1
jset -50,0 40,0 0,0 3,0 0, 2
gen edge 2
```

```
plot zone
save D:\Itasca\udec400\ex\ex1.sav
set pl jpg size 1920 1200
set output D:\Itasca\udec400\ex\ex1.jpg
copy D:\Itasca\udec400\ex\ex1.jpg
```
运行结果如图 8-6 所示。

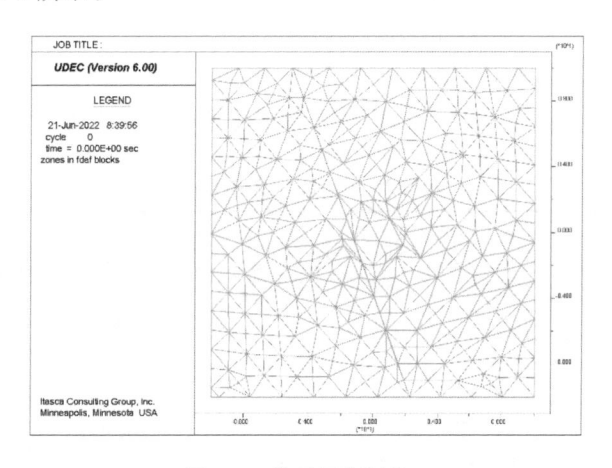

图 8-6　模型网格划分

8.3　本构模型的选择

8.3.1　变形块体材料模型

在 UDEC 中开发了 7 种块体材料模型：

(1) 开挖模型(null)(change cons＝0 或 zone model null)；

(2) 各向同性弹性模型(change cons＝1 或 zone model elastic)；

(3) Drucker-Prager(D-P)塑性模型(change cons＝6)；

(4) Mohr-Coulomb(M-C)塑性模型(change cons＝3 或 zone model mohr)；

(5) 堆砌节理模型(zone model ubiquitous)；

(6) 应变软化/硬化模型(zone model ss)；

(7) 双屈服模型(zone model dy)。

其中,开挖模型用来表示材料从模型中移去。各向同性弹性模型对表现为线性应变特征的均质、各向同性的连续材料是有效的。D-P 塑性模型是一种简单的破坏准则,在此,材料屈服是独立应力的函数。M-C 塑性模型假定材料受剪切屈服破坏,但屈服应力仅依赖最大和最小主应力。堆砌节理模型与 M-C 塑性模型一致,但适用于具有较强各向异性特性的材料。应变软化模型的基础是 M-C 塑性模型,但适合于当剪切加载超越其极限,表现出剪切弱化的材料。双屈服模型是应变弱化模型的扩展模型,用于模拟不可逆压缩以及剪切屈服破坏的材料。

对于开挖模型、各向同性弹性模型和 M-C 模型,可采用 2 种方式的任何一种方式来定义模型,change cons 命令给一个或多个块体指定模型。模型性质参数可以为材料号,而合适的材料号用 change mat 命令赋给块体,用 property mat 命令指定性质参数。采用 zone model 命令,能够给一部分块体或块体组进行赋值。在这种情况下,应用 zone 命令直接给单元指定性质。

UDEC 的材料模型主要应用于地质工程,即地下开挖、建造、采矿、边坡稳定性、基础、土石坝。当为特殊工程分析选择本构模型时,应当注意以下 2 个问题:

(1) 模拟的材料具有什么特征?

(2) 模型分析的目的是什么?

表 8-1 中列出了 UDEC 块体本构模型中的代表性材料和应用实例。

表 8-1 UDEC 块体本构模型

模型	代表性材料	应用实例
开挖模型	空洞	钻孔、开挖、待回填的空区等
各向同性弹性模型	均质、各向同性、连续、线性材料	荷载低于极限强度的人造材料(即钢铁),安全系数计算
D-P 塑性模型	低摩擦角软黏土	与有限元程序比较的通用模型
M-C 塑性模型	松散和黏结颗粒材料,土、岩石和混凝土	一般土或岩石力学问题(即边坡稳定性和地下开挖)
应变软化/硬化模型	具有明显的非线性硬化或软化的颗粒材料	峰后效应研究(即渐进坍塌、矿柱屈服、地下塌陷)
堆砌节理模型	材料强度具有显著各向异性的薄层状材料	封闭的层状地层开挖
双屈服模型	压力引起孔隙永久性减小的低黏结性的颗粒材料	水力装置充填

8.3.2 节理材料模型

节理本构模型是用来表征实际工程岩体节理而开发的,有 4 个模型和 1 个选择模型可用于表征不连续性特征。

(1) 点接触-库仑滑移模型(change jcons=1 或 joint model point);

(2) 节理面接触-库仑滑移模型(change jcons=2 或 joint model area);

(3) 节理面接触-具有残余强度库仑滑移模型(change jcons=5 或 joint model residual);

(4) 连续屈服模型(change jcons=3 或 joint model cy);

(5) Barton-Bandis 模型(change jcons=7 或 joint model bb,选择模型)。

其中,点接触-库仑滑移模型用来描述两块体间的接触面相对于块体的尺寸接触非常小的情况。节理面接触-库仑滑移模型用于具有面接触的封闭块体的表征。这个模型提供了节理刚度和屈服极限的线性描述,是在岩体的节理弹性刚度、摩擦性质、黏聚力、抗拉强度和剪胀特性的基础上开发的。该模型的残余强度版本即节理面接触-具有残余强度库仑滑移模型采用内摩擦角、黏聚力和(或)抗拉强度在开始出现剪切或张拉破坏而参数减小或消失时模拟节理的位移软化特性。连续屈服模型是一个比较复杂的模型,它考虑了累积塑性剪切位移连续的函数关系,模拟节理面连续弱化的特性。Barton-Bandis 模型是非线性模型,它直接利用由挪威地质研究所 Barton 和 Bandis 博士推导的室内节理试验性质指标参数。

表 8-2 列出了 UDEC 节理本构模型中的典型材料和应用实例。

表 8-2　UDEC 节理本构模型

模型	典型材料	应用实例
点接触-库仑滑移模型	颗粒材料,无规则形状的松散挤压块体	研究破碎和断裂岩体及受强扰动边坡的稳定性
节理面接触-库仑滑移模型	岩体中的节理、断层、层面	研究一般岩石力学问题(即地下开挖)
节理面接触-具有残余强度库仑滑移模型	显现明显的峰值/残余强度特性	研究一般岩石力学问题
连续屈服模型	表现渐进损伤和滞后特征的岩体节理	具有显著的滞后循环加载和反向加载研究;动力分析
Barton-Bandis 模型	由 Barton-Bandis 指标性质定义的岩体节理	评价节理岩体的渗透特性

例:指定材料模型与性质参数

```
new
round 0.1
block -10,-10 -10,10 10,10 10,-10
tunnel 0,0 2,16
jset -70,0 40,0 0,0 40,0 -1,-1
jset -50,0 40,0 0,0 3,0 0,2
gen edge 2
change jmat=2 range angle -51,-49
change jmat=5 range angle -71,-69
pro mat=1 d=2500 b=1.5e9 s=0.6e9
pro jmat=1 jkn=2e9 jks=2e9 jcoh=1e10 jten=1e10
pro jmat=2 jkn=2e9 jks=1e9 jfr=45
pro jmat=5 jkn=2e9 jks=1e9 jfr=10
change cons=0 range -1,1 -1,1
plot block mat
plot zone
save D:\Itasca\udec400\ex\ex5.sav
set pl jpg size 1920 1200
set output D:\Itasca\udec400\ex\ex5.jpg
copy D:\Itasca\udec400\ex\ex5.jpg
```

运行程序得到图 8-7。

8.3.3　合理模型选择

任何问题的分析应当从简单的块体和简单的节理模型开始。在大部分情况下,应首先

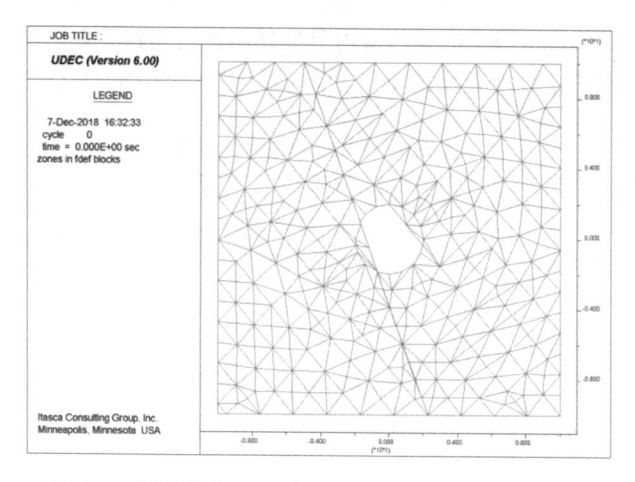

图 8-7　圆形隧道与 70°断层和 50°节理组构成的模型

考虑各向同性弹性模型(change cons＝1 或 zone model elastic)和节理面接触-库仑滑移模型(change jcons＝2 或 joint model area)。各向同性弹性模型需要体积密度、体积模量和剪切模量 3 个参数。节理面接触-库仑滑移模型需要法向和剪切刚度、内摩擦角、黏聚力、抗拉强度和剪胀角 6 个参数，如果上述参数没有赋值，系统自动赋零值。这些材料模型提供了应力变形特性的简单透视，其分析结果有助于用户决定采用复杂的还是简单的本构模型来描述块体或节理特性。

在采用 UDEC 求解全空间的边界问题前，可以选择材料模型进行简单的试算，这能够预分析模型响应，并与已知实际材料进行比较，以便修改。

8.4　材料性质赋值

8.4.1　块体性质

块体性质参数通常由实验室试验确定。下面将描述块体的基本性质(实验室结果)，并给出各种岩石的常用参考值。

(1) 质量密度

UDEC 模型的所有非空介质都有质量密度这个参数。质量密度具有质量除以体积的单位，并不涉及重力加速度。在很多情况下，给出材料单位重量即可。如果用力的单位除以体积给出的单位重量，则在输入 UDEC 之前，该值必须除以重力加速度。

(2) 基本变形性质

对于 UDEC 模型的弹性性质，采用体积模量 K 和剪切模量 G 比弹性模量 E 和泊松比 μ 更有好处。

对于不违背热动力学原理的所有弹性材料，一对 (K,G) 参数都是可行的。但对于某些可接受的材料，一对 (E,μ) 参数就失去意义。如果使一个极端材料发生体积变化但没有剪切，另一极端材料发生剪切但没有体积变化。第一种材料对应有限的 K 值和零 G 值，第二种材料对应零 K 值和有限的 G 值。然而，一对 (E,μ) 参数并不能表征上述两种材料的任何一种。如果排除两种极限情况(通常，$\mu=0.5$ 和 $\mu=-1$)，则 (E,μ) 和 (K,G) 的变换公式为：

$$K = \frac{E}{3(1-2\mu)}, G = \frac{E}{2(1+\mu)} \tag{8-1}$$

当 μ 接近 0.5 时，方程(8-1)就失效。由于 K 的计算值将达到不符合实际的数值，而解的收敛速度也变得十分缓慢。如果能较好地确定实际的 K 值，则可由 E 和 μ 计算 G 值。某些典型的弹性常数值列于表 8-3 中。

表 8-3　典型的弹性常数值

岩性	E/GPa	μ	K/GPa	G/GPa
砂岩	19.3	0.38	26.8	7.0
粉砂岩	26.3	0.22	15.6	10.8
石灰岩	28.5	0.29	22.6	11.1
页岩	11.1	0.29	8.8	4.3
大理岩	55.8	0.25	37.2	22.3
花岗岩	73.8	0.22	43.9	30.2

(3) 基本强度性质

具有代表性的岩石(样本)的黏聚力、内摩擦角和抗拉强度值列于表 8-4 中。

表 8-4　岩石力学参数

岩性	内摩擦角/(°)	黏聚力/MPa	抗拉强度/MPa
砂岩	27.8	27.2	1.17
粉砂岩	32.1	34.7	
石英石	48.0	70.6	
石灰岩	42.0	6.72	1.58
花岗岩	31.0	66.2	13.10

(4) 峰后效应

很多情况下，尤其是采矿工程，材料在开始破坏后的响应是工程设计的重要因素。因此，在模型中必须考虑材料的峰后效应。UDEC 定义了 3 种类型的峰后效应：剪胀效应、剪切硬化或软化效应和抗拉软化效应。

(5) 现场性质参数的外延

UDEC 模型中的材料性质应尽可能接近原型的实际参数。室内试验参数通常不能直接用于 UDEC 的计算模型。模型中的不连续面的存在，说明了尺寸效应对参数的影响。因此，某些块体性质仍可能需要进一步判断，以评价裂隙、层理以及其他地质不连续面等不均质体对岩体性质的影响。

8.4.2　节理性质

节理性质通常从室内试验获得(即三轴或直剪试验)。这些试验能够给出节理诸如内摩擦角、黏聚力、剪胀角、抗拉强度以及节理切向和法向刚度等力学参数。对于夹有软土和淤泥的岩石节理，其切向与法向刚度一般为 10~100 MPa/m，而在花岗岩和玄武岩中的闭合节理,其值超过 100 GPa/m。

注意:室内试验所测试的节理性质并不能代表现场实际节理参数,与尺寸相关的节理性质的获得是岩石力学的主要难题。

8.5 边界条件

在完成所有块体切割(节理切割)和变形单元划分之后,应施加边界条件和初始条件。施加力学边界条件通常采用 boundary 命令。该命令用来指定边界应力和速度(位移)的边界条件。边界应力能够施加到刚体和变形体的边界上,但速度(位移)边界仅适用于变形块体(施加刚性块体的边界命令 fix、free 和 load)。

8.5.1 应力边界

UDEC 模型的缺省边界是无约束的自由边界。力或应力可以通过 boundary 命令施加到任意整个边界或部分边界上。用 stress 关键词可以指定平面应力张量(σ_{xx}、σ_{xy}、σ_{yy})的每一个单独应力分量。例如:

boundary stress 0,-1e6,-2e6 range 0,10 -1,1

上述命令表示将施加 $\sigma_{xx}=0$、$\sigma_{xy}=-10^6$、$\sigma_{yy}=-2\times10^6$ 到位于 $0<x<10$,$-1<y<1$ 范围内模型边界上,定义边界应力条件中,竖直方向的负号应力表示方向向下。

用户通过 print boundary 命令检查窗体周围的所有边界角点所指定的边界条件。每一外边界的角点将以表的形式列出指定的边界值。边界在模型计算过程中可能移动,所以,用户必须检查坐标窗口是否足够大,使窗口包含所有的边界角点。

在 UDEC 中,按照惯例,规定压应力为负号。UDEC 施加应力的方式包括直接施加应力分量或施加在给定界面上的应力张量的摩擦力,摩擦力分成 2 个分量:永久的和瞬时的。动力分析采用的随时间变化的永久摩擦力可分为常荷载和瞬时荷载。采用 xload 和 yload 也可将单个 x 方向和 y 方向的力的分量施加到边界上。用 load 命令也可指定荷载作用于刚性块体上,一般施加到块体的形心上。

施加应力梯度:boundary 命令可以增加关键词 xgrad 和 ygrad,该关键词允许应力或力在指定的边界上按线性变化。下面给出在 x 或 y 方向变化的应力分量:

xgrad sxxx sxyx syyx

ygrad sxxy sxyy syyy

应力从坐标原点($x=0,y=0$)沿边界按距离线性变化:

$$\sigma_{xx} = \sigma_{xx}^0 + (sxxx)x + (sxxy)y$$

$$\sigma_{xy} = \sigma_{xy}^0 + (sxyx)x + (sxyy)y$$

$$\sigma_{yy} = \sigma_{yy}^0 + (syyx)x + (syyy)y$$

式中,σ_{xx}^0,σ_{xy}^0,σ_{yy}^0 是原点的应力分量。

上式运算过程由下面的例子加以解释:

boundary stress 0,0,-10e6 ygrad 0,0, 1e5 range -0.1,0.1 -100,0

原点的应力是 $\sigma_{xx}=0$、$\sigma_{xy}=-10^6$、$\sigma_{yy}=-10\times10^6$。

在 y 方向的应力变化 σ_{yy} 的计算式为:

$$\sigma_{yy} = -10\times10^6 + (10^5)y$$

σ_{yy} 在 $y=-100$ 的值为 -20×10^6,在边界上,y 变量是从原点开始发生线性变化。

图 8-8 给出了示例图形,施加的 σ_{11} 使水平应力作用到物体上。由于该物体是倾斜的,所以力导致运动引起物体的转动。

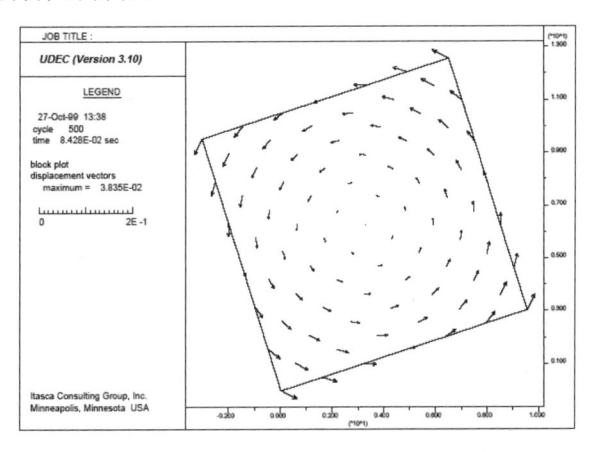

图 8-8 力作用于倾斜物体产生的旋转位移

8.5.2 位移边界

UDEC 模型不能直接控制位移,事实上,它们对计算过程并不起作用。为了施加已知的位移到边界上,有必要固定边界,或对于给定的迭代步,给出边界的位移速率。

boundary 命令用来沿着边界(而不是与 x 或 y 坐标轴一致)固定在 x 或 y 方向(bound xvel 或 yvel)或法线/切线方向(bound nvel 或 svel)的变形块体的结点速度。刚性块体的速度可以用 fix 命令。如果 fix 命令放在 initial 命令之前,速度能够以用户所选定值加以固定,也可用 fish 函数加以改变。

随时间变化的历史速度能够通过 bound…hist 命令对刚体或变形体予以施加,速度边界条件必须在应力边界条件之后给出,如果应力边界在速度边界之后施加,给出速度的响应将会消失。该 history 关键词必须出现在指定速度历史边界 bound xvel 或 bound yvel 的同一行。历史也可通过 fish 函数施加,速度边界应当在应力边界之后给出。变形块体的固定速度的边界条件能够通过 bound xfree 或 bound yfree 命令得以释放。对于刚体,则用 free 命令。

通过在指定的速度关键词之后增加关键词 gvel,速度也允许在指定的边界范围按线性变化。gvel 关键词后有 6 个参数,描述了速度分量在 x 或 y 方向的变化:

gvel v_{x0} v_{y0} v_{xx} v_{xy} v_{yx} v_{yy}

从坐标原点(0,0),速度随距离呈线性变化:

$$v_x = v_{x_0} + v_{xx} \cdot x + v_{xy} \cdot y$$
$$v_y = v_{y_0} + v_{yx} \cdot x + v_{yy} \cdot y \quad (8-2)$$

式中,v_{x_0} 和 v_{y_0} 是在原点的速度分量。

例:模型中施加边界条件和初始条件

restore D:\Itasca\udec400\ex\ex5.sav
boundary stress -10e6,0,0 range -11,-9 -10,10
boundary stress -10e6,0,0 range 9,11 -10,10

```
boundary stress -5e6,0,0 range -10,10 9,11
boundary yvel= 0.0 range -10,10 -11,-9
insitu stress -10e6,0,-5e6 szz -4.8e6
print bound
plot bound xcond
plot bound ycond
save D:\Itasca\udec400\ex\ex6.sav
set pl jpg size 1920 1200
set output D:\Itasca\udec400\ex\ex6.jpg
copy D:\Itasca\udec400\ex\ex6.jpg
```

运行结果如图 8-9 所示。

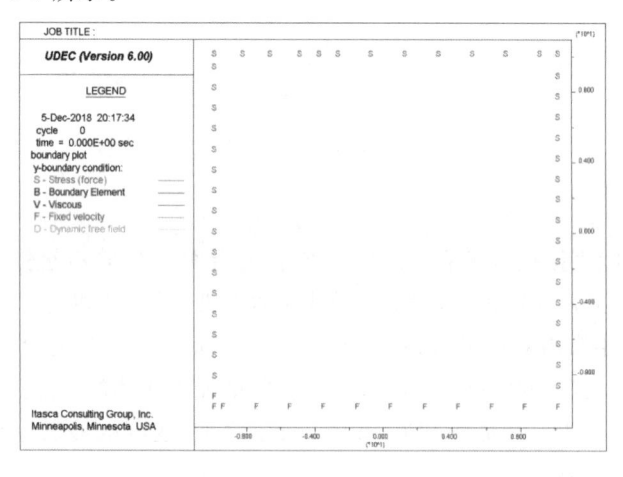

图 8-9 施加边界条件和初始条件

下表提供了总结的一些边界条件命令和效果。

表 8-5 边界条件命令和效果

命令		效果
boundary	stress	施加总应力到刚体或变形体块体的边界上
	xload	施加刚体或变形体边界的 x 方向的荷载
	yload	施加刚体或变形体边界的 y 方向的荷载
	xvel	施加变形体边界的 x 方向的速度（位移）
	yvel	施加变形体边界的 y 方向的速度（位移）
fix		固定刚体边界的速度（位移）
free		释放刚体的速度（位移）
load	xload	施加 x 方向的荷载到刚体的边界
	yload	施加 y 方向的荷载到刚体的边界

为了确保通过 bound 命令所产生的响应完全位于指定的范围，可以键入如下命令来检

查边界条件：

```
print bound
plot bound xcond
plot bound ycond
```

8.5.3 真实边界

准确地识别计算模型中某些特殊表面边界条件的类型有时是很困难的。例如，在一个三轴试验模型中，施加荷载的台板是应力边界或台板作为刚体而应视为位移边界。当然，包括台板在内的整个试验机是能够一并模拟的，但可能耗时较长。一般情况下，如果施加荷载的物体与样本相比非常"刚"（比如说，前者是后者的 20 倍），则可以作为应力控制边界加以模拟。很显然，作用在物体表面上的流体压力属于后一类。

8.5.4 人工边界

人工边界分为两类：对称轴和截取边界。

（1）对称轴

当几何形状和荷载是关于一轴或多轴对称时，就可对模型进行简化。例如，如果结构的对称轴是垂直的，则对称轴上的水平位移均为零。所以，我们能够取其垂线作为边界，边界上的所有结点，用 bound xvel=0 设置 x 方向的位移为零。如果在对称轴上的速度为零，也可采用此命令将其设置为零。在此情况下，y 方向的位移不会受到影响。类似的情况是以水平轴作为结构的对称轴。命令 bound nvel=0 能够用来设置与坐标轴成一定角度的对称轴。

不连续面的存在使得对称性的利用变得困难。当采用对称性时，应当认真考虑节理产状的影响。

（2）截取边界

当模拟非常大的物体或无限大物体（即地下隧道）时，由于内存或计算时间的限制，计算模型不可能涉及整个物体。人工边界应距离所感兴趣的区域足够远，以致不影响模型效应。

此外，边界元边界是一种模拟各向同性及线弹性材料的无限边界效应（半无限边界）的人工边界，是一种在外边界与离散元法耦合的直接边界元应用的耦合公式算法。离散元区域置于弹性区域内，该区域首先承受原岩应力。如果离散元区域发生改变（如开挖），在离散元和边界元耦合的边界，应满足位移和应力连续。

8.6 初始条件

在岩土工程和采矿工程中，任何开挖或建造之前，地下岩层处于原始应力状态，此状态将对后来模型特性产生影响。因此，在 UDEC 模型中需要通过设定初始条件，模拟原岩应力状态。理想情况下，初始应力状态的信息应来自现场实际测量结果，但当这些资料无法获取时，模型应当在一个可能条件的范围内运行。尽管该范围是很大的，但可以通过很多约束因素加以控制（即系统必须是平衡的，选择的屈服和滑移准则在任何位置都应当遵循）。

8.6.1 绘制应力等值线图

在 UDEC 模型区域,覆盖网格等值点便可形成应力等值线图。单元应力被移植到每一单元的结点,然后,对储存在结点的值进行线性插值,计算其等值线的值。缺省的网格尺寸在 x 方向和 y 方向均为 20 点。

如果网格间隔小于单元尺寸,可能观察到应力等值线图的某种非均匀性。所有位于一个单元的结点具有相同的应力值,这可能产生等值线图的变形,如图 8-10 所示。最好的效果,网格尺寸应当近似与单元尺寸具有相同的量级。网格尺寸可以用 grid 命令调整。例如,为调整图 8-10 所示的等值线网格尺寸,键入如下命令:

plot block syy grid 10 10 disp

由此获得的等值线图较为均匀,如图 8-11 所示。但对于渐变单元的情况,可能不允许调整等值线网格来匹配单元尺寸。如果允许,用 window 命令调整绘图窗口来定义近似等于单元尺寸的区域。

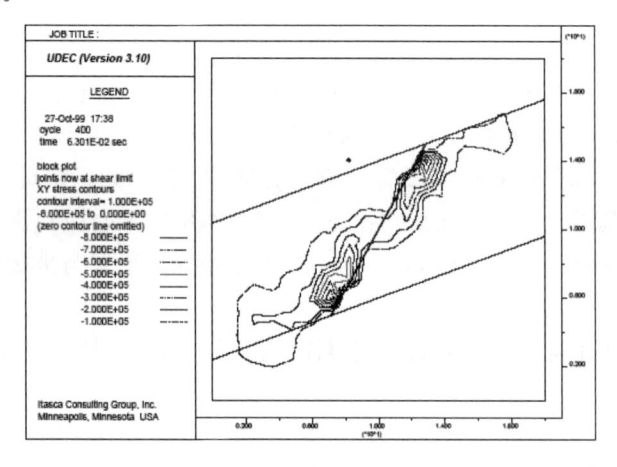

图 8-10 限制节理的滑移时剪切应力等值线

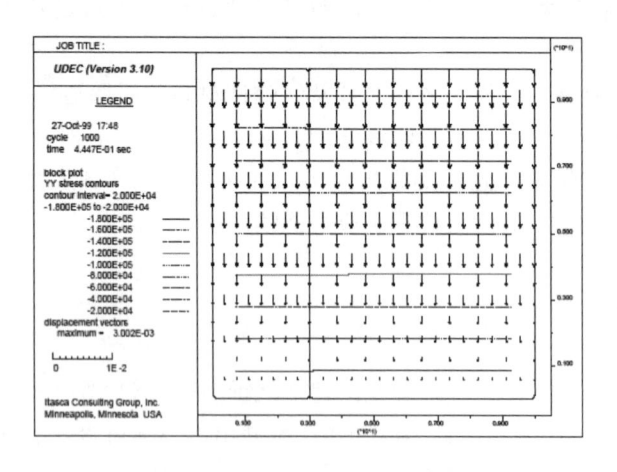

图 8-11 10×10 等值线网格的应力等值线

8.6.2 迭代为初始平衡

不平衡力指力被集中到每一刚性块体的形心和变形块体的每一结点上。在平衡状态或变形块体的稳态塑性流状态,这些力的代数和几乎是零(即作用在形心块体一条边或结点上的力几乎与作用在另一条边的力平衡)。在迭代求解过程中,对整个模型,计算最大的不平衡力。这个力连续在屏幕上显示,也可以作为历史被保存和显示。不平衡力是静力分析评价模型状态的重要指标,但其值必须与作用到模型上的内力比较。换句话说,有必要知道"小力"是多少。采用模型中感兴趣区域的典型值,对于变形块体的典型内结点力,可以通过应力乘以与力相垂直的单元长度求得。用 R 表示最大的不平衡力与代表性内力之比值,R 值将永远不会降低到零。然而,1% 或 0.1% 可被认为是平衡状态的可接受的值。

UDEC 模型在进行开挖模拟前必须进行初始状态的平衡计算,施加合适的边界条件和初始条件,使模型状态与初始平衡状态相吻合。因此,对于复杂的几何形状和多介质材料的情况,在给定的边界条件和初始条件下,进行计算并获得平衡是十分必要的。计算可采用 step(或 cycle 或 solve)命令。借助 step 命令,为使模型达到平衡,用户可指定循环步进行计算。当每一刚体形心的结点力或变形体的结点力接近零,模型就处于平衡状态。当激活 step 命令后,最大的结点力矢量(称之为不平衡力)由 UDEC 进行监测,并在屏幕上显示,用户能够因此估计模型何时达到平衡状态。

对于任何模型的数值分析,不平衡力不可能完全达到零。但当最大的结点不平衡力与初始所施加的总的力比较相对较小时,就可认为模型达到平衡状态。例如,如果最大不平衡力从最初的 1 MN 降低到 100 N,此时最大不平衡力与初始的不平衡力之比为 0.01%,则认为模型达到平衡。

采用 UDEC 进行数值分析时,判断模型平衡是一个重要的问题,用户必须确定模型在何时达到平衡状态,通常采用以下命令:

hist unbal

;记录最大不平衡力历史

hist xvel x₀,y₀

;记录位移坐标(x₀,y₀)附近结点 x 方向的速度。

hist ydisp x₀,y₀

;记录接近坐标(x₀,y₀)位置处 y 方向的位移。

在进行数百次或数千次迭代后,通过这些历史记录绘图并显示平衡条件。

在模拟开挖前确保模型处于平衡状态是十分重要的。通过记录几种历史以考察最大不平衡力的衰减。如果所进行的计算步超过模型达到平衡所需的计算步,并不会影响计算结果。然而,不充分的计算步将影响模型的计算结果。

UDEC 计算可在任何时间通过按 Esc 键中断。更方便的是使用 step 命令进行高次数的计算和周期的中断和再次分析,以确保达到平衡状态。

例:初始平衡

```
new
round 0.1
block -10,-10 -10,10 10,10 10,-10
crack -2,-2 -2,2
crack -2,2 2,2
crack 2,2 2,-2
```

```
crack 2,-2 -2,-2
jset 70,0 40,0 0,0 40,0 -2,0
jset -50,0 40,0 0,0 3,0 1,2
gen edge 2
change jmat=2 range angle -51,-49
change jmat=5 range angle 69,71
prop mat=1 dens=2500 b=1.5e9 s=0.6e9
prop jmat=1 jkn=2e9 jks=2e9 jcoh=1e10 jten=1e10
prop jmat=2 jkn=2e9 jks=1e9 jfr=45
prop jmat=5 jkn=2e9 jks=1e9 jfr=5
bound stress 0,0,-10e6 range -10,10 9,11
bound xvel=0.0 range -11,-9 -10,10
bound xvel=0.0 range 9,11 -10,10
bound yvel=0.0 range -10,10 -11,-9
insitu stress -10e6,0,-10e6 szz -10.0e6
set grav 0.0 -9.81
hist unbal
hist ydis 0,2
step 700
plot hist 1
save D:\Itasca\udec400\ex\ex7.sav
set pl jpg size 1920 1200
set output D:\Itasca\udec400\ex\ex7.jpg
copy D:\Itasca\udec400\ex\ex7.jpg
plot hist 2
save D:\Itasca\udec400\ex\ex8.sav
set pl jpg size 1920 1200
set output D:\Itasca\udec400\ex\ex8.jpg
copy D:\Itasca\udec400\ex\ex8.jpg
```

初始不平衡力近似为 2 MN，在计算 700 步后，降至约 10 N。通过绘制两个历史可以发现，最大的不平衡力已接近零，位移接近 2.7×10^{-3} m 常量，如图 8-12 和图 8-13 所示。

如果位于开挖体顶板的块体被分离，则块体由于重力作用将落到硐室。应当注意，当重力与原岩应力具有相同的量级，用 insitu 命令施加应力梯度（应力随深度的变化）以加速初始平衡状态的收敛。

如果存在下列情况，UDEC 将需要运行很长时间才能收敛：

(1) 块体材料与节理材料的刚度或性质反差较大；

(2) 块体或单元尺寸存在较大差异。

当上述反差变得较大时，程序的计算效率很低。刚度反差的影响应在详细分析前进行研究。

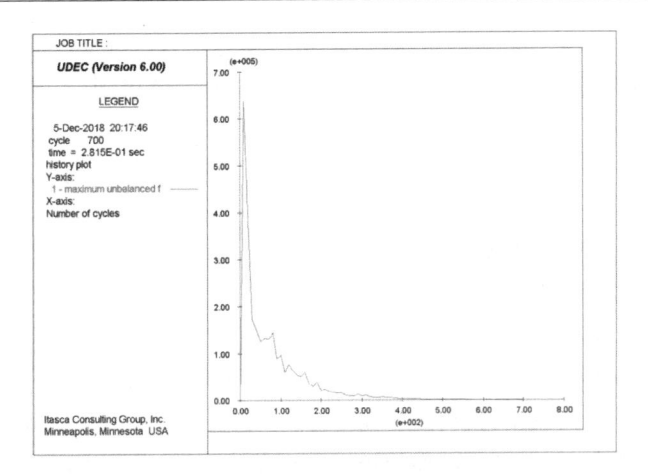

图 8-12 最大不平衡力历史

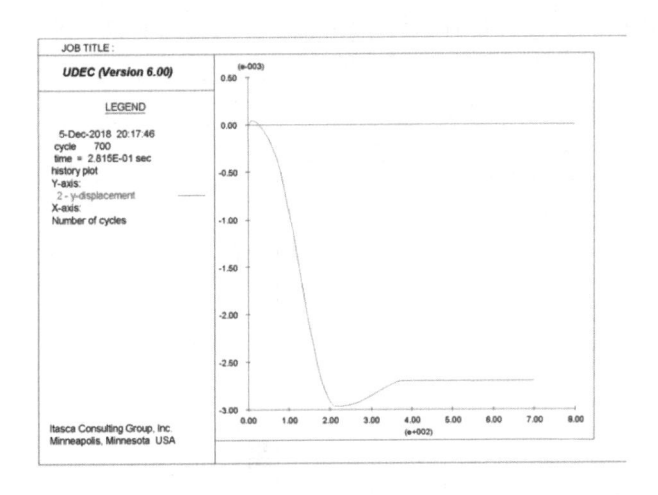

图 8-13 在(0,2)位置的 y 位移历史

8.7 加载与工程模拟

8.7.1 改变与分析

模型计算过程中,在不同的计算阶段施加不同的荷载条件,可以模拟诸如开挖或建造等模型荷载的变化。荷载变化的方式有多种,例如,施加新的应力或位移边界,改变块体材料为零模型或改变材料的性质等。

模型模拟的顺序应对应于工程实际的施工程度。在大部分的分析中,每一施工步骤应对应于不同的静态加载的变化,即物理时间并不是一个参数。UDEC 能够进行节理瞬时流动、热传导和动力分析的模拟,对于所有的情况,必须求得平衡应力状态的静力解,例如,对于受爆破作用的动力计算或通过节理流动的瞬态计算。

另一方面,UDEC 不能直接模拟时间参数,必须采用某些工程判断来估计时间效应。例如,在预测的位移或应变已经出现后改变模型参数,该位移估计已经超出给定的时间周期。

为了考察模型对荷载变化的响应,必须研究荷载变化所引起不平衡力,所以,改变弹性参数将没有影响;如果荷载变化引起当前应力状态超过破坏极限时,改变强度性质将会产生影响。

UDEC 允许求解过程中在任意部位改变模型条件,这些改变可能有以下形式:

(1) 开挖材料;

(2) 增加或删除边界荷载或应力;

(3) 固定或释放边界结点的速度(位移);

(4) 改变材料模型或块体和变形体的性质参数。

可以用 delete 命令或 change cons=0 命令模拟材料开挖;用 boundary xload,yload 或 stress 命令施加荷载和应力;通过采用 boundary xvel 或 yvel 命令固定边界结点;通过 boundary xfree 和 yfree 命令移去边界约束;用 change 命令改变变形块体和不连续面的材料模型;用 property 命令可改变材料性质参数。

例:位于岩体中的隧道包含具有±15°倾角和 1 m 间距的两组节理,图 8-14 和图 8-15 显示了模拟结果,隧道是一水平硐室,所以垂直对称轴线(即模型的左右边界)是位于硐室的中线,顶部边界位于地表面。节理仅在包围隧道足够大的有限范围内产生。

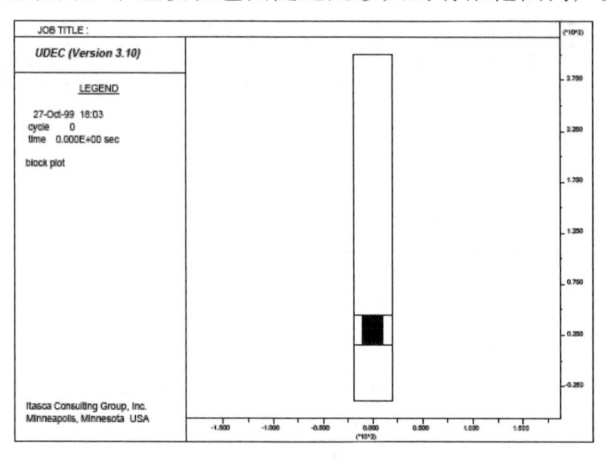

图 8-14　隧道区域模型全图

具体命令如下:

;为模型的初始平衡给定的边界和初始条件:

insitu stress -3.5e6 0 -6.879 6e6 ygrad 11 666.7 0 23 932

grav 0, -9.81

bound xvel 0 range -19.4 -17.9 -40.1 300.1

bound xvel 0 range 17.9 19.3 -40.1 300.1

bound yvel 0 range -19.3 19.3 -40.1 39.9

在这个分析中,假设破坏仅限于节理,块体具有弹性特性。对于块体性质的命令是:

prop mat=1 den=2340 bu=8.39e9 sh=6.29e9

节理内摩擦角为 20°,黏聚力为 1 MPa,零抗拉强度。如果节理发生剪切或张拉破坏,黏聚力便消失(jcons=5)。命令是:

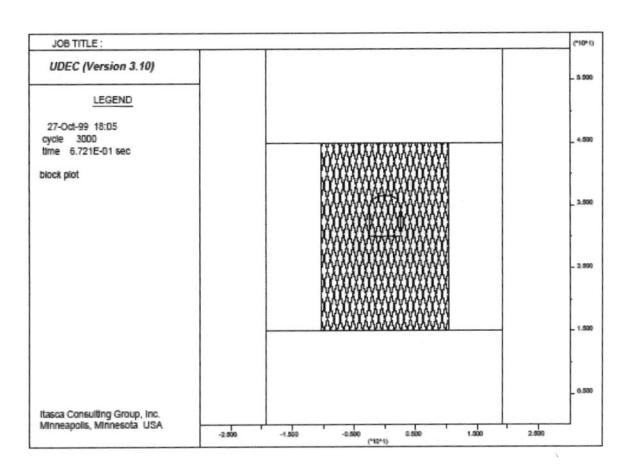

图 8-15　隧道附近区域的局部图形

change jcons=5

prop jmat=1 jkn=1.0e11 jks=1.0e11 jcoh=1.0e6 jfric=20.0 jtens=0.0 set jcondf=5 jmatdf=1

采用如下命令,将节理性质参数赋给围绕开挖体边界的虚拟节理:

change jmat=2 range ang -1 1

change jmat=2 range ang 89 91

prop jmat=2 jkn=1.0e11 jks=1.0e11 jcoh=1e20 jten=1e20

用如下命令进行求解,并监测初始阶段:

hist unb ydisp 0,35

damp auto

step 3 000

注意 damp auto 被用来使模型快速趋向于弹性平衡。

保存这一阶段的模型状态:

save stepq.sav

通过绘制不平衡力和垂直位移历史图来证实模型的平衡状态。图 8-16 显示了点(0,35)的垂直位移已经收敛趋于一个常数。

下一步,通过如下命令立刻开挖隧道:

del -2.5 2.5 30 35

del 2.0 2.3 35 35.5

del -2.3 -2 35 35.5

del -1.55 1.55 35 36.2

;假设开挖是突然进行的(即通过爆破掘进)。产生模型的非线性响应取决于卸载速率,所以,模拟人员必须决定这种模拟开挖是否适用于实际情况。另外,也可通过逐步减小开挖边界的应力来实施地下开挖,可产生不同的响应。

通过监测围绕隧道位置的位移来判断第二计算步的解:

hist ydis 0 36.2

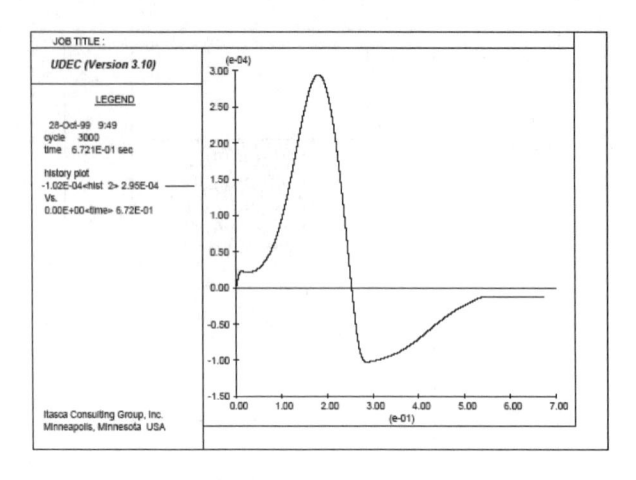

图 8-16　监测在点(0,35)的垂直位移历史

```
hist xdis 2.5 32.5
```
;记录隧道拱顶 y 方向的位移和隧道两帮中点 x 方向的位移。求解由以下命令开始：
```
step 5000
```
当完成计算步，绘制位移历史。

图 8-17 显示位移已经收敛于拱顶为 7.5 mm 和两帮为 3.8 mm 的常值位移。

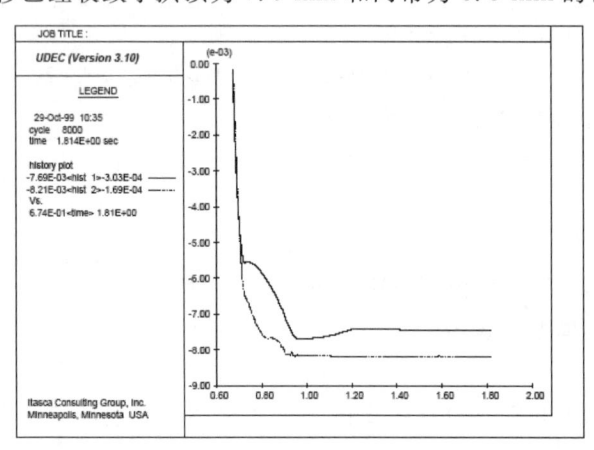

图 8-17　监测隧道拱顶(历史 1)和两帮(历史 2)的位移历史

图 8-18 所示的模型图形显示了在开挖体每一边墙的一个块体已经脱离岩体。这些块体在保存这个阶段的模型之前被删除，即
```
delete -2.9 3.2 31.9 32.6
save step2.sav
```
为了研究支护对隧道稳定性的影响，通过安装锚索单元或结构单元来重复模拟顺序（即 restore step2.sav）。如果对块体和节理采用不同的材料性质，必须再次进行隧道静态分析（即 restore step1.sav）。如果评估隧道不同位置的节理组产状，有必要重新生产模型并使其再次达到平衡状态。切记，当改变荷载时，模型必须达到平衡状态。

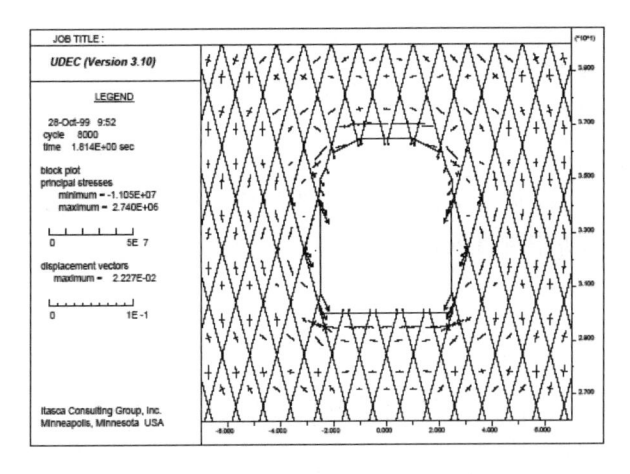

图 8-18　隧道开挖达到应力平衡

8.7.2　模型支护和测线布置

对于地下工程来说,支护是必不可少的一部分,因此,在模型建立时,要考虑采用何种方式进行顶板的支护。同时需要得到感兴趣部分模型计算的详细数据,所以需要布置测线进行观测。下面对模型支护和测线布置的命令进行介绍。

（1）打设锚杆

cable x_1 y_1 x_2 y_2 npoint mats matg

;x_1 y_1 x_2 y_2 指锚杆的两个端点,npoint 指锚杆的黏结点数,mats 指锚杆材料性质,材料编号,按着前面给定的材料号继续往下编,asteel 指锚杆横截面积,matg 指锚固体性质。

cable (hc1bx,hc1by) (hc1ex,hc1ey) 25 9 314e-6 10 2e4

;(hc1bx,hc1by)表示表示锚杆的起始坐标,(hc1ex,hc1ey)表示锚杆的末端坐标,25是锚杆的节点数,9是锚杆参数编号,314e-6是锚杆横截面积,10是锚固体参数,2e4是锚杆预紧力。

（2）锚杆参数

prop m=9 cb_dens 7500 cb_ycomp 6.3e8 cb_yield 0.5e7 cb_ymod 0.5e11

定义参数编号为9的锚杆属性,包括密度、抗拉强度、屈服强度、弹性模量。

（3）锚固体的参数

prop m=10 cb_kbond=1.6e9 cb_sbond=2e6

（4）锚固体的性质

prop mat 11 cb_kbond 6.3e9 cb_sbond 6e5

（5）设置观测线

set pline 1 x_1 y_1 x_2 y_2 n

set pline 1 25 20 300 20 10

;定义测线1的起始点坐标为(25,20),终点坐标为(300,20),测线分段为10。

8.7.3　数据保存、调用和输出

当进行分步计算时,命令 save 和 restore 是有用的。在一个阶段的结尾（即初始平衡）,采用如下命令,可以保存模型状态:

```
save file.sav
```
命令中,file 是一个用户定义的文件名。扩展名.sav 定义这个文件是一个保存文件。这个文件可以采用如下命令进行调用:
```
restore file.sav
```
模型计算完成后,可以通过以下命令输出观测线的位移与应力数据,默认输出到 udec.log 文件中,可在 excel 表中进行数据处理。
```
set log on
print __ __
set log off
```
"on"在实际应用时改为自己将要保存到的文件夹位置,"print"后输入需要记录的某条测线的应力或位移代码。

例如:
```
set log F:\yuanyan.log
```
;将数据导入 F 盘中命名为"yuanyan"的文件。
```
print pline 1 syy
```
;记录测线 1 的竖直应力。
```
print pline 2 xdis
```
;记录测线 2 的水平位移。
```
set log off
```
;结束数据导出。

通过以下命令可以在屏幕上观看下沉与应力等值线(int 是指 interval):
```
pl bl ydisp int 0.1
pl bl syy int 1e6
```

8.7.4 小结

表 8-6 中给出了本章所介绍的简单问题分析时的基本命令。

表 8-6 简单问题分析时的基本命令

功能	命令
产生块体模型	round
	block
切割块体	crack
	jset
	tunnel
	arc
块体和节理的材料模型和参数	gen
	change
	property

表 8-6（续）

功能	命令
边界条件和初始条件	boundary
	insitu
初始平衡（具有重力）	damp local
	set gravity
	step
	solve
模型变化	delete
	change
	property
	boundary
	cable
监测模型响应	history
	plot
保存或恢复当前状态	save
	restore

表 8-7 中给出了系统单位。

表 8-7　系统单位

SI				
length	M	m	M	cm
density	kg/m^3	10^3 kg/m^3	10^6 kg/m^3	10^6 g/m^3
force	N	kN	MN	Mdynes
stress	Pa	kPa	MPa	Bar
gravity	m/s^2	m/s^2	m/s^2	cm/s^2

8.8　模型实例

为有效地进行地质工程问题分析，在介绍了数值模拟应遵循的 7 个步骤后，本节将引用第 6 章的工程实例，根据前面章节介绍的步骤完整地完成一个模型的建立，并输出图像结果。

8.8.1　模型建立

（1）块体建立

new
set ovtol 0.8
round 0.03

;块体边角,值越大块体边角呈现圆角越大,大模型默认 0.1,小模型默认 0.01
block 0 0 0 60 180 60 180 0
;生成模型块体
;切割块体/岩性分层
crack 0 2 180 2
crack 0 8 180 8
crack 0 10 180 10
crack 0 16 180 16
crack 0 32 180 32
crack 0 40 180 40
;运输巷
crack 50 16 50 20
crack 50 20 55 20
crack 55 16 55 20
;开挖步
crack 60 20 130 20
crack 60 16 60 20
crack 70 16 70 20
crack 80 16 80 20
crack 90 16 90 20
crack 100 16 100 20
crack 110 16 110 20
crack 120 16 120 20
crack 130 16 130 20
plot block
;开采分组
group yunshu range 50 55 16 20
group kw1 range 120 130 16 20
group kw2 range 110 120 16 20
group kw3 range 100 110 16 20
group kw4 range 90 100 16 20
group kw5 range 80 90 16 20
group kw6 range 70 80 16 20
group kw7 range 60 70 16 20
save D:\Itasca\udec400\ex\ex8.1.sav
set pl jpg size 1920 1200
set output D:\Itasca\udec400\ex\ex8.1.jpg
copy D:\Itasca\udec400\ex\ex8.1.jpg
运行结果如图 8-19 所示。

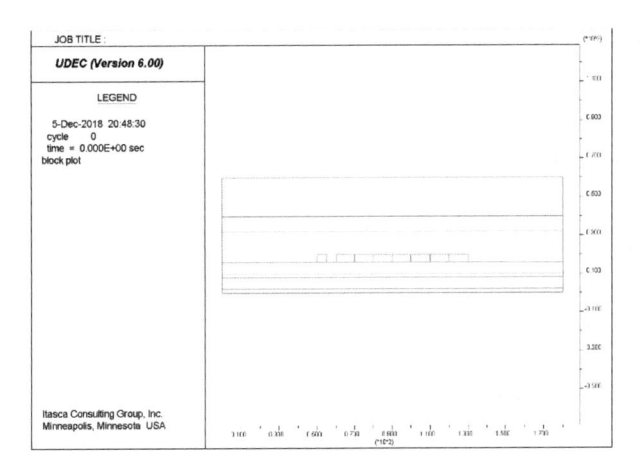

图 8-19 划分块体后的模型

(2) 节理生成

restore D:\Itasca\udec400\ex\ex8.1.sav
jregion id 1 0 0 0 2 180 2 180 0
jset 0 0 180 0 0 0 2 0 0 0 range jregion 1
jset 90 0 2 0 2 0 6 0 3 0 range jregion 1
jregion id 2 0 2 0 8 180 8 180 2
jset 0 0 180 0 0 0 3 0 0 2 range jregion 2
jset 90 0 3 0 3 0 4 0 2 2 range jregion 2
jset 90 0 3 0 3 0 4 0 1 5 range jregion 2
jregion id 3 0 8 0 10 180 10 180 8
jset 0 0 180 0 0 0 2 0 0 8 range jregion 3
jset 90 0 2 0 2 0 3 0 0.5 8 range jregion 3
jregion id 4 0 10 0 16 180 16 180 10
jset 0 0 180 0 0 0 2 0 0 10 range jregion 4
jset 90 0 2 0 2 0 2 0 1 10 range jregion 4
jset 90 0 2 0 2 0 2 0 2 12 range jregion 4
jregion id 5 0 16 0 32 180 32 180 16
jset 0 0 180 0 0 0 1 0 0 16 range jregion 5
jset 90 0 1 0 1 0 1 0 0.25 16 range jregion 5
jset 90 0 1 0 1 0 1 0 1 17 range jregion 5
jregion id 6 0 32 0 40 180 40 180 32
jset 0 0 180 0 0 0 4 0 0 32 range jregion 6
jset 90 0 4 0 4 0 6 0 2.2 32 range jregion 6
jset 90 0 4 0 4 0 6 0 5.2 36 range jregion 6
jregion id 7 0 40 0 60 180 60 180 40
jset 0 0 180 0 0 0 7 0 0 40 range jregion 7

jset 90 0 7 0 7 0 10 0 5 40 range jregion 7
jset 90 0 7 0 7 0 10 0 10 47 range jregion 7
Plot block
save D:\Itasca\udec400\ex\ex8.2.sav
set pl jpg size 1920 1200
set output D:\Itasca\udec400\ex\ex8.2.jpg
copy D:\Itasca\udec400\ex\ex8.2.jpg
运行结果如图 8-20 所示。

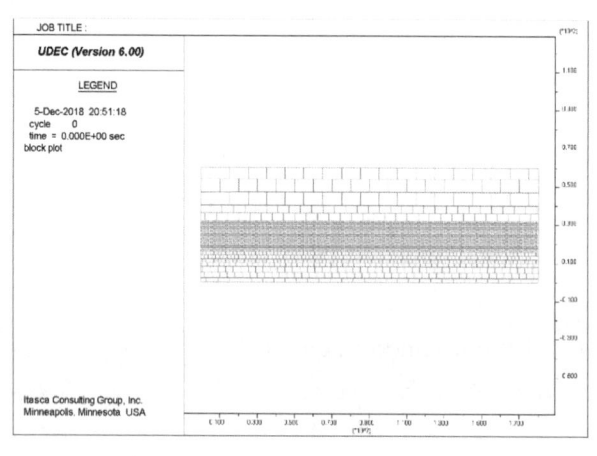

图 8-20　模型节理生成

(3) 网格划分
restore D:\Itasca\udec400\ex\ex8.2.sav
gen quad 4 range 0 180 0 2
gen quad 4 range 0 180 2 8
gen quad 4 range 0 180 8 10
gen quad 2 range 0 180 10 16
gen quad 1 range 0 180 16 32
gen quad 2 range 0 180 32 40
gen quad 4 range 0 180 40 60
plot zone ;查看网格
save D:\Itasca\udec400\ex\ex8.3.sav
set pl jpg size 1920 1200
set output D:\Itasca\udec400\ex\ex8.3.jpg
copy D:\Itasca\udec400\ex\ex8.3.jpg
运行结果如图 8-21 所示。
(4) 本构模型建立
;变形块体材料模型
restore D:\Itasca\udec400\ex\ex8.3.sav

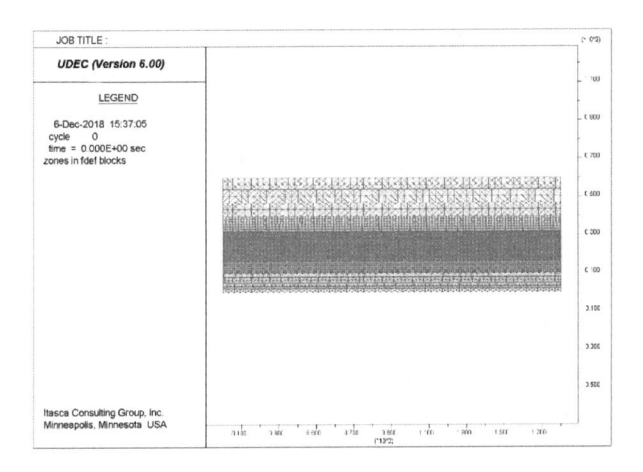

图 8-21　网格划分

change cons 3
change mat 1 range 0 180 0 2
change mat 2 range 0 180 2 8
change mat 3 range 0 180 8 10
change mat 4 range 0 180 10 16
change mat 5 range 0 180 16 32
change mat 6 range 0 180 32 40
change mat 7 range 0 180 40 60
prop mat 1 d 2500 bulk 43e9 sh 16e9 fric 30 coh 4e6 ten 40e6 ;泥岩
prop mat 2 d 2500 bulk 33e9 sh 11e9 fric 30 coh 1.45e6 ten 20.5e6 ;砂岩
prop mat 3 d 2500 bulk 15e9 sh 5e9 fric 10 coh 1.7e6 ten 9e6 ;砂质泥岩
prop mat 4 d 2500 bulk 21e9 sh 7e9 fric 20 coh 12e6 ten 30e6 ;直接底
prop mat 5 d 1400 bulk 15e9 sh 5e9 fric 12 coh 1.5e6 ten 11e6 ;6# 煤
prop mat 6 d 2500 bulk 24e9 sh 8e9 fric 20 coh 0.2e6 ten 21.2e6 ;砂质泥岩
prop mat 7 d 2500 bulk 50e9 sh 18e9 fric 30 coh 4.7e6 ten 30.8e6 ;粗砂岩
;节理模型
change jcons 2
change jmat 1 range 0 180 0 2
change jmat 2 range 0 180 2 8
change jmat 3 range 0 180 8 10
change jmat 4 range 0 180 10 16
change jmat 5 range 0 180 16 32
change jmat 6 range 0 180 32 40
change jmat 7 range 0 180 40 60
prop jmat 1 jkn 10e9 jks 20e9 jfric 15 jcoh 0 jten 10e6 ;泥岩
prop jmat 2 jkn 8e9 jks 16e9 jfric 8 jcoh 0 jten 0 ;粗砂岩

```
prop jmat 3 jkn 8e9 jks 16e9 jfric 8 jcoh 0 jten 0 ;砂质泥岩
prop jmat 4 jkn 4e9 jks 8e9 jfric 4 jcoh 0 jten 0 ;直接底
prop jmat 5 jkn 5e9 jks 10e9 jfric 5 jcoh 0 jten 0 ;6# 煤
prop jmat 6 jkn 8e9 jks 16e9 jfric 15 jcoh 0 jten 0 ;砂质泥岩
prop jmat 7 jkn 12e9 jks 24e9 jfric 20 jcoh 0 jten 0 ;粗砂岩
Plot block mat
save D:\Itasca\udec400\ex\ex8.4.sav
set pl jpg size 1920 1200
set output D:\Itasca\udec400\ex\ex8.4.jpg
copy D:\Itasca\udec400\ex\ex8.4.jpg
```

运行结果如图 8-22 所示。

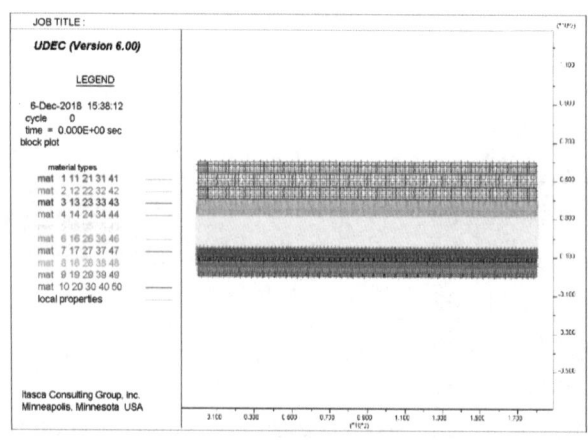

图 8-22 材料特性画面

8.8.2 边界条件和初始条件

```
restore D:\Itasca\udec400\ex\ex8.4.sav
set grav 0 -10
bound stress 0 0 -7e6 range 0 180 59.9 60.1
bound stress -5e6 0 0 range 179.9 180.1 0 60
bound yvel 0.0 range 0 180 -0.1 0.1
bound xvel 0.0 range -0.1 0.1 0 60
bound xvel 0.0 range 179.9 180.1 0 60
damp auto
hist solve_rat type 1
hist unbal
solve
save D:\Itasca\udec400\ex\ex8.5.sav
set pl jpg size 1920 1200
set output D:\Itasca\udec400\ex\ex8.5.jpg
```

```
copy D:\Itasca\udec400\ex\ex8.5.jpg
;输出最大不平衡力图
pl hist 2
save D:\Itasca\udec400\ex\ph.sav
set pl jpg size 1920 1200
set output D:\Itasca\udec400\ex\ph.jpg
copy D:\Itasca\udec400\ex\ph.jpg
;x 方向位移云图
pl bl xdis fill
save D:\Itasca\udec400\ex\xw.sav
set pl jpg size 1920 1200
set output D:\Itasca\udec400\ex\xw.jpg
copy D:\Itasca\udec400\ex\xw.jpg
;y 方向位移云图
pl bl ydis fill
save D:\Itasca\udec400\ex\yw.sav
set pl jpg size 1920 1200
set output D:\Itasca\udec400\ex\yw.jpg
copy D:\Itasca\udec400\ex\yw.jpg
```

运行结果如图 8-23～图 8-25 所示。

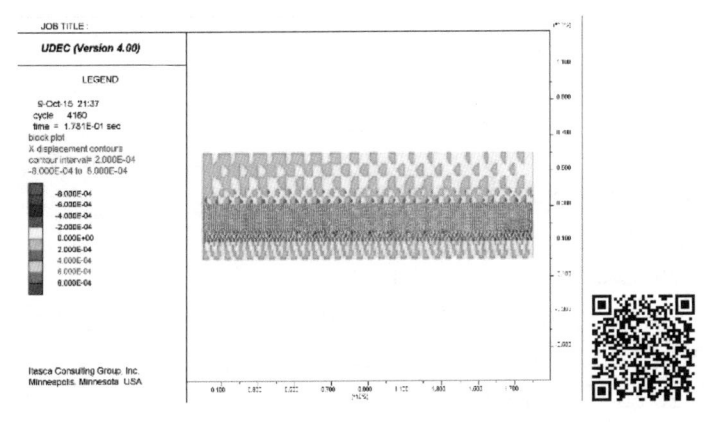

图 8-23 x 方向位移云图

8.8.3 模型支护

```
restore D:\Itasca\udec400\ex\ex8.5.sav
;模型开挖
delete range group yunshu
;在运输巷中打设锚杆
;顶锚索
cable 52 20 52 28 12 9 1.8e-4 10 8e4
```

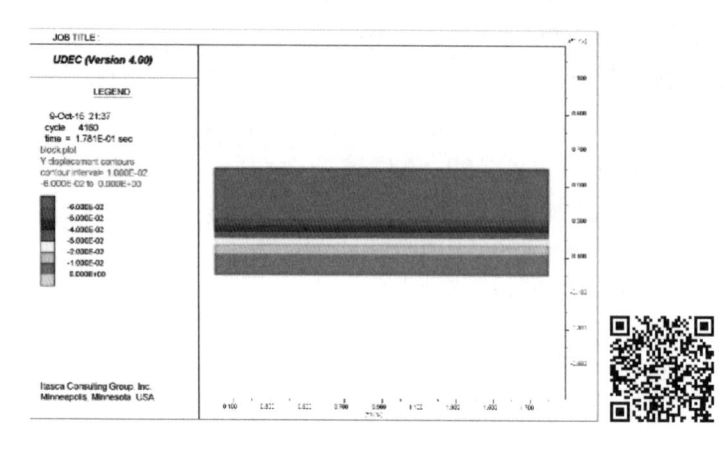

图 8-24　y 方向位移云图

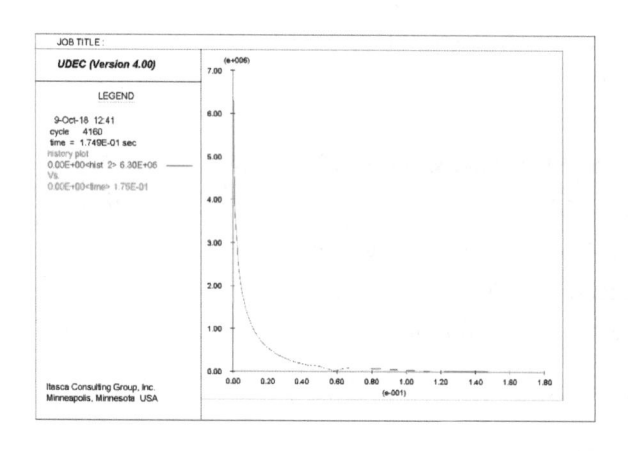

图 8-25　最大不平衡力图

```
cable 54 20 54 28 12 9 1.8e-4 10 8e4
;顶部锚杆
cable 50.5 20 49 21.5 6 9 3.8e-4 10 8e4
cable 51.5 20 51.5 22.4 6 9 3.8e-4 10 8e4
cable 52.5 20 52.5 22.4 6 9 3.8e-4 10 8e4
cable 53.5 20 53.5 22.4 6 9 3.8e-4 10 8e4
cable 54.5 20 56 21.5 6 9 3.8e-4 10 8e4
;帮锚杆
cable 47.6 16.5 50 16.5 6 9 3.8e-4 10 6e4
cable 47.6 17.5 50 17.5 6 9 3.8e-4 10 6e4
cable 47.6 18.5 50 18.5 6 9 3.8e-4 10 6e4
cable 47.6 19.5 50 19.5 6 9 3.8e-4 10 6e4
cable 55 16.5 57.4 16.5 6 9 3.8e-4 10 6e4
cable 55 17.5 57.4 17.5 6 9 3.8e-4 10 6e4
cable 55 18.5 57.4 18.5 6 9 3.8e-4 10 6e4
```

```
cable 55 19.5 57.4 19.5 6 9 3.8e-4 10 6e4
prop mat=9 cb_ymod=110e9 cb_dens=7500 cb_yield=1e10 cb_ycomp 1e10
prop mat=10 cb_kbond=110e10 cb_sbond=10e6
;测线布置
set pline 0 32 180 32 200
set pline 0 33 180 33 200
set pline 0 34 180 34 200
set pline 0 35 180 35 200
set pline 0 36 180 36 200
set pline 0 37 180 37 200
set pline 0 38 180 38 200
set pline 0 39 180 39 200
set pline 0 40 180 40 200
solve
pl bl
save D:\Itasca\udec400\ex\ex8.6.sav
set pl jpg size 1920 1200
set output D:\Itasca\udec400\ex\ex8.6.jpg
copy D:\Itasca\udec400\ex\ex8.6.jpg
```
运行结果如图 8-26 所示。

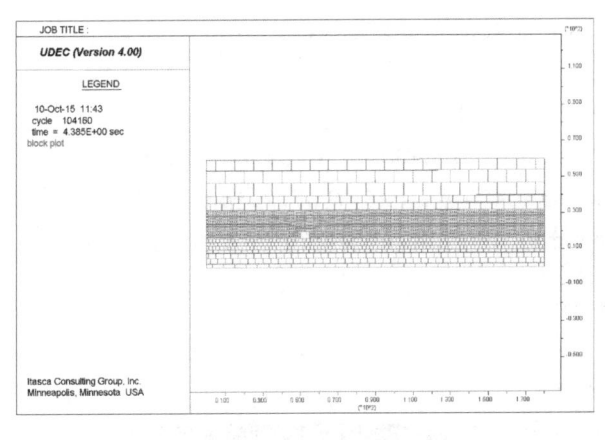

图 8-26 开挖情况

8.8.4 模型开挖

```
;模型工作面开挖
restore D:\Itasca\udec400\ex\ex8.6.sav
delete range group kw1
solve
save D:\Itasca\udec400\ex\ex8.7kw1.sav
set pl jpg size 1920 1200
```

```
set output D:\Itasca\udec400\ex\ex8.7kw1.jpg
copy D:\Itasca\udec400\ex\ex8.7kw1.jpg
```
图 8-27 为开挖第一步(kw1)后的网格图。

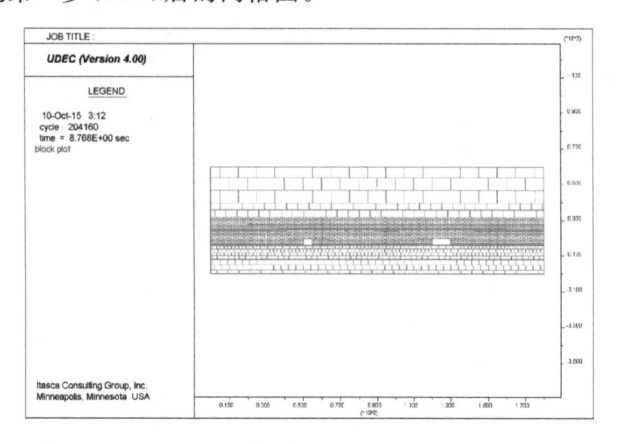

图 8-27　开挖第一步网格图

输出模型水平应力与竖直应力云图：
```
restore D:\Itasca\udec400\ex\ex8.7kw1.sav
pl bl sxx fill
set pl jpg size 1920 1200
set output D:\Itasca\udec400\ex\ex8.7kw1.1.jpg
copy D:\Itasca\udec400\ex\ex8.7kw1.1.jpg
pl bl syy fill
set pl jpg size 1920 1200
set output D:\Itasca\udec400\ex\ex8.7kw1.2.jpg
copy D:\Itasca\udec400\ex\ex8.7kw1.2.jpg
```
图 8-28 和图 8-29 分别为程序运行后的水平应力和竖直应力云图。

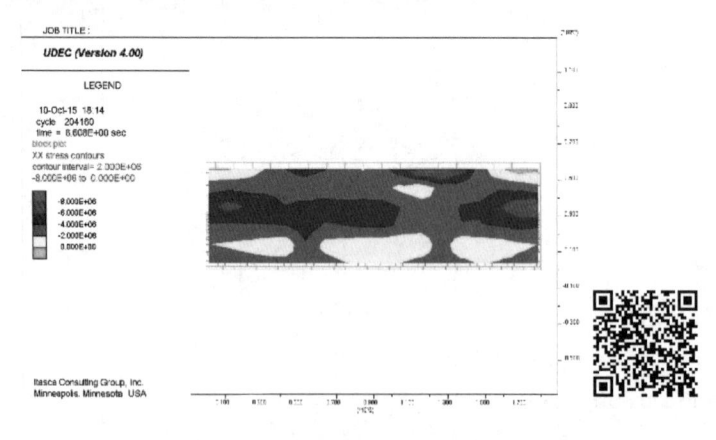

图 8-28　水平应力云图

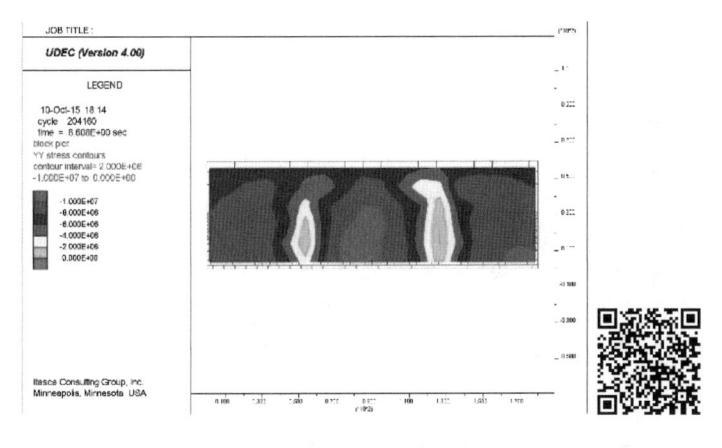

图 8-29　竖直应力云图

8.8.5　模型结果输出

;输出测线上的水平应力与竖直应力数据
re D:\Itasca\udec400\ex\ex8.7kw1.sav
set log D:\Itasca\udec400\ex\cexian1.log
print pline 1 sxx
set log D:\Itasca\udec400\ex\cexian2.log
print pline 1 syy
set log off

习题

习题为上机实验内容,实验地质条件参照第 6 章习题的相关内容。

实验 1:

(1) 依据图 6-1 所示的模拟地层柱状图,建立块体模型,写出代码,并生成划分块体后的模型图。

提示:模型的长度可设定为 1 000 m,模型高度为柱状图高度,层厚小于 1 m 的可以累加到上一层中,煤层高度四舍五入精确到小数点后 1 位;模型的左右边界各留设 200 m;模型从右侧开挖,每次开挖 100 m,共开挖 600 m。

(2) 调用实验 1 中(1)的模型,生成模型节理,节理方向为 0°和 90°,写出代码,并生成模型节理图。

实验 2:

(1) 调用实验 1 的模型文件,对单元块体进行网格划分,写出代码,并生成模型网格图。

(2) 调用实验 2 中(1)的模型文件,对岩层材料和节理进行属性赋值,具体赋值参数可参考给定的岩石力学试验数据,写出代码,并生成模型材料特征图。

实验 3：

（1）调用实验 2 的模型文件，定义模型边界条件和初始条件，写出代码，并生成最大不平衡力的变化趋势图。

（2）调用要求实验 3 中(1)的模型文件，写出代码，输出岩层 y 方向的位移云图和应力云图。

实验 4：

（1）调用实验 3 的模型文件，开挖工作面，每次开挖 100 m，分别生成 7#煤层、11#煤层、14-2#煤层、14-3#煤层、山 4#煤层开挖后的 sav 文件并保存，输出每层煤开挖后的网格图。

（2）调用实验 4 中(1)的模型文件，定义 7#煤层顶板 30 m 位置为第 1 条测线，11#煤层顶板 20 m 为第 2 条测线，14-2#煤层上方顶板 10 m 为第 3 条测线，山 4#煤层上方顶板 30 m 为第 4 条测线，山 4#煤层上方顶板 60 m 为第 5 条测线，山 4#煤层上方顶板 90 m 为第 6 条测线，山 4#煤层上方顶板 120 m 为第 7 条测线，山 4#煤层上方顶板 160 m 为第 8 条测线，每条测线节点有 199 个。

写出代码，要求如下：

① 输出在 7#煤层开挖后，第 1 条测线 y 方向的位移数据和 y 方向的应力数据；输出在 11#煤层开挖后，第 1 条测线 y 方向的位移数据和 y 方向的应力数据；输出在 14-2#煤层开挖后，第 1 条测线 y 方向的位移数据和 y 方向的应力数据；输出在 14-3#煤层开挖后，第 1 条测线 y 方向的位移数据和 y 方向的应力数据；作出第一条测线 y 方向的位移曲线对比图和第一条测线 y 方向的应力曲线对比图。

② 输出在 11#煤层开挖后，第 2 条测线 y 方向的位移数据和 y 方向的应力数据；输出在 14-2#煤层开挖后，第 2 条测线 y 方向的位移数据和 y 方向的应力数据；输出在 14-3#煤层开挖后，第 2 条测线 y 方向的位移数据和 y 方向的应力数据；作出第 2 条测线 y 方向的位移曲线对比图和第 2 条测线 y 方向的应力曲线对比图。

③ 输出在 14-2#煤层开挖后，第 3 条测线 y 方向的位移数据和 y 方向的应力数据；输出在 14-3#煤层开挖后，第 3 条测线 y 方向的位移数据和 y 方向的应力数据；作出第 3 条测线 y 方向的位移曲线对比图和第 3 条测线 y 方向的应力曲线对比图。

④ 在山 4#煤层开挖后，分别输出第 4 条测线、第 5 条测线、第 6 条测线、第 7 条测线、第 8 条测线 y 方向的位移数据和 y 方向的应力数据；作出第 4～8 条测线 y 方向的位移曲线对比图和第 4～8 条测线 y 方向的应力曲线对比图。

第9章 数值模拟应用实例

9.1 覆岩破断机理分析

巷道围岩上覆岩层的破断机理与岩层岩性、埋深、煤层厚度、开采方式等因素有关,如何将诸多的因素在模型中体现并耦合,一直以来都是数值计算中的难点。本节根据"关键层"理论、实验室及现场的实测数据,建立覆岩结构变形模型,研究关键层和煤层厚度对上覆岩层稳定性的影响。

9.1.1 多层位覆岩变形模型

(1) 模型设计

煤矿巷道顶板覆岩为层状结构,在经历构造运动后发育着一些裂隙,由层面及裂隙切割成块体结构,在矿山压力的作用下,巷道顶板浅部的层面与裂隙效应比较明显,具有不连续特征。离散元法是一种处理节理岩体的数值计算方法,允许块体产生有限位移和旋转,块体间能够完全分离,可以模拟工程岩体的非连续变形和大变形,因此采用 UDEC 数值模拟计算软件,分析覆岩及巷道围岩的变形破坏特征。

模型的建立需要科学的研究和试验方法,对于关键层和煤层厚度2个变量,可以运用正交分析方法,将关键层层位(单层、复合)和开采煤层厚度(8 m、12 m、16 m、20 m、24 m)进行两两正交组合,共设计 10 个耦合数值计算模型,见表 9-1。

表 9-1 上覆岩层破断机理数值计算模型设计

模型设计	开采煤层厚度
单一关键层(单层关键层)	8 m、12 m、16 m、20 m、24 m
复合关键层(两层关键层)	8 m、12 m、16 m、20 m、24 m

(2) 模型物理尺寸与边界条件

① 模型物理尺寸:建立的综放开采数值计算模型长度为 880 m,垂直高度为 246 m,模拟采深为 224 m,上区段开采工作面长度为 240 m,开采煤层厚度根据设计模型改变,如图 9-1 所示。

② 模型边界条件:施加水平方向约束在模型的左右边界,水平应力计算通常采用侧向压力系数乘以垂直应力,模型的底部边界施加固定约束,由于需要模拟到地表,上部边界为自由边界。模型建立好之后,布置应力、位移测线,记录上区段工作面开采完毕后巷道围岩及煤柱的位移-应力变化规律。

(3) 模型本构关系与属性参数

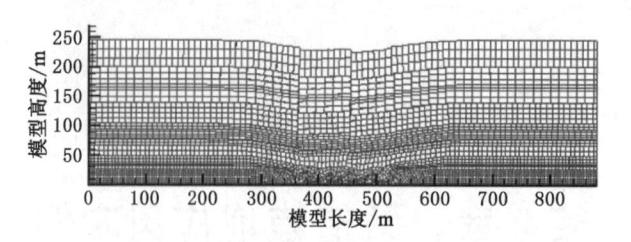

图 9-1 覆岩破断机理 UDEC 数值计算模型

本模型模拟部位为端头支架附近的区段煤柱及上覆岩层,沿工作面倾向方向进行分析,属于地下开挖问题,而且考虑浅埋煤层条件下的基岩和地表松散层是塑性较强的弹塑性地质材料,在材料达到屈服极限后,可产生较大的塑性变形,因此,模型块体采用莫尔-库仑理论进行计算。

由块体和节理的本构关系确定数值计算所需要的属性参数,根据实验室物理力学试验和现场实测数据,确定覆岩及煤岩层接触面力学参数,见表 9-2。

表 9-2 岩层物理力学参数

层号	岩层名称	弹性模量/GPa	抗压强度/MPa	体积力/(kN/m³)	内摩擦角/(°)	泊松比	黏聚力/MPa
23	黄土	1.5	0.5	18	5	0.30	0.1
22	红土	1.5	0.5	18	5	0.30	0.1
21	细砂岩、砂质泥岩互层	20.6	24.5	25	22	0.25	5.4
20	玄武岩	20.4	22.8	25	31	0.25	3.4
19	砂砾岩	31.2	32.8	25	29	0.10	3.4
18	粗砂岩	22.5	25.9	25	27	0.23	18.2
17	砂质泥岩、泥岩互层	21.5	23.4	25	22	0.25	2.9
16	砂质砾岩	25.5	35.8	25	28	0.22	8.0
15	中砂岩	18.2	22.6	25	28	0.18	6.2
14	泥岩、砂岩互层	21.5	33.4	27	22	0.20	1.3
13	砂质砾岩	25.5	35.8	26	28	0.30	8.0
12	粗砂岩	22.5	25.9	29	27	0.24	25.0
11	泥岩	18.7	19.2	25	22	0.20	0.3
10	砂质泥岩	17.2	30.3	25	28	0.30	15.2
9	泥岩	18.7	19.2	25	22	0.20	0.3
8	6上煤	3.3	9.2	25	12	0.22	1.1
7	砂质泥岩	17.2	30.3	25	28	0.18	15.2
6	6上煤	3.3	9.2	25	12	0.20	1.1
5	砂质泥岩	17.2	30.3	25	28	0.18	15.2
4	炭质泥岩	17.5	19.0	25	23	0.24	0.8
3	6煤	1.0	6.8	23	12	0.30	1.1
2	泥岩	19.5	22.3	25	22	0.30	0.3
1	砂质泥岩	17.2	30.3	25	28	0.18	15.2

(4) 模拟步骤

① 单一关键层模型(5个)模拟步骤

a. 建立单一关键层煤层厚度为 8 m 的计算模型,进行模型原岩应力平衡计算;

b. 按照设计的开采方案,开采模型中的上区段工作面;

c. 模型分步开挖,计算应力平衡,直至采空区稳定;

d. 进行数据的提取与后处理,记录模型位移、应力变化;

e. 分别更改煤层厚度为 12 m、16 m、20 m、24 m,并按照步骤 a~d 进行重新计算并提取数据。

② 复合关键层模型(5个)模拟步骤

更改模型关键层层位及岩性,由单一关键层结构更改为复合关键层结构,其余模拟步骤与单一关键层模型相同。

③ 通过对比单一关键层和复合关键层的覆岩位移、应力等参数,得到覆岩位移、应力变形规律及荷载传递规律。

9.1.2 上覆岩层位移分析

上区段工作面开采完毕、采空区稳定后,上覆岩层受采动影响,发生竖向位移变化及地表沉陷。

(1) 单一关键层覆岩位移云图

从图 9-2 看出,煤层厚度对覆岩位移及地表沉陷的影响主要表现在两方面:一是开采煤

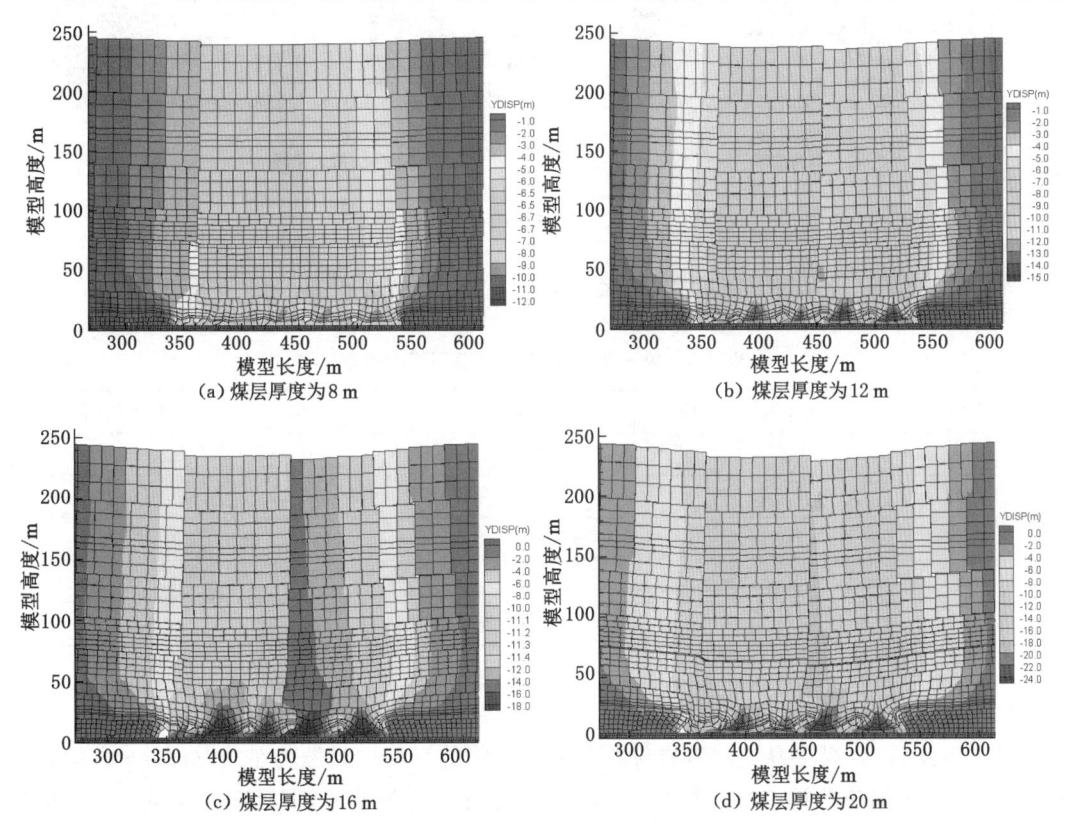

图 9-2 单一关键层覆岩位移云图

(e) 煤层厚度为 24 m

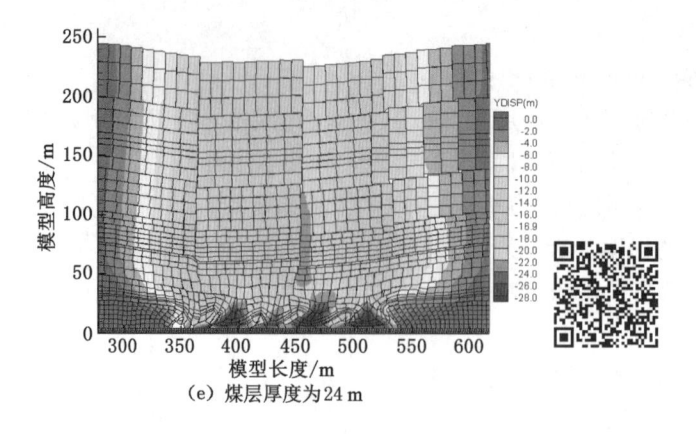

图 9-2(续)

层厚度越大,地表沉陷越严重;二是覆岩整体表现为台阶式切落下沉,并延伸至地表;随煤层厚度变化,切落块度随之变化,地表下沉曲线如图 9-3 所示。

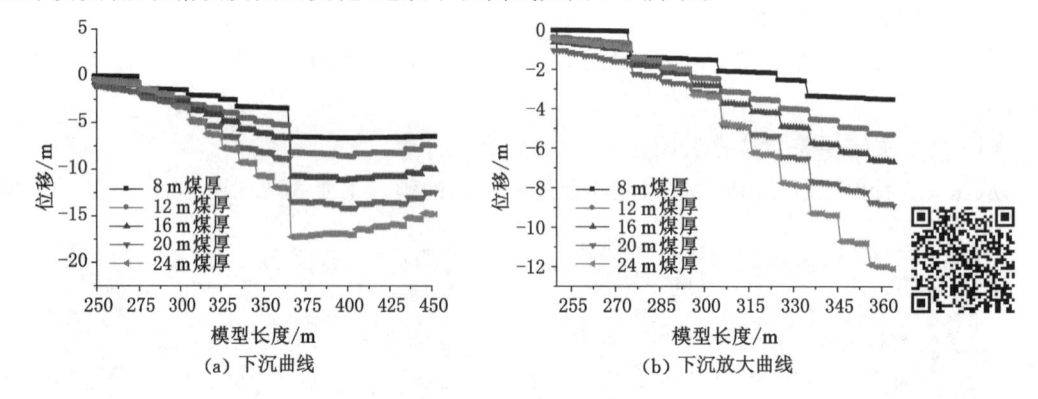

(a) 下沉曲线

(b) 下沉放大曲线

图 9-3 单一关键层模型地表下沉曲线

单一关键层覆岩地表下沉参数,见表 9-3。

表 9-3 单一关键层覆岩地表下沉参数表

煤层厚度/m	地表最大下沉量/m	下沉系数	台阶个数	切落块度区间/m
8	6.722	0.840 3	5	[10,30]
12	10.570	0.880 8	10	[9,25]
16	14.010	0.875 6	10	[9,25]
20	17.110	0.855 5	10	[9,25]
24	21.070	0.877 9	10	[9,25]

(2) 复合关键层覆岩位移云图

从图 9-4 看出,煤层厚度对覆岩位移及地表沉陷的影响主要表现在两方面:一是煤层厚度越大,地表沉陷越严重;二是覆岩及地表整体表现为弯曲下沉,下沉曲线呈弧线,地表下沉曲线如图 9-5 所示。

(a) 煤层厚度为 8 m

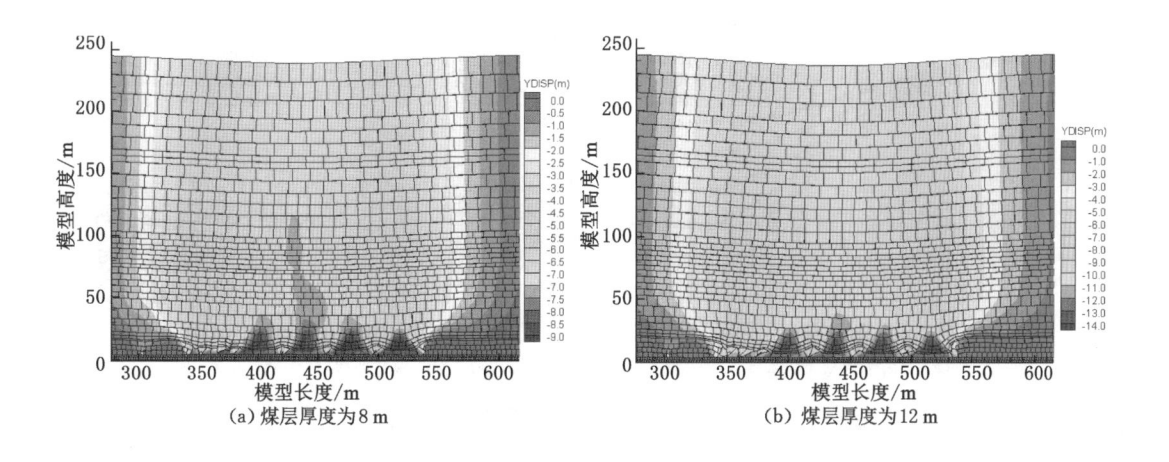

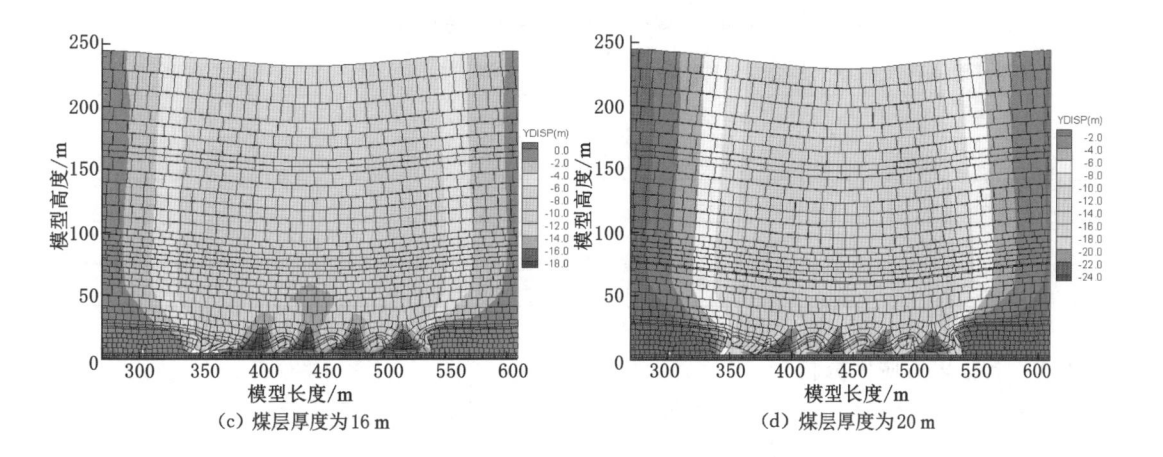

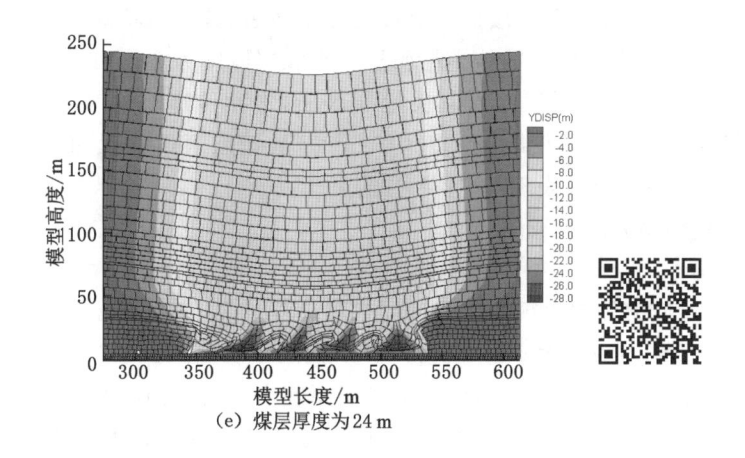

(b) 煤层厚度为 12 m

(c) 煤层厚度为 16 m

(d) 煤层厚度为 20 m

(e) 煤层厚度为 24 m

图 9-4　复合关键层上覆岩层位移云图

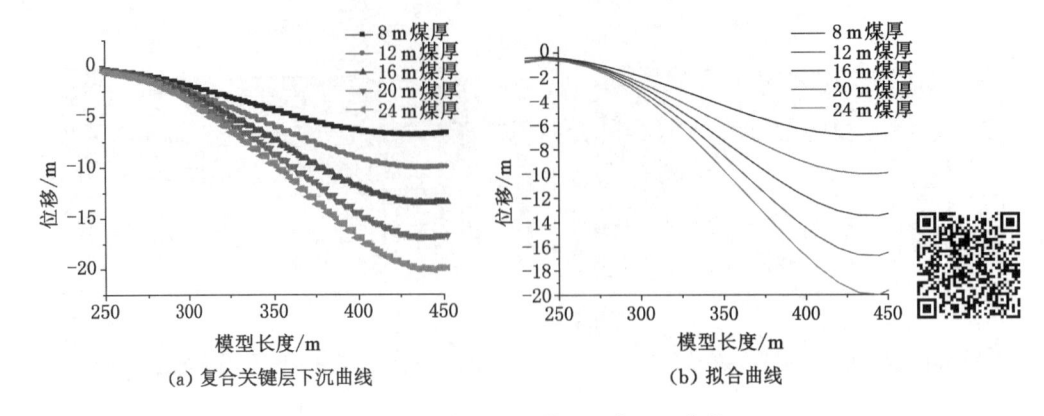

(a) 复合关键层下沉曲线　　　(b) 拟合曲线

图 9-5　复合关键层模型地表下沉曲线

复合关键层地表下沉特征参数见表 9-4。

表 9-4　复合关键层地表下沉参数表

煤层厚度/m	地表最大下沉量/m	下沉系数	斜率
8	6.822	0.852 8	0.038 23
12	10.04	0.836 7	0.057 31
16	13.47	0.841 9	0.078 65
20	16.83	0.841 5	0.098 18
24	20.08	0.836 7	0.116 57

9.1.3　上覆岩层应力分析

工作面采空区稳定后,上覆岩层竖向应力云图如图 9-6、图 9-7 所示。

(1) 单一关键层覆岩应力云图

从图 9-6 看出:

① 单一关键层应力伴随关键层破断直接传递至地表,其应力特征为条带式竖向应力。

② 煤层厚度越厚,竖向应力的传递越明显。当煤层厚度为 24 m 时,随工作面开采顶板垮落,竖向应力直接传递至关键层,引起关键层破断,进而传递至地表,即关键层上部和下部均有明显的垂向应力表现;当煤层厚度为 8 m 时,关键层下部并无明显的垂向应力表现形式,仅在关键层上部有明显表现,差异性明显。

(2) 复合关键层覆岩应力云图

从图 9-7 看出:

① 复合关键层应力传递表现为明显的层次性。第 1 关键层和第 2 关键层应力层位表现明显,第 1 关键层应力明显大于第 2 关键层应力,区分明显。

② 煤层厚度影响应力分布,覆岩应力随煤层厚度增加而逐渐减小。当煤层厚度为 8 m 时,采场上覆岩层应力明显大于煤层厚度为 24 m 的覆岩应力。由此可以得出,煤层厚度越大,应力更容易得到释放。

(3) 覆层应力传递规律分析

巷道围岩受到顶板及顶板以上岩层的荷载传递作用,即"外结构"荷载通过顶板岩体传

(a) 煤层厚度为 8 m

(b) 煤层厚度为 12 m

(c) 煤层厚度为 16 m

(d) 煤层厚度为 20 m

(e) 煤层厚度为 24 m

(f) 单一关键层竖向应力

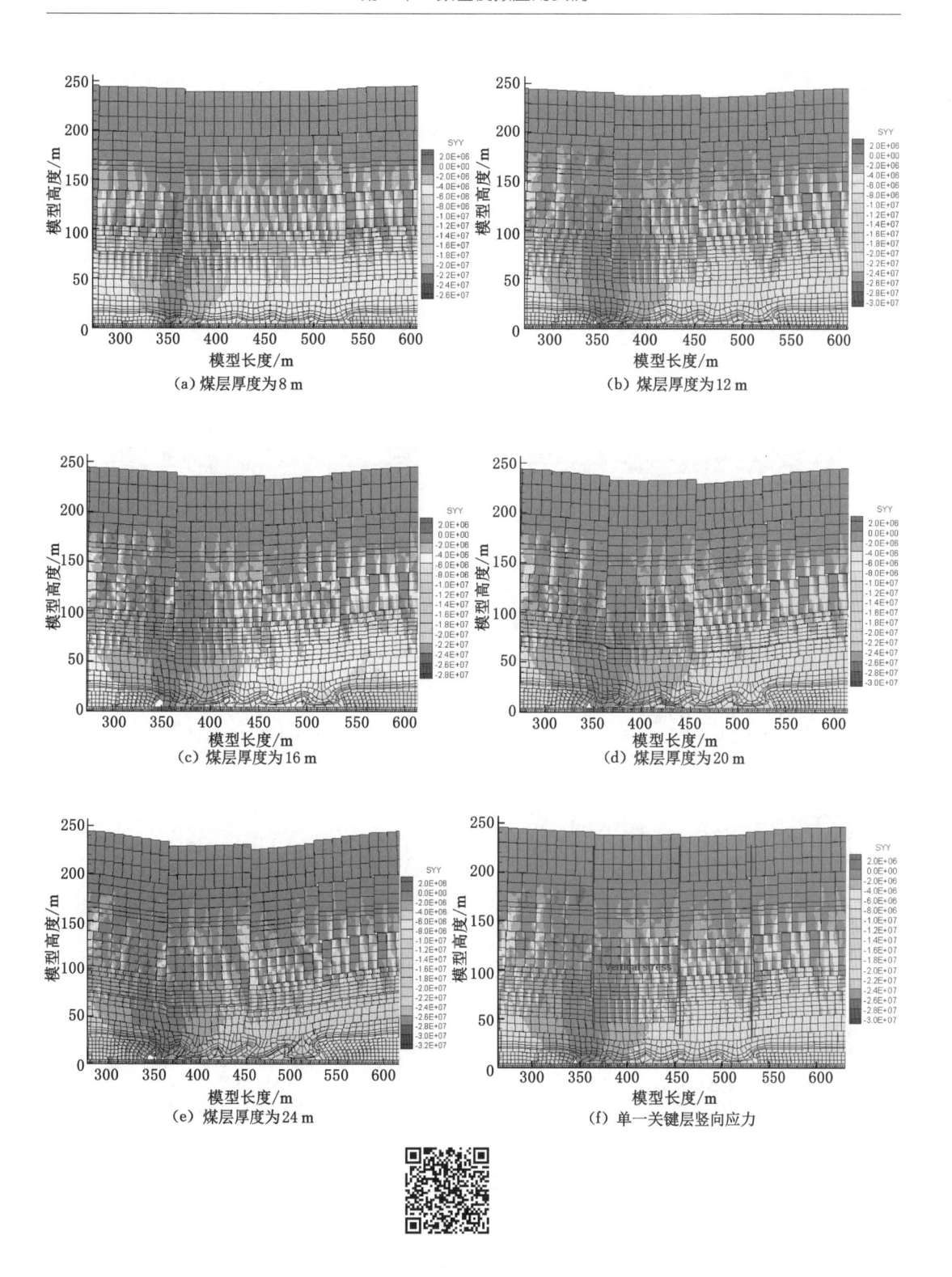

图 9-6 单一关键层覆岩应力云图

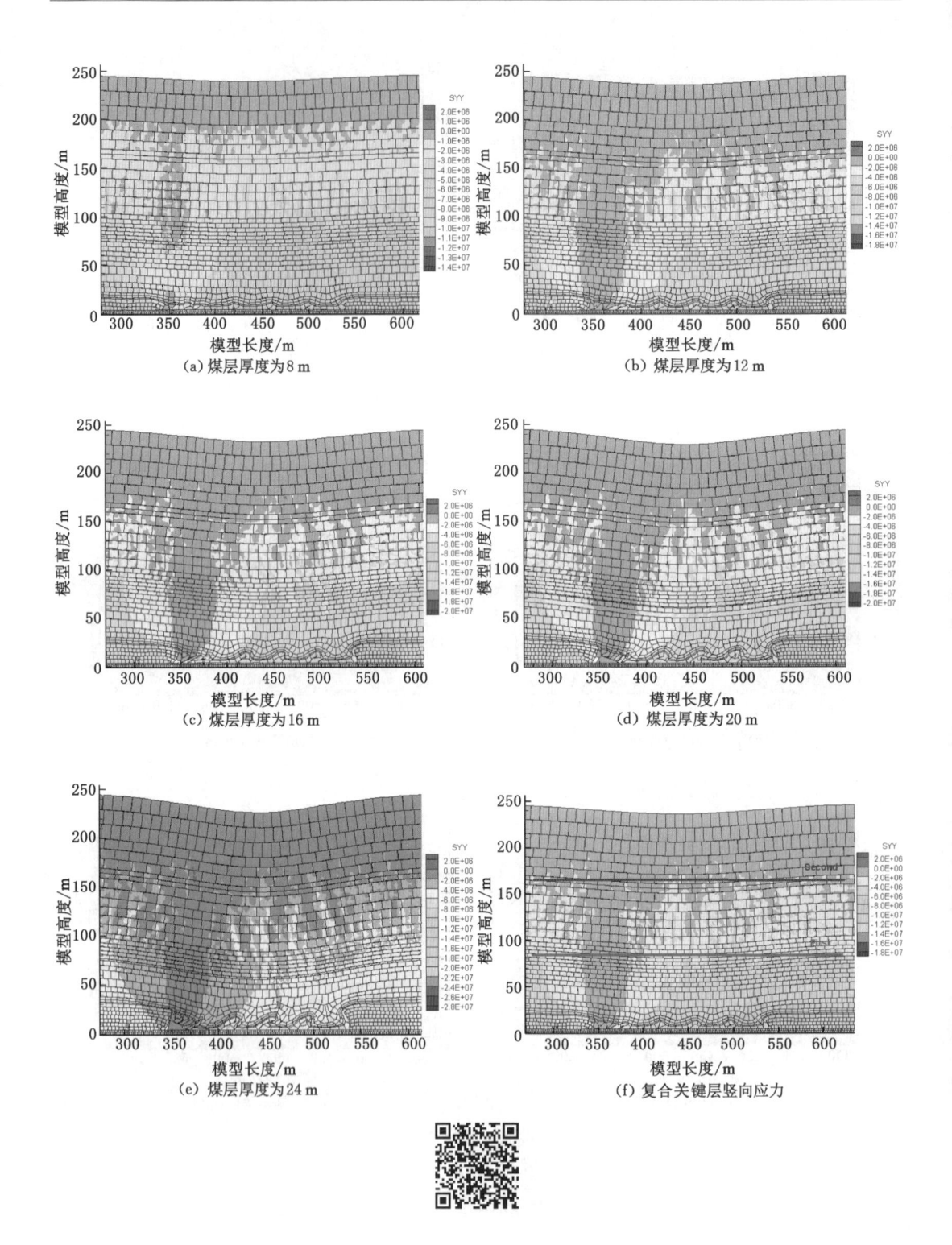

(a) 煤层厚度为 8 m
(b) 煤层厚度为 12 m
(c) 煤层厚度为 16 m
(d) 煤层厚度为 20 m
(e) 煤层厚度为 24 m
(f) 复合关键层竖向应力

图 9-7　复合关键层覆岩应力云图

递至"内结构",分析"内外结构"的应力传递特征及规律,如图 9-8 所示。

从图 9-8 看出,单一关键层和复合关键层覆岩应力在顶板之上均表现为垂向应力传递,顶板破断后,应力矢量发生偏转,矢量偏转角度与煤层厚度有关;同时,单一关键层覆岩整体冲击荷载较复合关键层稍大,复合关键层受上覆复合岩体层位影响,应力传递略显滞后,冲击性偏小。

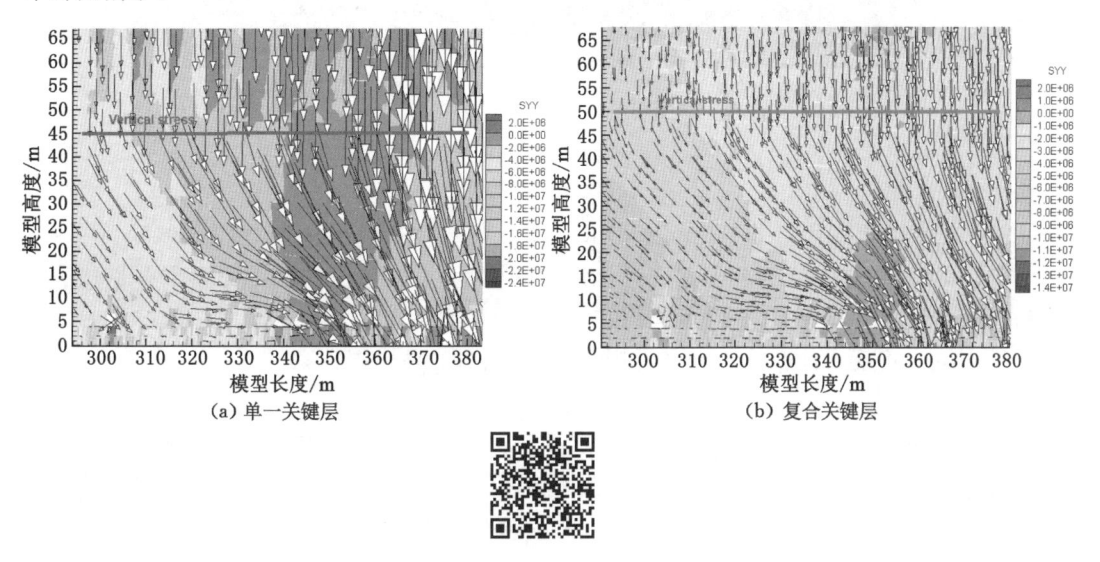

图 9-8 巷道顶板应力传递云图

9.2 巷道围岩变形机理分析

在覆岩应力传递的基础上,对巷道围岩"内结构"进行深入的研究。巷道围岩变形受到多种因素的影响,如围岩力学性质、开采深度、煤层厚度、煤层倾角、支撑体的力学特性、生产因素等。本节着重研究煤层厚度、煤柱宽度、不放煤段长度 3 个因素对巷道围岩变形的影响,探讨单因素和多因素耦合条件下巷道围岩变形特征,建立影响巷道围岩变形的数值模拟模型,归纳得出巷道围岩位移和应力变化规律。

9.2.1 巷道围岩变形机理分析模型

(1)模型设计

巷道围岩是个复杂空间几何体,可通过弹性力学的相关知识将空间问题转化为平面问题。模型模拟的中心为巷道截面,巷道左帮为下区段工作面实体煤,巷道右帮为煤柱及稳定后的上区段工作面采空区。模型对应现场的位置为上区段已经开采完毕,下区段尚未开采的采空区深部,如图 9-9 所示。由此,可以把问题简化为平面应力问题。

模型需要研究的主要变量有 3 个,分别是煤层厚度、煤柱宽度、不放煤段长度,为了全面研究 3 个因素对巷道围岩变形的影响,结合现场实际,对 3 个影响因素进行区间划分,分别为:

① 煤层厚度:8 m、12 m、16 m、20 m、24 m;
② 煤柱宽度:5 m、10 m、15 m、20 m、25 m、30 m、35 m、40 m;

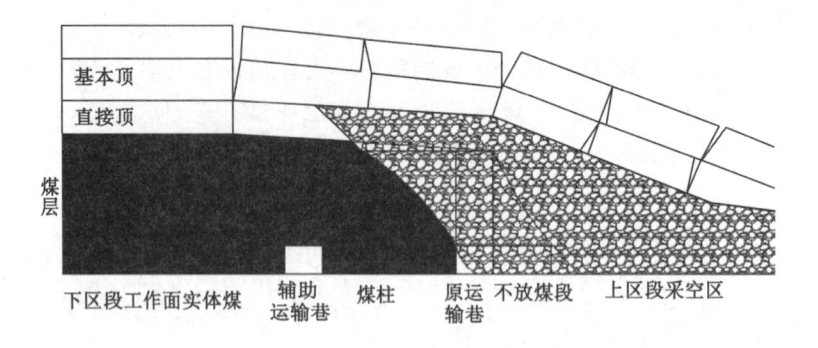

图 9-9 采空区深部采场示意图

③ 不放煤段长度:0 m、1.75 m、3.5 m、5.25 m、7 m、8.75 m、10.5 m。

煤层厚度和煤柱宽度为模型建立预先设定的因素,不放煤段长度可在模型开挖过程中设定,因此,对煤层厚度和煤柱宽度进行正交组合,共建立 40 个模型,模型开挖过程中加入不放煤段长度,实现 3 种影响因素多维耦合,可得到 280 种模拟方案。

(2) 研究方法

对上述 280 种模型,根据研究的侧重点,采用多因素交叉分析与单因素分析组合分析的方法,按照由简单到复杂、由单一到多样的思路,对问题逐步进行研究,研究内容为巷道围岩位移变形规律和应力变化规律,主要研究要素包括以下 3 个部分:

① 不放煤段长度对巷道围岩变形的影响

采用单一变量法,固定煤层厚度和煤柱宽度 2 个变量,改变不放煤段长度,从而研究不放煤段长度对巷道围岩变形的影响规律。

② 煤柱宽度对巷道围岩变形的影响

固定煤层厚度和不放煤段的长度,改变煤柱宽度,研究煤柱宽度对巷道围岩变形的影响规律。

③ 煤层厚度对巷道围岩变形的影响

固定煤柱宽度和不放煤段的长度,改变煤层厚度,研究煤层厚度对巷道围岩变形的影响规律。

(3) 模型的建立

建立的综放开采模型长度为 200 m,垂直高度为 52 m,如图 9-10 所示。模型底部边界施加固定约束,左右边界施加水平方向约束。由于未模拟到地表,故上部施加等效荷载来模拟上覆岩层自重。水平应力为侧向压力系数乘以垂直应力。

模型建好之后,布置应力、位移测线,记录围岩及煤柱的位移和应力变化规律。模型中测线具体设置如下:

① 在辅助运输巷四周布设 4 条测线;

② 从左边界到右边界,沿巷道层位、顶煤层位、基本顶层位分别布置 3 条测线。

(4) 模拟步骤

① 对煤层厚度(5 种)和煤柱宽度(8 种)进行正交分析,分别建立 40 个计算模型,进行模型原岩应力平衡计算;

② 按照设计的开采方案,开采模型中右侧上区段工作面直至到端头不放煤段位置;

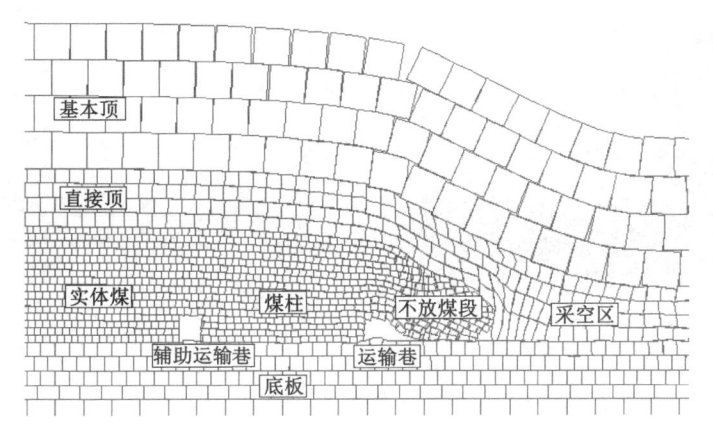

图 9-10　UDEC 数值模型图

③ 分布开挖模型,计算应力平衡;
④ 进行数据的提取与后处理;
⑤ 改变端头放煤距离,重新进行步骤③的计算,记录不同端头不放煤段长度下模型的位移和应力变化;
⑥ 通过对比端头不放煤段长度、煤柱宽度及煤层厚度,研究巷道与区段煤柱的位移、变形、应力等参数以及巷道与区段煤柱的稳定性,得到安全生产条件下的最优不放煤段长度及合理煤柱宽度。

9.2.2　巷道围岩变形位移与应力云图

采用单因素分析方法,分别分析不放煤段长度、煤柱宽度、煤层厚度对巷道围岩变形的影响。

(1) 不放煤段长度对巷道围岩变形的影响

当煤层厚度为 16 m、煤柱宽度为 20 m 时,不放煤段长度对巷道围岩变形的影响如图 9-11～图 9-17 所示。

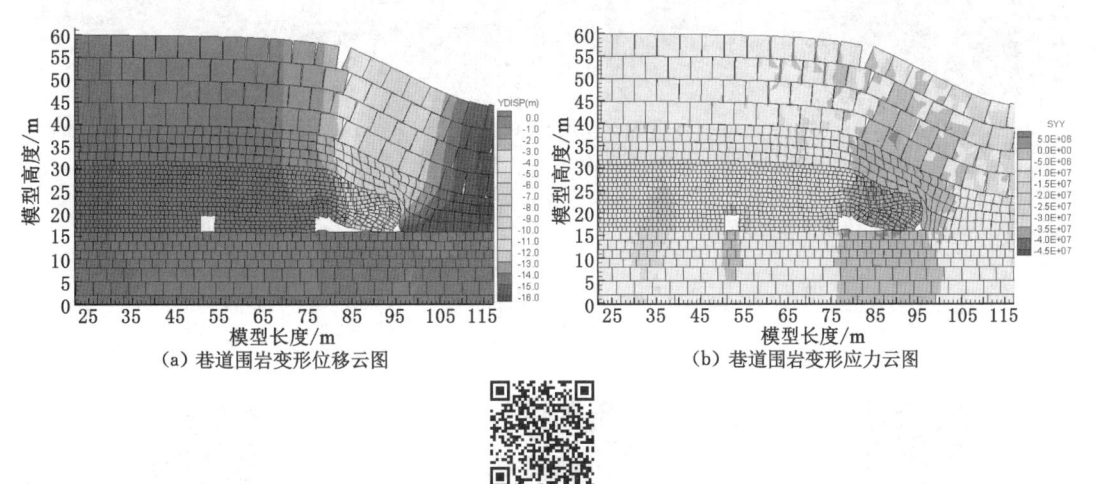

(a) 巷道围岩变形位移云图　　(b) 巷道围岩变形应力云图

图 9-11　不放煤段长度为 10.5 m 时巷道围岩变形云图

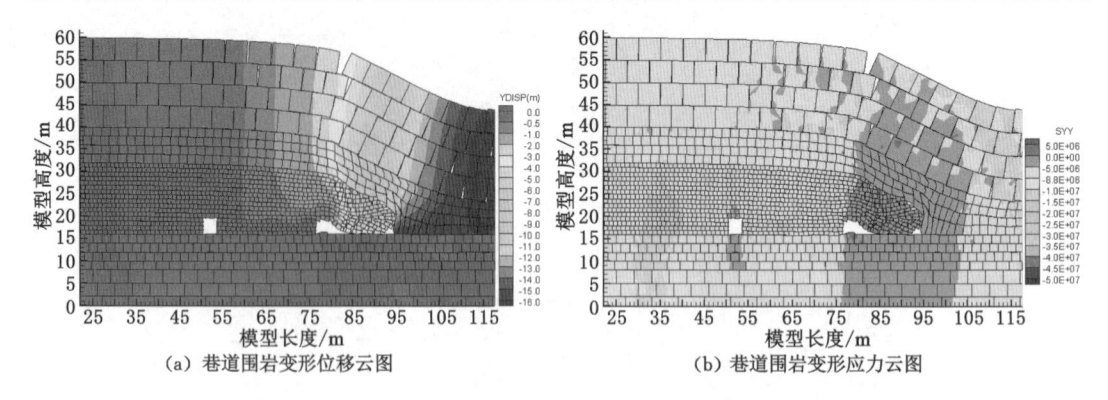

(a) 巷道围岩变形位移云图　　(b) 巷道围岩变形应力云图

图 9-12　不放煤段长度为 8.75 m 时巷道围岩变形云图

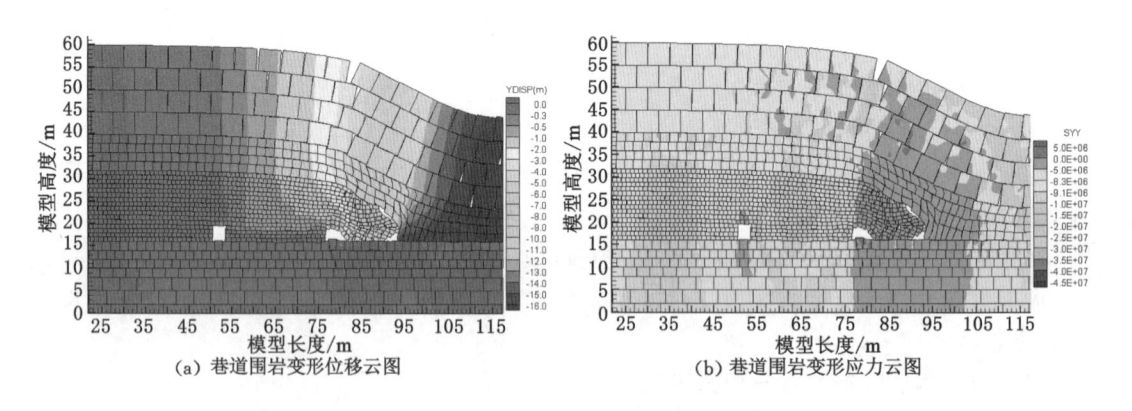

(a) 巷道围岩变形位移云图　　(b) 巷道围岩变形应力云图

图 9-13　不放煤段长度为 7 m 时巷道围岩变形云图

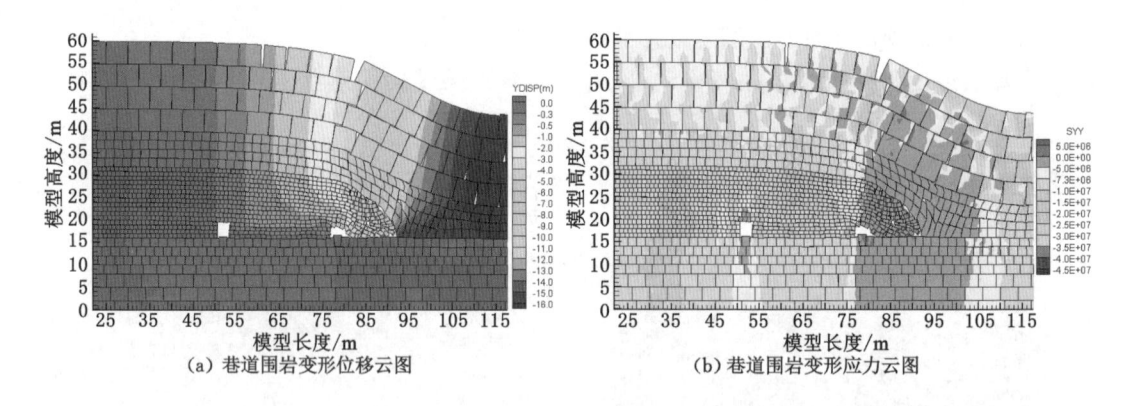

(a) 巷道围岩变形位移云图　　(b) 巷道围岩变形应力云图

图 9-14　不放煤段长度为 5.25 m 时巷道围岩变形云图

图 9-12　　　　　　　　图 9-13　　　　　　　　图 9-14

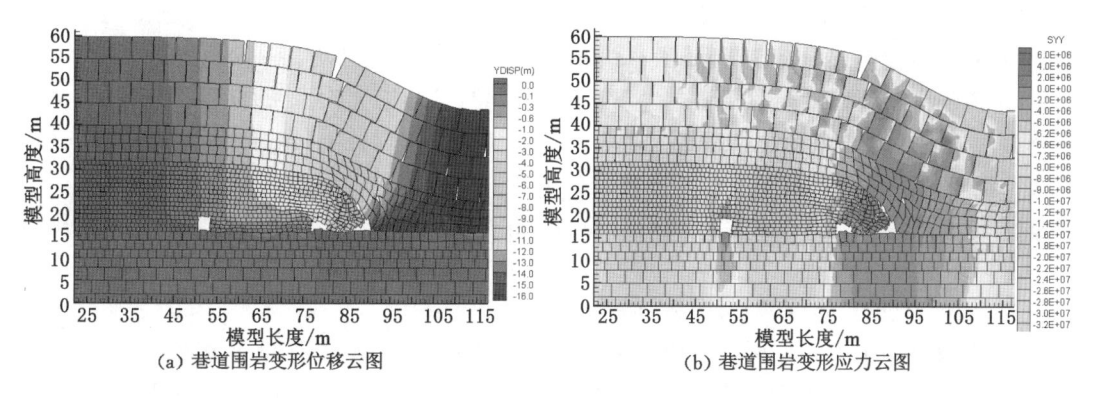

图 9-15　不放煤段长度为 3.5 m 时巷道围岩变形云图

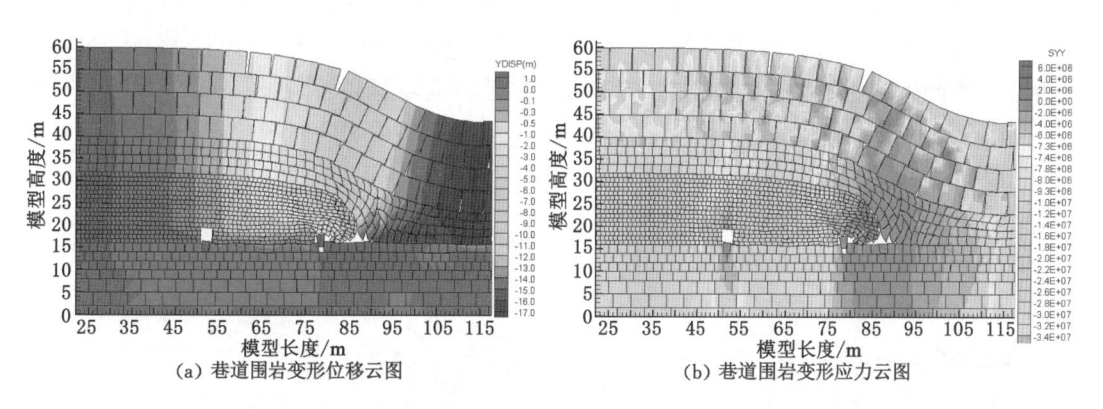

图 9-16　不放煤段长度为 1.75 m 时巷道围岩变形云图

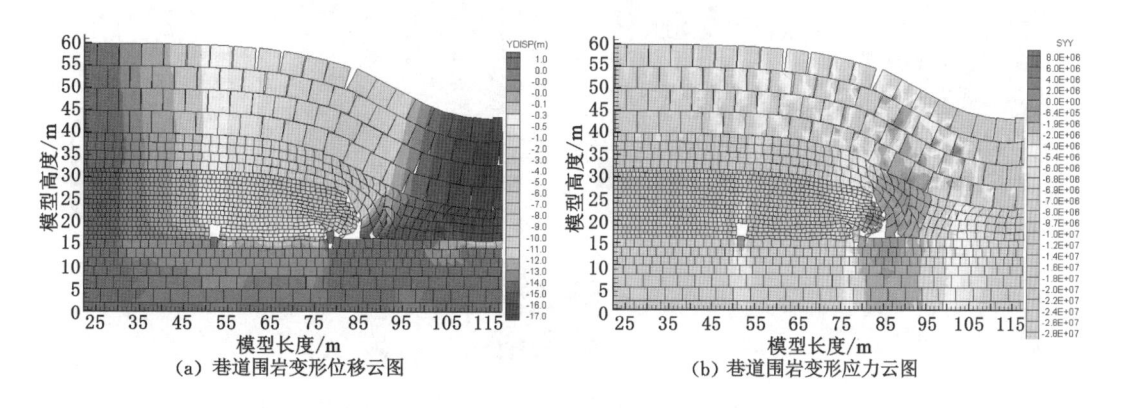

图 9-17　不放煤段长度为 0 m 时巷道围岩变形云图

图 9-15　　　　　　　　　　图 9-16　　　　　　　　　　图 9-17

由图 9-11～图 9-17 可以得到以下规律:

① 采场顶板表现为滑落失稳,滑落失稳旋转角为 8°,滑落块度 i≈0.25。

② 顶板主断裂线沿距原运输巷左帮 5 m 的位置(原运输巷的右帮)向顶板延伸,与关键块体滑落失稳断裂位置吻合。顶板次生(超前)断裂线位于煤柱上,超过煤柱中心线 5 m(距离辅助运输巷右帮 5 m 的位置),次生断裂线并未扩展至煤柱。

③ 原运输巷和辅助运输巷区域内都存在位移变化,位移是由深部围岩变形传递作用引起的。原运输巷围岩变形严重,原运输巷顶板表现为弧形弯曲,底板发生严重底鼓;辅助运输巷右帮有明显的鼓帮现象,并伴随顶板下沉和底鼓。

④ 不放煤段顶板为悬臂梁结构。不放煤段长度从 10.5 m 至 5.25 m 逐渐减小,不放煤段受到顶板压力影响,弯曲垮落,充满后部采空区空间;随着不放煤段长度逐渐减小,煤柱承载的应力逐渐增加,从 5.25 m 至 0 m 段,不放煤段已经无法完全充填后部采空区,顶板压力通过短小的不放煤段向煤柱转移;煤柱受到的顶板侧向挤压力后,煤柱右侧发生塑性变形,并逐渐向煤柱内部转移,垂直方向的力转移至原运输巷底板,在原运输巷底板释放出来,引发巷道底鼓,水平方向的力则通过煤柱转移至原辅助运输巷释放出来,造成辅助运输巷右帮鼓帮明显。

(2) 煤柱宽度对巷道围岩变形的影响

当煤层厚度 16 m,不放煤段长度为 0 m 时,煤柱宽度对巷道围岩变形的影响如图 9-18～图 9-25 所示。

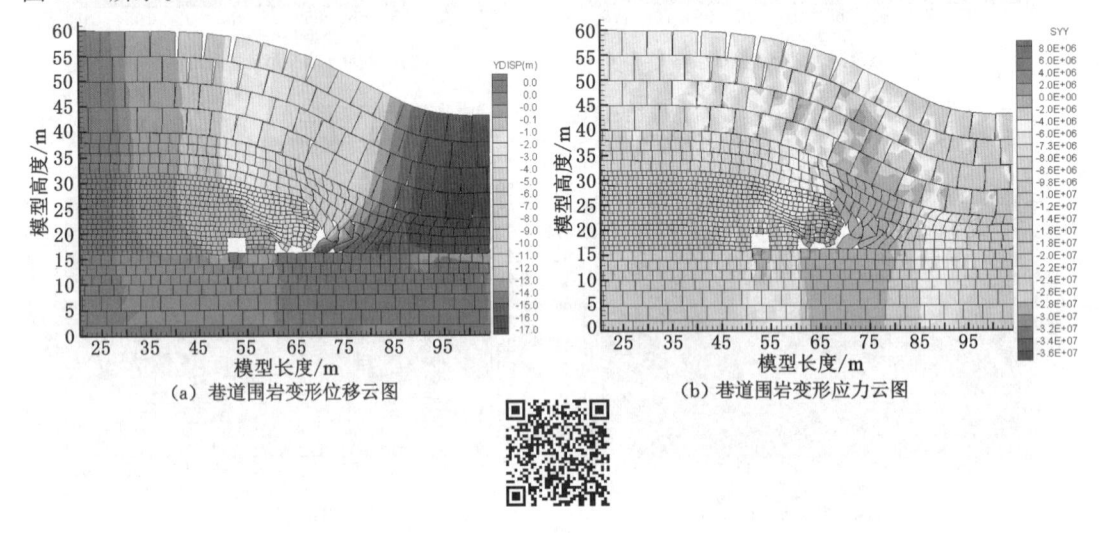

(a) 巷道围岩变形位移云图　　(b) 巷道围岩变形应力云图

图 9-18　煤柱宽度为 5 m 时巷道围岩变形云图

由图 9-18～图 9-25 的位移云图和应力云图可直观得出,当煤层厚度为 16 m、不放煤段长度为 0 m 时,煤柱宽度对巷道围岩变形的影响规律如下:

① 煤柱宽 5 m 时,煤柱及顶煤邻近采空区侧进入塑性区,煤柱出现小范围的应力集中,但工作面端头的超前应力并未将煤柱彻底压垮,反而跨过煤柱及辅助运输巷,在辅助运输巷左侧实体煤内达到应力峰值。

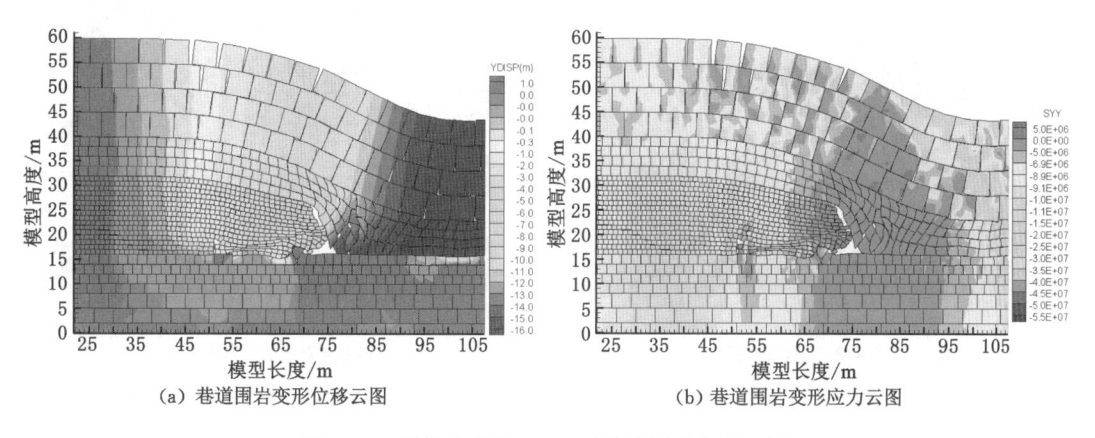

(a) 巷道围岩变形位移云图　　(b) 巷道围岩变形应力云图

图 9-19　煤柱宽度为 10 m 时巷道围岩变形云图

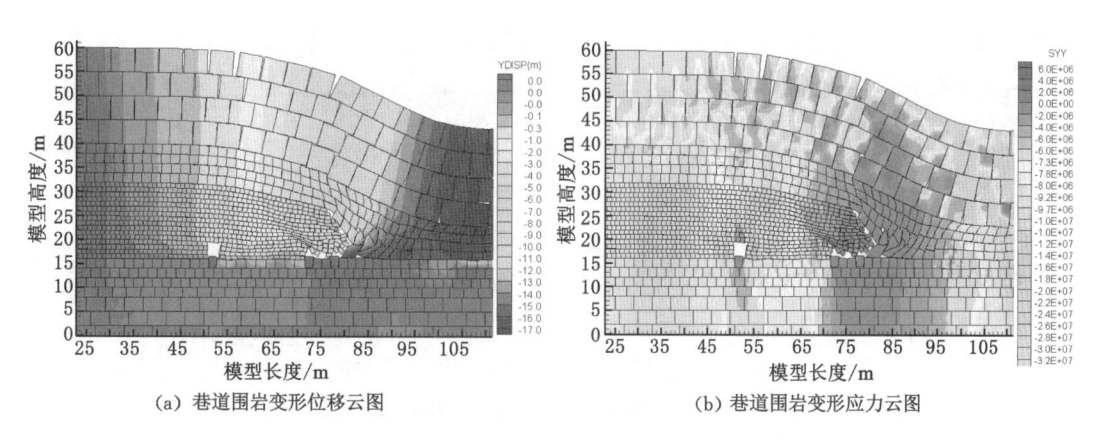

(a) 巷道围岩变形位移云图　　(b) 巷道围岩变形应力云图

图 9-20　煤柱宽度为 15 m 时巷道围岩变形云图

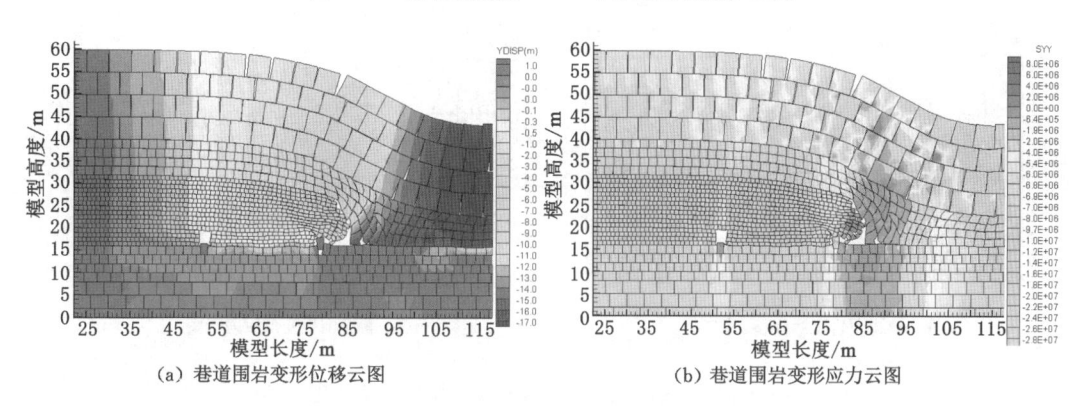

(a) 巷道围岩变形位移云图　　(b) 巷道围岩变形应力云图

图 9-21　煤柱宽度为 20 m 时巷道围岩变形云图

图 9-19　　　　　　　　　　图 9-20　　　　　　　　　　图 9-21

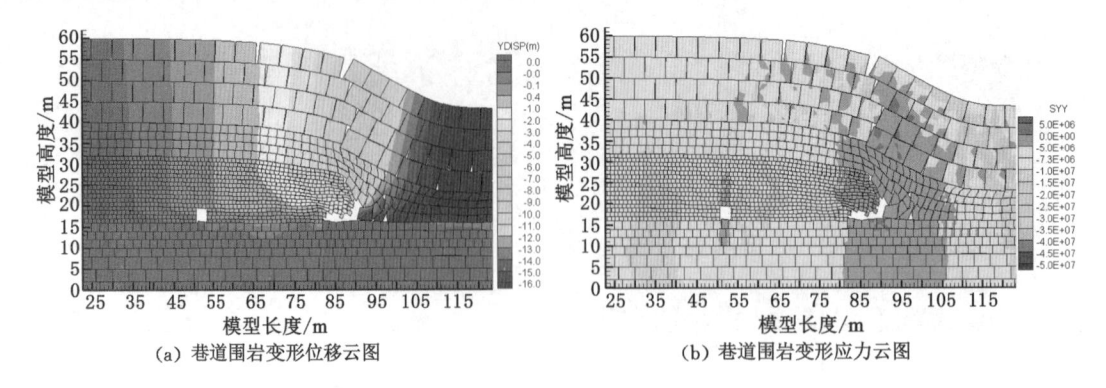

(a) 巷道围岩变形位移云图　　　　　　　(b) 巷道围岩变形应力云图

图 9-22　煤柱宽度为 25 m 时巷道围岩变形云图

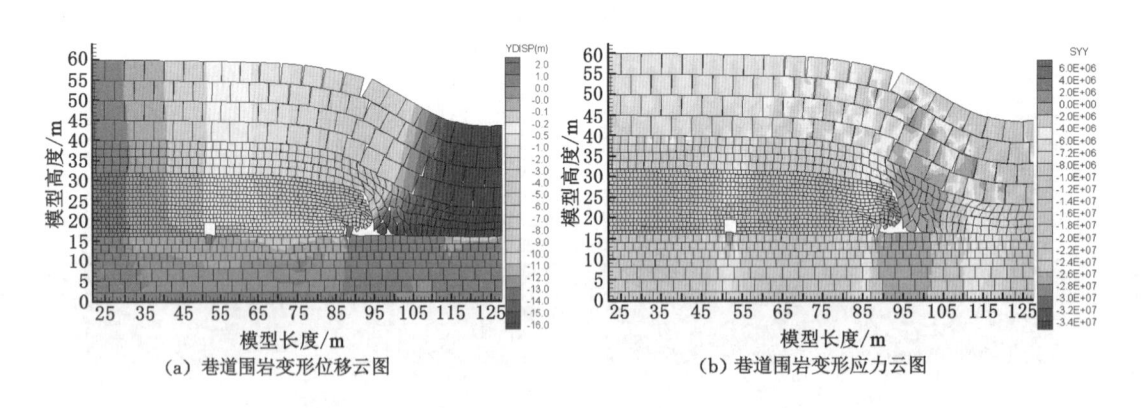

(a) 巷道围岩变形位移云图　　　　　　　(b) 巷道围岩变形应力云图

图 9-23　煤柱宽度为 30 m 时巷道围岩变形云图

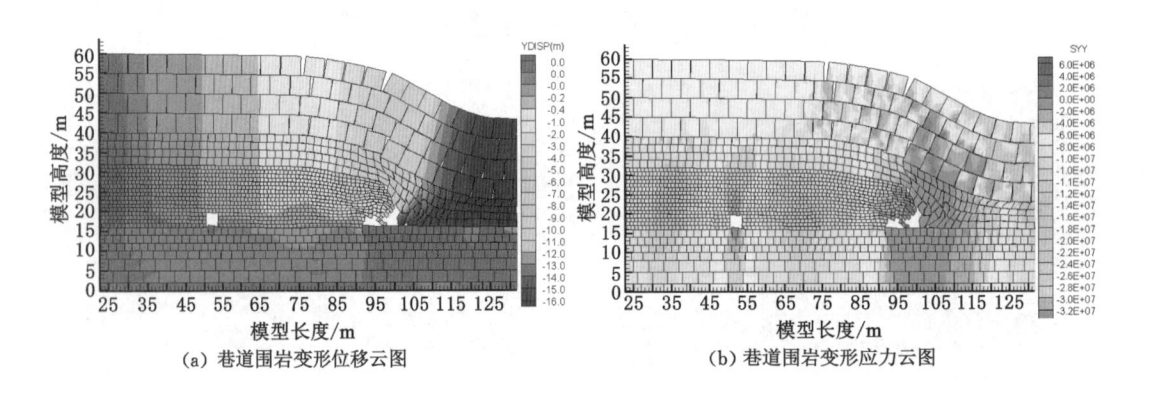

(a) 巷道围岩变形位移云图　　　　　　　(b) 巷道围岩变形应力云图

图 9-24　煤柱宽度为 35 m 时巷道围岩变形云图

图 9-22　　　　　　　　图 9-23　　　　　　　　图 9-24

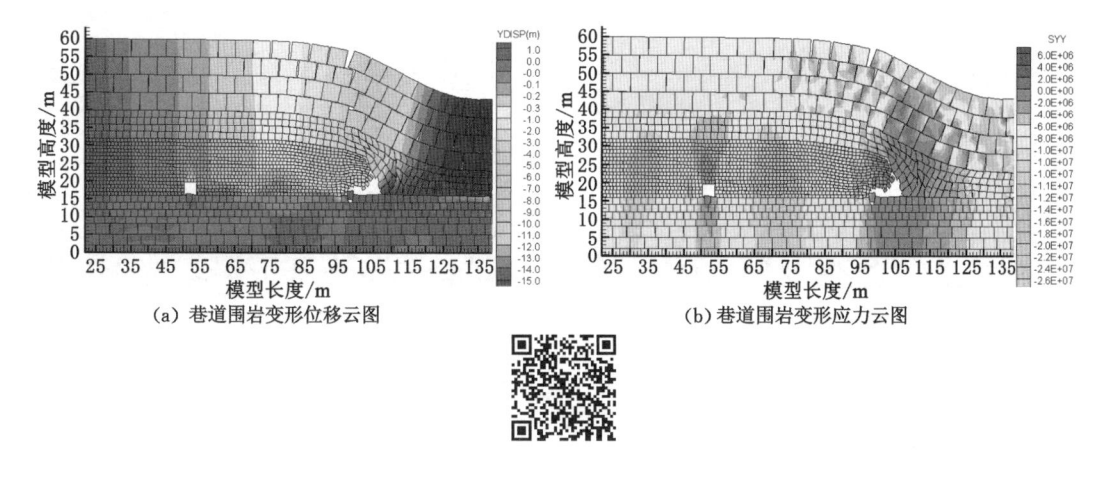

图 9-25 煤柱宽度为 40 m 时巷道围岩变形云图

② 煤柱宽 10 m 时,煤柱及辅助运输巷处在塑性破坏区内,煤柱被彻底压垮,辅助运输巷被彻底破坏,超前应力区处在实体煤内部。

③ 煤柱宽 15 m 时,煤柱靠近辅助运输巷侧具有一定的支撑强度,煤柱未被压垮,但煤柱塑性区破断较大,片帮严重,辅助运输巷断面缩小,影响巷道的正常使用。

④ 煤柱宽 20 m 时,煤柱支撑强度增加,煤柱靠近采空区侧塑性变形严重,但煤柱靠实体煤侧变形量较小,巷道修复后可以继续使用。

⑤ 煤柱宽 25~40 m 时,随煤柱宽度增加,煤柱的支撑强度增加,应力峰值落在煤柱中间,巷道变形量小。

(3) 煤层厚度对巷道围岩变形的影响

当不放煤段长度为 0 m,煤柱宽度为 20 m 时,煤层厚度对巷道围岩变形的影响如图 9-26~图 9-30 所示。

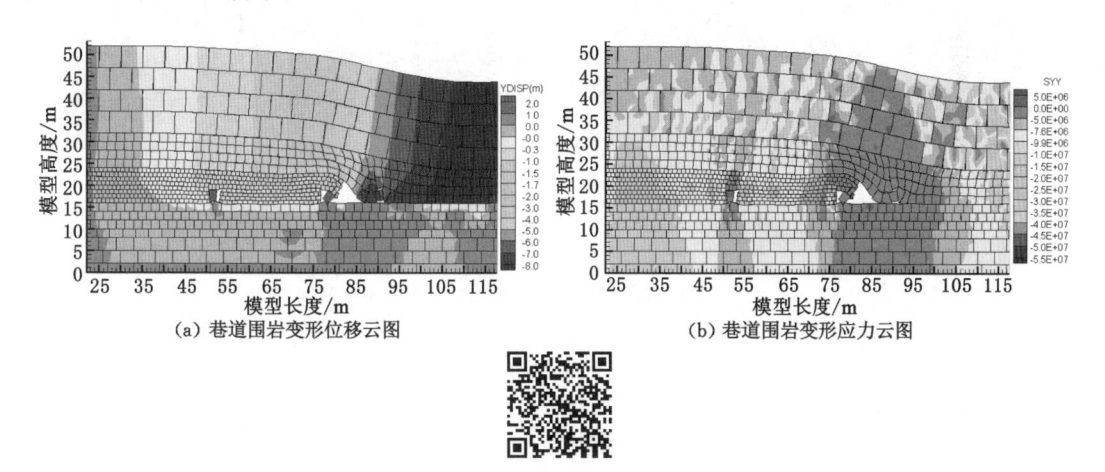

图 9-26 煤层厚度为 8 m 时巷道围岩变形云图

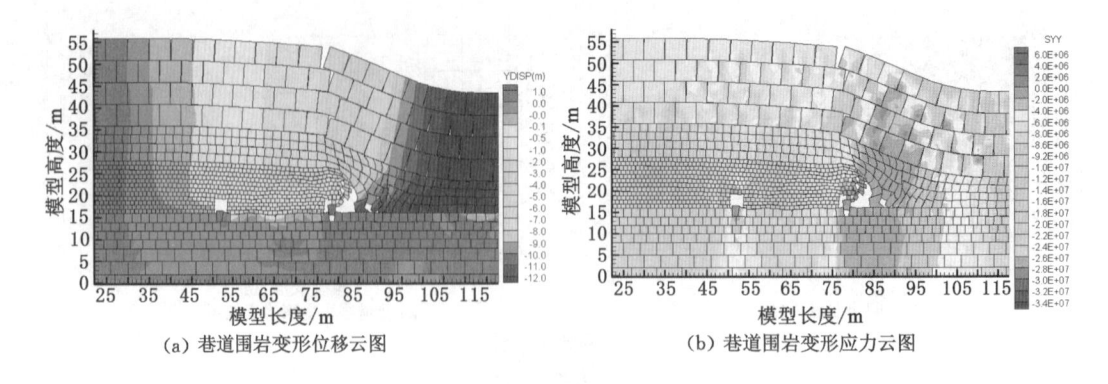

(a) 巷道围岩变形位移云图　　　　　　　(b) 巷道围岩变形应力云图

图 9-27　煤层厚度为 12 m 时巷道围岩变形云图

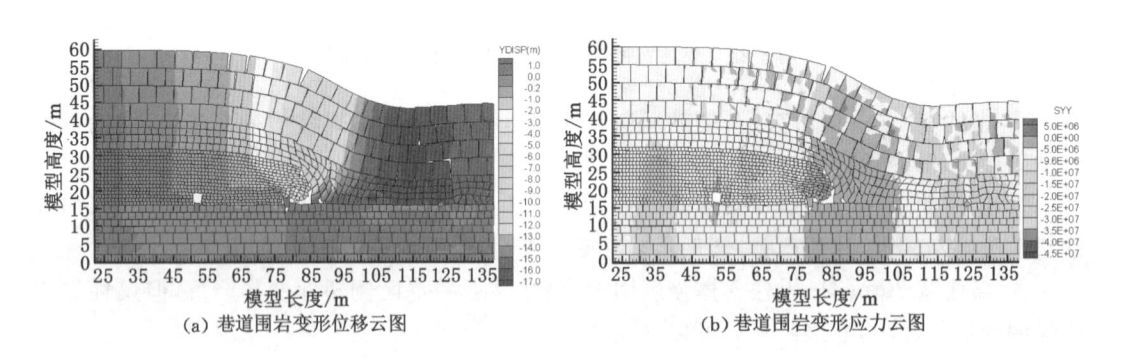

(a) 巷道围岩变形位移云图　　　　　　　(b) 巷道围岩变形应力云图

图 9-28　煤层厚度为 16 m 时巷道围岩变形云图

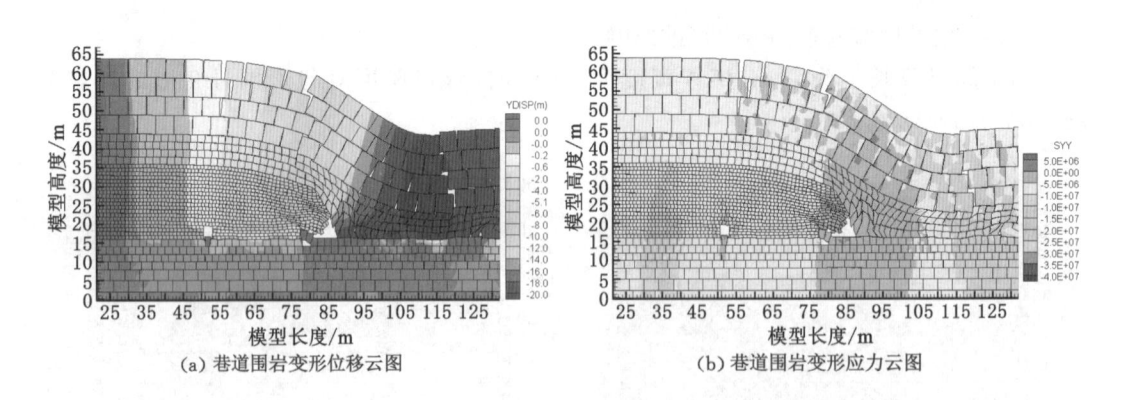

(a) 巷道围岩变形位移云图　　　　　　　(b) 巷道围岩变形应力云图

图 9-29　煤层厚度为 20 m 时巷道围岩变形云图

图 9-27　　　　　　　　　　图 9-28　　　　　　　　　　图 9-29

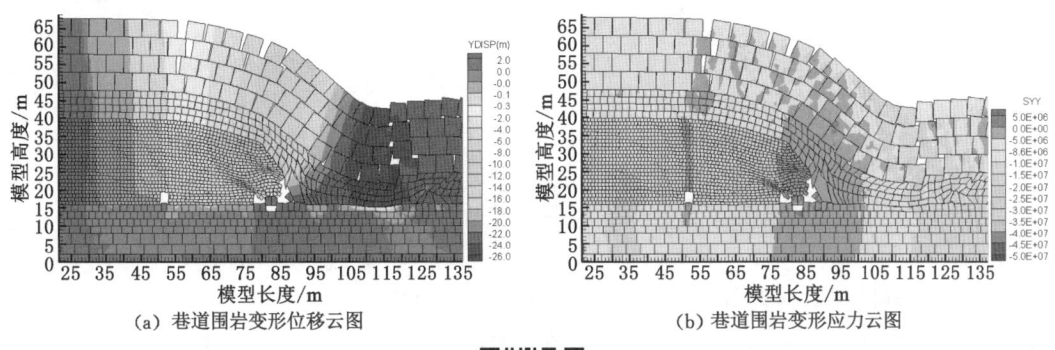

图 9-30　煤层厚度为 24 m 时巷道围岩变形云图

由图 9-26~图 9-30 可知,当不放煤段长度为 0 m、煤柱宽度为 20 m 时,煤层厚度对巷道围岩变形的影响规律如下:

① 煤层厚度为 8 m 时,顶板并未发生断裂破断,顶板压力全部作用在煤柱上,煤柱宽度虽然为 20 m,但煤柱仍然被压垮。

② 煤层厚度为 12 m 时,顶板岩层沿煤柱采空区侧断裂,煤柱没有被压垮,但煤柱处于塑性变形区,煤柱变形严重,辅助运输巷发生大变形底鼓,巷道维护困难。

③ 煤层厚度为 16 m 时,顶板岩层除在煤柱采空区侧发生滑落失稳,在煤柱上部顶板位置发生超前断裂,断裂线在中线上方,煤柱采空区侧发生塑性变形,巷道有少量的底鼓,巷道修复后可以使用。

④ 煤层厚度为 20 m、24 m 时,巷道变形量逐渐减小,同时,煤柱上方超前断裂线的位置由煤柱中线向实体煤侧转移。

综上分析,煤层的厚度影响顶板的破坏形式和顶板超前断裂线的位置。

参 考 文 献

[1] 安伟刚.岩性相似材料研究[D].长沙:中南大学,2002.

[2] 陈金宇.采动影响下28变电所耦合加固技术研究[D].徐州:中国矿业大学,2008.

[3] 陈军涛.唐口煤矿深部开采条带煤柱稳定性模拟试验研究[D].青岛:山东科技大学,2011.

[4] 陈旭光,李术才,张强勇.深部围岩分区破裂物理模型试验与数值模拟研究[M].南京:河海大学出版社,2013.

[5] 陈泽南,杨务滋.工程模拟实验[M].长沙:中南工业大学出版社,1989.

[6] 崔广心.相似理论与模型试验[M].徐州:中国矿业大学出版社,1990.

[7] 邓晓谦.基于相似模拟实验的巷道变形特征及失稳危险判别研究[D].徐州:中国矿业大学,2015.

[8] 丁国玺.激振条件下顶煤放出规律的数值模拟研究[D].焦作:河南理工大学,2011.

[9] 董福.陕北地区人工开挖黄土高边坡优化设计研究[D].西安:长安大学,2021.

[10] 董蕾.采动结构参数优化设计及可靠度分析[D].长沙:中南大学,2010.

[11] 杜娟.二维颗粒流程序PFC^{2D}特点及其应用现状综述[J].安徽建筑工业学院学报(自然科学版),2009,17(5):68-70.

[12] 范学理,洪加明.相似材料模拟研究中应用光学原理测量位移方法[Z].阜新:煤炭科学院阜新研究所,1980.

[13] 高超弘.矿压显现的相似材料模拟方法[Z].北京:煤炭工业部矿山压力科技情报中心站,1980.

[14] 弓培林.大采高采场围岩控制理论及应用研究[M].北京:煤炭工业出版社,2006.

[15] 顾大钊.相似材料和相似模型[M].徐州:中国矿业大学出版社,1995.

[16] 郭松涛.考虑蠕变特性的盐岩相似模型及相似材料试验研究[D].重庆:重庆大学,2011.

[17] 何健.基于$FLAC^{3D}$的桩锚与土钉联合支护结构的数值计算[D].广州:华南理工大学,2010.

[18] 季飞,严国超.近距离煤层群同采工作面压外式布置研究[J].煤炭技术,2017,36(5):68-70.

[19] 贾超,王志鹏,朱维申.节理网络模拟的程序实现及其在地下洞室中的动态响应分析[J].岩土力学,2011,32(9):2867-2872.

[20] 康红普.可拉伸锚杆及其相似模拟研究[M].徐州:中国矿业大学出版社,1988.

[21] 李超.北京地铁区间隧道地表沉降模型试验研究[D].北京:北京交通大学,2010.

[22] 李春意.覆岩与地表移动变形演化规律的预测理论及实验研究[D].北京:中国矿业大

学(北京),2010.

[23] 李峰.胶乳水泥作为相似材料模拟软岩蠕变的实验研究[D].青岛:青岛科技大学,2012.

[24] 李凤颖.煤岩力学性质的离散元数值模拟及应用探讨[D].成都:成都理工大学,2012.

[25] 李福胜.急倾斜特厚煤层水平分层综放效果模拟分析[J].煤炭工程,2010,42(3):75-77.

[26] 李鸿昌.矿山压力的相似模拟试验[M].徐州:中国矿业大学出版社,1988.

[27] 李磊,黄炳香,刘长友,等.厚煤层放煤工艺参数的散体模拟研究[J].煤矿开采,2008,13(5):18-20.

[28] 李通林,谭学术,刘传伟.矿山岩石力学[M].重庆:重庆大学出版社,1991.

[29] 李威.围压及剪切速率对饱和重塑黄土抗剪强度影响试验研究及数值模拟[D].西安:长安大学,2018.

[30] 李晓红.岩石力学实验模拟技术[M].北京:科学出版社,2007.

[31] 李岩.低渗透油藏水平井压裂开发数值模拟研究[D].大庆:东北石油大学,2012.

[32] 李勇.岩质边坡动力放大系数及近似计算方法的研究[D].成都:西南交通大学,2013.

[33] 李媛,王永岩.沥青砂混合料新型软岩相似材料的试验研究[J].青岛科技大学学报(自然科学版),2014,35(5):510-513.

[34] 李之光.相似与模化:理论及应用[M].北京:国防工业出版社,1982.

[35] 林韵梅.实验岩石力学:模拟研究[M].北京:煤炭工业出版社,1984.

[36] 刘飞,马占国,龚鹏,等.薄基岩特厚煤层端头围岩变形机理[J].采矿与安全工程学报,2018,35(1):94-99.

[37] 刘建坡.基于声发射技术岩石破坏前兆特征实验研究[D].沈阳:东北大学,2008.

[38] 刘杰.脆性相似材料的研制与应力测量方法[D].沈阳:东北大学,2015.

[39] 刘睦峰.软岩模拟及其大直径钻进技术研究[D].长沙:中南大学,2010.

[40] 刘钦.炭质页岩隧道软弱破碎围岩大变形机理与控制对策及其应用研究[D].济南:山东大学,2100.

[41] 刘伟.膨胀岩中巷道围岩湿度场的相似材料模型试验研究[D].南昌:华东交通大学,2012.

[42] 刘昕.岩石冻融循环特性试验与低温响应数值模拟研究[D].北京:中国地质大学(北京),2013.

[43] 卢宏建,李示波,李占金.动态开挖扰动下采空区围岩稳定性分析与监测[M].北京:冶金工业出版社,2017.

[44] 芦倩.综采面"U+L"两进一回通风系统采场瓦斯运移规律模拟研究[D].太原:太原理工大学,2010.

[45] 罗声运.采场顶板的相似模拟试验[J].矿业研究与开发,1996,16(3):27-30.

[46] 马占国,赵国贞,龚鹏,等.采动岩体瓦斯渗流规律[J].辽宁工程技术大学学报(自然科学版),2011,30(4):497-500.

[47] 马志伟.多层含钒页岩开采上覆岩层移动相似试验及数值模拟研究[D].武汉:武汉科技大学,2013.

[48] 马紫阳.注浆加固体力学特性试验与数值模拟研究[D].青岛:山东科技大学,2019.

[49] 诺吉德.相似理论及因次理论[M].官信,译.北京:国防工业出版社,1963.

[50] 邱绪光.实用相似理论[M].北京:北京航空学院出版社,1988.

[51] 任德惠.井工开采矿山压力与控制[M].重庆:重庆大学出版社,1990.

[52] 山东科技大学.相似材料模拟实验[M].北京:煤炭工业出版社,2019.

[53] 石建军.沿空留巷顶板活动规律及控制研究[M].徐州:中国矿业大学出版社,2017.

[54] 孙波勇.台阶爆破超钻深度影响因素的研究与数值模拟[D].武汉:武汉科技大学,2007.

[55] 唐春安.采动岩体破裂与岩层移动数值试验[M].长春:吉林大学出版社,2003.

[56] 唐伟.不同围压下岩石动静态强度和变形参数尺寸效应数值研究[D].南京:南京大学,2016.

[57] 陶智辉.洞穴卸压煤层气开发韧性围岩相似材料模拟实验研究[D].徐州:中国矿业大学,2019.

[58] 田瑞霞,焦红光.离散元软件 PFC 在矿业工程中的应用现状及分析[J].矿冶,2011,20(1):79-82.

[59] 田甜.缓倾斜薄煤层两槽同采顶板活动规律模拟研究[D].阜新:辽宁工程技术大学,2011.

[60] 汪雅婷.模拟含水地层相似材料的力学特性及配比试验研究[D].北京:北京交通大学,2016.

[61] 王爱民.三维模型和材料试验仪器研制及量测方法研究[D].北京:清华大学,2004.

[62] 王浩,吕有厂,王满.煤层覆岩采动破断及瓦斯流动规律[M].重庆:重庆大学出版社,2018.

[63] 王红英.隧道单层衬砌结构数值模拟研究[D].武汉:中国科学院研究生院(武汉岩土力学研究所),2010.

[64] 王宏图,鲜学福,贺建民,等.层状复合岩体力学的相似模拟[J].矿山压力与顶板管理,1999(2):82-84.

[65] 王慧敏.大口径钻进软质岩层相似材料模拟研究[D].长沙:中南大学,2010.

[66] 王金东.综放开采覆岩高位结构稳定性及强矿压形成机理研究[D].西安:西安科技大学,2015.

[67] 王立源.散体颗粒受力三维试验与数值分析[D].南京:东南大学,2017.

[68] 王敏.大采高放顶煤采场结构及围岩控制研究[D].太原:太原理工大学,2010.

[69] 王启广,谢锡纯.煤岩截割试件的相似模拟研究[J].矿山机械,1994,22(8):5-8.

[70] 王世熙.激光位移计在相似模型上的应用[J].矿山压力与顶板管理,1985(1):66-70.

[71] 王小平,姜天洪.基于 FLAC^{3D} 的页岩单轴压缩数值模拟研究[J].山东交通科技,2018(6):99-101.

[72] 王延可,李天斌,陈国庆,等.岩爆特性 PFC^{3D} 数值模拟试验研究[J].现代隧道技术,2013,50(4):98-103.

[73] 王洋.节理裂隙岩体爆破数值模拟研究[D].武汉:武汉理工大学,2011.

[74] 王以贤.煤体爆破破碎机理的模拟试验研究[D].焦作:河南理工大学,2009.

[75] 王泳嘉,刘连峰.三维离散单元法及其在边坡工程中的应用[J].中国矿业,1996,5(1):34-39.
[76] 吴国兴.数值模拟方法在采矿工程中的应用[J].世界有色金属,2010(6):70-71.
[77] 吴基文,姜振泉,孙本魁.煤层底板采动效应及其工程应用[M].徐州:中国矿业大学出版社,2011.
[78] 仵志扬.模型试验中材料特性差异导致的误差分析[D].上海:同济大学,2006.
[79] 武浩翔,宋选民.矿业工程相似材料模拟技术浅析[J].科技情报开发与经济,2011(22):122-124.
[80] 夏彬伟.深埋隧道层状岩体破坏失稳机理实验研究[D].重庆:重庆大学,2009.
[81] 夏明.软破矿体开采再造空间力学响应模型试验与数值模拟研究[D].长沙:中南大学,2009.
[82] 肖杰.相似材料模型试验原料选择及配比试验研究[D].北京:北京交通大学,2013.
[83] 徐爽,朱浮声,张俊.离散元法及其耦合算法的研究综述[J].力学与实践,2013,35(1):8-14.
[84] 徐挺.相似理论与模型试验[M].北京:中国农业机械出版社,1982.
[85] 杨军征.有限体积-有限元方法在油藏数值模拟中的原理和应用[D].北京:中国科学院研究生院(渗流流体力学研究所),2011.
[86] 姚劲松.射孔作业对其周围岩石损伤规律数值模拟研究[D].东营:中国石油大学(华东),2019.
[87] 于跃.盘刀破岩机理的细观数值模拟研究[D].大连:大连理工大学,2010.
[88] 余海龙,谭学术,李通林,等.岩盐溶腔稳定性的相似模拟设计原则和依据[J].西安矿业学院学报,1994(4):311-317.
[89] 禹林.二氧化碳深部盐水层地质封存物理模拟探索性研究[D].北京:北京交通大学,2010.
[90] 岳滨,郭忠林.数值模拟在采矿工程中的应用[J].矿业工程,2008,6(6):5-7.
[91] 张国华,李凤仪.矿井围岩控制与灾害防治[M].徐州:中国矿业大学出版社,2009.
[92] 张楠.大窑沟二号隧道围岩稳定性模型实验研究及数值分析[D].沈阳:东北大学,2008.
[93] 张淑同.煤与瓦斯突出模拟的材料及系统相似性研究[D].淮南:安徽理工大学,2015.
[94] 张延杰.强湿陷性黄土模型试验材料的研制与黄土地基单桩承载行为研究[D].兰州:兰州交通大学,2011.
[95] 张艳丽.大型地下工程三维可加载物理模拟实验方法研究[D].西安:西安科技大学,2009.
[96] 张羽强,黄庆享,严茂荣.采矿工程相似材料模拟技术的发展及问题[J].煤炭技术,2008,27(1):1-3.
[97] 张羽强.一种新型物理相似模拟实验架结构设计[D].西安:西安科技大学,2008.
[98] 赵国贞.厚松散层特厚煤层综放开采巷道围岩变形机理及控制研究[D].徐州:中国矿业大学,2014.
[99] 赵国贞.厚松散层特厚煤层综放开采巷道围岩变形机理及控制[M].徐州:中国矿业大

学出版社,2019.
[100] 赵国贞,马占国,龚鹏,等.表土层厚度对地面瓦斯钻孔稳定性影响研究[J].中国煤炭,2013,39(10):35-40.
[101] 赵国贞,马占国,马继刚,等.复杂条件下小煤柱动压巷道变形控制研究[J].中国煤炭,2011,37(3):52-56.
[102] 赵奎.矿山岩石力学若干测试技术及其分析方法[M].北京:冶金工业出版社,2009.
[103] 郑西贵,沙雨勤,刘平喜.近距离煤层无墙体沿空留巷理论与关键技术[M].徐州:中国矿业大学出版社,2016.
[104] 周基.地下暗河及软基区重载路基变形破坏物理模型试验研究[D].长沙:长沙理工大学,2007.
[105] 周健,贾敏才.土工细观模型试验与数值模拟[M].北京:科学出版社,2008.
[106] 周美立.相似工程学[M].北京:机械工业出版社,1998.
[107] 周能娟.节理裂隙岩体隧道爆破有限元分析[D].长春:吉林大学,2008.
[108] 周先齐,徐卫亚,钮新强,等.离散单元法研究进展及应用综述[J].岩土力学,2007,28(增刊1):408-416.